高职高专"十三五"规划教材

钣金成形工艺
（第 2 版）

主　编　钟　展　刘清杰　董小磊
副主编　吴　飞　吴鸿涛　丁昌昆

北京航空航天大学出版社

内 容 简 介

本书共分 8 章，以钢结构为主，按钣金加工工艺流程及主要操作工序进行了阐述和介绍。第 1 章介绍了针对各种板料、型材因受外力作用、焊接和不均匀加热等因素的影响而产生的变形，通过矫正恢复到技术规定范围内的几何形状的工艺方法。第 2、3 章介绍了展开放样与号料工序，它是制造金属结构的首道工序，对保证产品质量、缩短生产周期、节约原材料等都有重要影响。第 4 章对备料中常用的下料方法进行了比较详细的阐述。第 5 章详细地介绍了钣金的手工成形方法。第 6~8 章重点介绍了钣金件中板料的机械成形及模具成形。

本教材适用于飞行器制造技术专业的教学，也可供相关专业和从事钣金行业的工程技术人员及从业人员学习参考。

图书在版编目(CIP)数据

钣金成形工艺 / 钟展，刘清杰，董小磊主编. -- 2 版. -- 北京：北京航空航天大学出版社，2018.12
　ISBN 978 - 7 - 5124 - 2879 - 9

Ⅰ. ①钣… Ⅱ. ①钟… ②刘… ③董… Ⅲ. ①钣金工－高等学校－教材 Ⅳ. ①TG38

中国版本图书馆 CIP 数据核字(2018)第 281453 号

版权所有，侵权必究。

钣金成形工艺（第 2 版）
主　编　钟　展　刘清杰　董小磊
副主编　吴　飞　吴鸿涛　丁昌昆
责任编辑　张冀青

*

北京航空航天大学出版社出版发行

北京市海淀区学院路 37 号（邮编 100191）　http://www.buaapress.com.cn
发行部电话：(010)82317024　传真：(010)82328026
读者信箱：goodtextbook@126.com　邮购电话：(010)82316936
涿州市新华印刷有限公司印装　各地书店经销

*

开本：787×1 092　1/16　印张：15.25　字数：400 千字
2019 年 1 月第 2 版　2021 年 2 月第 2 次印刷　印数：2 001~4 000 册
ISBN 978 - 7 - 5124 - 2879 - 9　　定价：39.00 元

若本书有倒页、脱页、缺页等印装质量问题，请与本社发行部联系调换。联系电话：(010)82317024

前　言

　　随着中国从加工制造大国向制造强国不断迈进，钣金行业可谓发展迅猛。一般来说，从飞机蒙皮、壁板到汽车引擎盖、车门，从导弹、航天火箭壳体到电器控制箱体、柜体、机器外壳等，都是钣金件。随着我国不断向航空强国、航天强国迈进，钣金加工设备水平、制造能力与水平也在不断提高。

　　钣金，简单讲就是板材金属加工。可将钣金（加工）定义为：是针对金属薄板、薄壁型材与薄壁管材（通常在 6 mm 以下）的一种综合冷加工工艺，是钣金制品成形的重要工序，既包括传统的钣金件的切割下料、冲裁加工、弯压成形等方法及工艺，又包括钣金铆接、焊接及表面处理，还包括各种冷冲、压结工艺，以及钣金新模具成形技术及新工艺。其显著的特征就是同一零件厚度一致。

　　钣金加工尤其指金属板材加工。钣金加工的一般流程为按图纸分析、图纸展开（数控冲床（NCT）编程、激光切割机编程、工艺卡制作等）、下料（剪床下料、冲床冲切、NCT下料、氧气切割、等离子切割、激光自动切割下料以及手工下料等）、成形加工及连接（冲孔、拉深、折弯、冲弯、卷弯、翻边、焊接、铆接等）、表面处理（烤漆、电镀、喷丸、丝印等）和组装检验入库。

　　例如利用板材制作烟囱、铁桶、油箱油壶、通风管道、弯头大小头、天圆地方、漏斗形管等，主要工序是剪切、折弯扣边、弯曲成形、焊接、铆接等，这些都需要有一定几何知识。

　　钣金件就是薄壁五金件，也就是可以通过冲压、弯曲、拉伸等手段来加工的零件，其一种定义是在加工过程中厚度不变的零件。现代制造中，金属结构产品遍及国民经济的各个部门，包括航天工业中的各种类型的导弹系统、运载火箭和空间飞行器；冶金工业中的高炉炉壳、炼焦设备；机械工业中的制氧机、起重机、大型压力机机架；电力工业中的锅炉、冷凝器、铁塔；交通运输业中的飞机、机车、汽车、船体；建筑工业中的屋架、桥架；石化工业中的塔、器、罐等。金属结构产品在农业、轻工业以及国防工业部门得到了广泛应用。

　　金属结构的主要形式有桁架结构、容器结构、箱体结构和一般构件。桁架结构是以型材为主体制造的结构，如屋架、桥梁等；容器结构是以板材为主体制造的结构，如油罐、锅炉等；箱体结构和一般构件是以板材和型材混合制造的结构，如船舶、箱形梁、机架等。这些结构的生产工艺按工序性质可分为备料、放样、加工成形和装配连接四大部分。

　　备料主要指原材料和零件坯料的准备，包括材料的矫正、检验和验收等。如果零件的坯料尺寸比原材料大，还需要进行拼接，此时备料工作还包括划线、切割等。

放样是根据产品的零件图画出放样图,再根据放样图确定的产品或零件的实际形状和尺寸制作样板,利用样板在原材料上划出加工线和各种位置线。对简单构件可直接进行放样。

加工成形就是沿加工线用割(气割或等离子切割)、剪、冲等方法,把坯料从原材料上割下,然后将坯料加工成一定的形状。按零件成形的方法分弯曲、压制和特种成形等。

装配连接是将成形的零件组装成部件或产品,并用适当的方法(焊接、铆接或螺纹连接等)连成整体。

本教材在编写中主要参考了《冷作工艺学》《铆工工艺学》、国家职业资格培训教程《冷作钣金工》《冲压工艺》《金属塑性成型原理》《飞行器钣金与铆接工艺》和中国航天科技集团人力资源部组织编写的《高技能人才绝技绝招100例》等,将各方面分门别类统一于钣金成形工艺应用之中,更专业、更具综合性,同时更紧密结合实际,在传统制造技术基础上突出现代制造技术的应用,突出实践环节的实施,相信这对高技能人才的培养有着较大的促进作用。

本次改版根据专业技术发展做了相应的增删,如修订了章节顺序,使之更合理,一些方言性的措词作了规范等。在保留原教材特色的基础上,编者结合生产实际又选编了一些典型的展开图案例,以增强教材的实用性,内容全面、丰富,足以解决钣金零件展开与加工中的一些常见问题。同时,理论基础扎实,实践经验丰富,既介绍了机械化生产方法,又介绍了手工加工方法。本教材的编写注重实践,突出重点,简明扼要,坚持以实用为主,以表格和图解的方式介绍有关技术资料,工艺性内容采用文字表达,力求做到科学性、系统性、图表化和简明化,尽可能在有限的篇幅内包含更多的实用性内容。其中所引用的有关技术标准,均为最新的国家标准或部颁标准,其内容比较全面,数据实用准确,有较强的直观性。本教材适用于飞行器制造技术相关专业的教学,也可供相关专业和从事钣金铆接行业的工程技术人员及从业人员学习参考。本书共分8章,以钢结构为主,按钣金加工工艺流程及主要操作工序进行了阐述和介绍。第1章介绍了针对各种板料、型材因受外力作用、焊接和不均匀加热等因素的影响而产生的变形,通过矫正恢复到技术规定范围内的几何形状的工艺方法。第2、3章介绍了展开放样与号料工序,它是制造金属结构的第一道工序,对保证产品质量、缩短生产周期、节约原材料等都有重要影响。本章以分析放样过程和号料方法为重点,同时择要介绍常用量具、工具和几何作图方法。第4章对备料中常用的下料方法进行了比较详细的阐述。第5章详细介绍了钣金的手工成形方法。第6～8章重点介绍了钣金件中板料的机械成形及模具成形。

本教材所对应的课程具有实践性强、综合性强和灵活性强三大特点。学习时不仅要重视实践性教学环节,如各种实习和实验,要注意理论与实践相结合,还应重视本课程的综合练习和课程设计,这不仅有助于理解和掌握理论知识,更重要的是有利于培养综合运用所学的知识,解决生产实际问题的能力。机械制造中的生产实际问题往往会因生产的产品不同、批量不同、具体生产条件不同而千差万别,因此,学习时要灵活运用所学的知识,根据具体情况来处理问题。切记不要死记硬背、生搬硬套。

  本教材由四川航天职业技术学院的钟展、刘清杰、董小磊任主编,重庆航天职业技术学院的吴飞以及四川航天职业技术学院的吴鸿涛、丁昌昆任副主编。本书第1、2、4章由吴鸿涛、刘清杰编写,第3章由丁昌昆编写,第5章由吴飞、钟展编写,第6、8章由董小磊、张婧如编写,第7章由董海编写。全书由四川航天职业技术学院的胡文彬、刘增华任主审。

  由于编者水平所限,书中难免存在不当之处,敬请广大读者批评指正。

编 者

2018 年 11 月

目 录

第1章 钢材的矫正 ………………………………………………………………… 1
1.1 钢材矫正的基本方法 ……………………………………………………… 1
1.2 矫正的工具和设备 ………………………………………………………… 2
1.2.1 矫正的常用工具 …………………………………………………… 2
1.2.2 矫正常用的机械设备 ……………………………………………… 3
1.3 手工矫正 …………………………………………………………………… 4
1.3.1 板材的手工矫正 …………………………………………………… 4
1.3.2 型钢的手工矫正 …………………………………………………… 5
1.4 机械矫正 …………………………………………………………………… 8
1.4.1 板材的机械矫正 …………………………………………………… 9
1.4.2 型钢的机械矫正 …………………………………………………… 11
1.5 火焰矫正 …………………………………………………………………… 13
1.5.1 火焰矫正的原理 …………………………………………………… 13
1.5.2 火焰矫正时的加热位置与方式 …………………………………… 13
1.5.3 钢板的火焰矫正 …………………………………………………… 15
1.6 高频热点矫正 ……………………………………………………………… 15
习题与思考题 ……………………………………………………………………… 16

第2章 展开放样 …………………………………………………………………… 17
2.1 可展表面和不可展表面 …………………………………………………… 17
2.1.1 可展表面 …………………………………………………………… 17
2.1.2 不可展表面 ………………………………………………………… 17
2.2 平行线展开法 ……………………………………………………………… 18
2.2.1 平行线展开法的基本原理 ………………………………………… 18
2.2.2 棱柱管件的展开 …………………………………………………… 19
2.2.3 圆管件的展开 ……………………………………………………… 20
2.2.4 孔的展开 …………………………………………………………… 20
2.2.5 应用平行线展开法手工绘制展开图并制作模型 ………………… 20
2.3 放射线展开法 ……………………………………………………………… 22
2.3.1 放射线展开法的基本原理 ………………………………………… 22
2.3.2 斜口正圆锥管的展开 ……………………………………………… 23
2.3.3 孔的展开 …………………………………………………………… 24
2.3.4 应用放射线展开法手工绘制展开图并制作模型 ………………… 25
2.4 三角形展开法 ……………………………………………………………… 26
2.4.1 线段实长的求法 …………………………………………………… 26
2.4.2 方口形漏斗的展开 ………………………………………………… 28

  2.4.3 上圆下方接管的展开 …………………………………………… 28
 2.5 相贯体的展开 ……………………………………………………………… 29
  2.5.1 相贯线的基本概念 ………………………………………………… 29
  2.5.2 切线法求相贯线及展开 …………………………………………… 29
  2.5.3 取点法求相贯线及展开 …………………………………………… 30
  2.5.4 辅助平面法求相贯线及展开 ……………………………………… 31
 2.6 不可展曲面的近似展开 …………………………………………………… 32
  2.6.1 球体表面的近似展开 ……………………………………………… 32
  2.6.2 正圆柱螺旋面的近似展开 ………………………………………… 34
 2.7 板厚处理 …………………………………………………………………… 36
 习题与思考题 …………………………………………………………………… 39

第3章 放样与号料 …………………………………………………………… 42
 3.1 常用量具和工具 …………………………………………………………… 42
 3.2 放 样 ……………………………………………………………………… 44
  3.2.1 放样的任务 ………………………………………………………… 44
  3.2.2 放样程序与放样过程分析举例 …………………………………… 45
  3.2.3 样板、样杆的制作 ………………………………………………… 50
  3.2.4 工艺余量与放样允许误差 ………………………………………… 52
 3.3 号 料 ……………………………………………………………………… 53
 3.4 钢材展开长度的计算 ……………………………………………………… 55
  3.4.1 圆钢、管子展开长度的计算 ……………………………………… 55
  3.4.2 钢板展开长度的计算 ……………………………………………… 56
  3.4.3 扁钢圈展开长度的计算 …………………………………………… 58
  3.4.4 角钢展开长度的计算 ……………………………………………… 59
  3.4.5 槽钢展开长度的计算 ……………………………………………… 62
  3.4.6 工字钢圈展开长度的计算 ………………………………………… 63
 习题与思考题 …………………………………………………………………… 63

第4章 下料方法 ……………………………………………………………… 64
 4.1 剪切下料 …………………………………………………………………… 64
  4.1.1 剪切机下料 ………………………………………………………… 64
  4.1.2 滚剪机下料 ………………………………………………………… 67
 4.2 铣切下料 …………………………………………………………………… 68
  4.2.1 铣切过程及钣金铣床 ……………………………………………… 68
  4.2.2 在回臂铣钻床上铣切 ……………………………………………… 68
  4.2.3 铣切样板 …………………………………………………………… 69
 4.3 冲切下料 …………………………………………………………………… 71
  4.3.1 基本原理 …………………………………………………………… 71
  4.3.2 单工序落料模的典型结构和特点 ………………………………… 72
  4.3.3 冲切设备 …………………………………………………………… 74
 4.4 氧气自动切割 ……………………………………………………………… 75

  4.4.1 气割的原理和条件 ··· 75
  4.4.2 气割操作方式 ··· 76
  4.4.3 等离子弧切割 ··· 78
 4.5 激光自动切割 ··· 78
  4.5.1 激光切割的应用 ··· 79
  4.5.2 安全保护 ·· 79
 4.6 薄壁管料的冲切下料 ··· 80
  4.6.1 冲切过程 ·· 80
  4.6.2 切刀形状及尺寸 ··· 80
  4.6.3 模具结构 ·· 82
 习题与思考题 ··· 84

第5章 手工成形 ·· 86
 5.1 弯 曲 ··· 86
 5.2 放 边 ··· 88
 5.3 收 边 ··· 90
 5.4 拔 缘 ··· 91
 5.5 拱 曲 ··· 94
  5.5.1 冷拱曲 ·· 94
  5.5.2 热拱曲 ·· 96
 5.6 卷 边 ··· 98
 5.7 咬 缝 ·· 100
 5.8 矫 正 ·· 104
 5.9 手工弯管 ·· 112
  5.9.1 管子弯曲的特点 ·· 112
  5.9.2 手工弯管方法 ·· 113
 习题与思考题 ·· 114

第6章 机械弯曲成形 ·· 115
 6.1 弯曲的基本原理及弯曲过程 ·· 115
  6.1.1 弯曲过程 ··· 115
  6.1.2 最小弯曲半径 ·· 116
  6.1.3 弯曲回弹 ··· 117
 6.2 弯曲件的展开方法 ··· 118
  6.2.1 理论计算法 ·· 118
  6.2.2 经验计算法 ·· 119
  6.2.3 典型零件的展开 ··· 120
 6.3 折弯设备 ·· 123
  6.3.1 机械折弯机 ·· 125
  6.3.2 液压式板料折弯机 ··· 127
  6.3.3 板料折弯机的附属机构及自动控制 ··· 130
 6.4 弯曲模具 ·· 133

- 6.5 冲压弯曲 137
  - 6.5.1 冲床的基本结构 137
  - 6.5.2 弯曲模 139
  - 6.5.3 冲压弯曲实例 145
- 6.6 卷弯 147
  - 6.6.1 卷弯的基本原理 147
  - 6.6.2 卷弯成形 148
- 6.7 拉弯成形 155
  - 6.7.1 拉弯设备 156
  - 6.7.2 拉弯工艺 157
  - 6.7.3 拉弯成形模具装置 158
- 习题与思考题 159

第7章 拉深成形 161
- 7.1 拉深变形的特点 161
  - 7.1.1 拉深变形过程 161
  - 7.1.2 拉深过程中的应力与应变状态 162
  - 7.1.3 拉深件的质量分析 164
- 7.2 拉深工艺 166
  - 7.2.1 拉深件毛坯展开尺寸的确定 166
  - 7.2.2 拉深次数及半成品尺寸的确定 170
  - 7.2.3 拉深力及压边力的计算 178
- 7.3 拉深模具 180
  - 7.3.1 拉深模的结构 180
  - 7.3.2 拉深模的圆角半径、间隙及制造公差 184
- 7.4 压力机的选择及拉深模具的安装 187
  - 7.4.1 压力机的选择 187
  - 7.4.2 模具的安装与调整 189
- 7.5 其他拉深方法 189
  - 7.5.1 橡皮拉深 189
  - 7.5.2 液压拉深 190
  - 7.5.3 温差拉深 192
- 习题与思考题 192

第8章 其他成形 194
- 8.1 落料与冲孔 194
  - 8.1.1 工艺分析 194
  - 8.1.2 凸模和凹模间隙、刃口尺寸及公差 196
  - 8.1.3 落料和冲孔力 200
  - 8.1.4 落料与冲孔模 202
- 8.2 局部成形和翻边 209
  - 8.2.1 局部成形 209

8.2.2 翻边 …………………………………………………………………………… 210
8.3 橡皮、液压和低熔点塑性物质成形 …………………………………………………… 217
　　8.3.1 橡皮成形 ………………………………………………………………………… 217
　　8.3.2 液压成形 ………………………………………………………………………… 218
　　8.3.3 低熔点塑性物质成形 …………………………………………………………… 220
8.4 旋压成形 ……………………………………………………………………………… 221
　　8.4.1 基本原理 ………………………………………………………………………… 221
　　8.4.2 旋压工具及模具 ………………………………………………………………… 222
　　8.4.3 旋压设备 ………………………………………………………………………… 224
　　8.4.4 旋压操作方法 …………………………………………………………………… 225
　　8.4.5 实例 ……………………………………………………………………………… 226
8.5 校平 …………………………………………………………………………………… 228
习题与思考题 ………………………………………………………………………………… 230
参考文献 ……………………………………………………………………………………… 231

第1章 钢材的矫正

1.1 钢材矫正的基本方法

1. 钢材变形的原因

① 钢材残余应力引起的变形。在轧制钢材的过程中,可能产生残余应力而变形。同样,冷轧薄板时由于延伸不一致也会产生变形。

② 钢板在加工过程中引起的变形。钢板经过气割会使其在轧制时造成的内应力得到释放而引起变形;钢板在焊接时由于对其进行局部的、不均匀的加热,会产生焊接应力而引起变形,此外,因运输、存放或吊装不当也会引起变形。总之,造成钢材变形的原因是多方面的。

2. 矫正原理与基本方法

我们知道,钢材在外力作用下所发生的尺寸、形状和体积的改变,称为变形。变形分为弹性变形和塑性变形两种。弹性变形是在外力除去后能恢复原来形状的变形,也叫临时变形;塑性变形是在外力除去后依然留下来的变形,也叫永久变形。为使变形的钢材获得矫正,要根据具体情况采取不同的方法进行矫正。

(1) 冷矫正

钢材在常温状态下进行的矫正称为冷矫正。冷矫正时易产生冷硬现象,适用于塑性较好的钢材变形的矫正。钢材在低温严寒情况下,不能进行冷矫正,因为一般钢材在严寒情况下容易脆裂。

冷矫正时,作用于钢材单位面积上的矫正力要超过屈服强度,而小于极限强度,这样才能使钢材发生塑性变形来达到矫正的目的,即:屈服强度<矫正力<极限强度。

矫正的过程就是钢材由弹性变形转变到塑性变形的过程。材料在塑性变形中,必然会存在一定的弹性变形,因此,当迫使材料产生塑性变形的外力去掉之后,工件就会有一定程度的回弹。

(2) 热矫正

在矫正过程中可运用"矫枉必须过正"的道理处理好工件的回弹问题。

钢材在高温状态下进行的矫正称为热矫正。热矫正可增加钢材的塑性,降低刚性。热矫正一般在下列情况下采用:

① 由于工件变形严重,冷矫正时会产生折断或裂纹。

② 由于工件材质很脆,冷矫正时很可能突然崩断。

③ 由于设备能力不足,冷矫正时克服不了工件的刚性,无法超过屈服强度。

热矫正时,其温度范围一般在700~1 000 ℃,如果温度过高,会引起钢材过热或过烧,当温度低于700 ℃时,容易产生热脆性。因此,在热矫正时一定要掌握好加热温度。同时还要考虑钢材在冷却中的收缩量。例如角钢的热矫正,两边较薄,热量较少,收缩量也小一些;而角钢的脊部较厚,热量较多,收缩量也多一些。故此,角钢矫正末了时,让脊部略微凸起,待工件冷却后而达到平直。

热矫正时,对工件的加热方法主要是红炉加热,而对于大面积的工件采用地炉加热。大工件局部加热时,一般采用烤枪加热,也可采用柴油喷枪加热。

1.2 矫正的工具和设备

1.2.1 矫正的常用工具

1. 大锤和手锤

① 大锤。大锤的锤头分平头、直头和横头三种。矫正常用的大锤质量有 3 kg、4 kg、5 kg、6 kg、8 kg 多种,大锤木柄的长度应随操作者的身高和工作情况而定,一般为 1 m 左右。

② 手锤(又称榔头)。手锤的锤头通常有圆头、直头和横头多种。常用手锤的质量有 0.25 kg、0.5 kg、0.75 kg、1 kg 等数种。锤柄装入锤头后应打入锤楔,以防脱落伤人。

2. 型 锤

型锤是平锤、摔锤、压弧锤等的统称。铆钉枪的"窝子",也可以认为是专用的型锤。平锤用于修整工件表面。摔锤用于矫正圆钢。压弧锤用于槽制板材曲面和筒件滚压前的槽头。使用型锤的目的是保护工件表面的平整和圆滑过渡。型锤的形状见图 1.1。

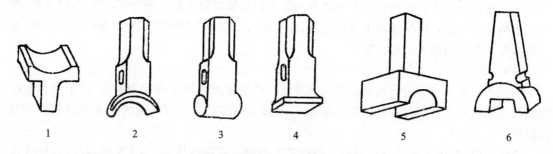

1、2、5、6—型锤;3—压弧锤;4—平锤
图 1.1 型 锤

3. 平 台

平台是矫正工作中常用的基本设备,用于支承需矫正的钢材,形状为长方形,规格有 1 000 mm×1 500 mm、2 000 mm×3 000 mm 或更大些,用铸铁或铸钢浇铸而成。

铆工常用平台除铸铁或铸钢平台外,还有钢板焊接平台,一般用 30 mm 以上钢板拼接而成,支承在型钢(多为槽钢)底座上。

按用途不同,平台又分地平台、操作平台和画线平台。无论何种平台,安装时应该牢固坚实,台面水平,便于在平台上工作时用线锤和水平仪检查垂直和水平。

为便于紧固工件,铸铁或铸钢平台需铸出一定数量的方形或圆形透孔,也有在台面加工出一定数量的 T 形槽道,如图 1.2 所示。

4. 简单工具

矫正工作中常用的工具有调直器(俗称扳镐)、固定拉紧器、千斤顶以及铆钉枪(又称风锤)等。调直器用于矫正型钢扳弯,固定拉紧器用于构件组装中对变形部位的调整,千斤顶用于顶起重大构件,铆钉枪可代替手锤或大锤使用。具体形状如图 1.3 所示。

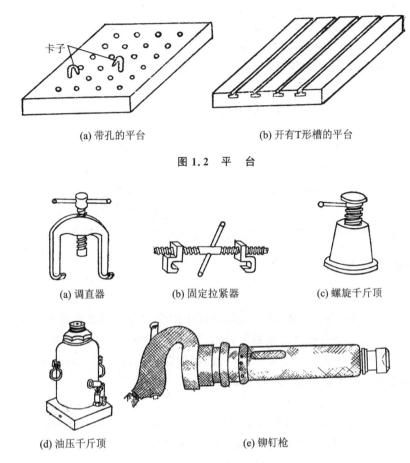

(a) 带孔的平台　　　　　　(b) 开有T形槽的平台

图 1.2　平　台

(a) 调直器　　(b) 固定拉紧器　　(c) 螺旋千斤顶

(d) 油压千斤顶　　　　(e) 铆钉枪

图 1.3　矫正工作中常用的工具

1.2.2　矫正常用的机械设备

1. 专用设备

① 钢板矫平机(俗称滚板机)　用于钢板的矫平,如图 1.4(a)所示。
② 型钢矫直机　用于角钢、槽钢、工字钢等型钢的矫直,如图 1.4(b)所示。
③ 钢管矫直机　用于钢管、圆钢的矫直。

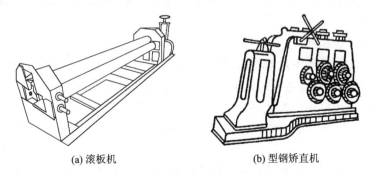

(a) 滚板机　　　　　　(b) 型钢矫直机

图 1.4　专用矫正设备

2. 普通设备

① 顶床（俗称撑直机，又叫调梁机）。
② 滚圆机　用于将板料卷曲为圆形零件。
③ 压力机　包括油压机、水压机、气压机及摩擦压力机等。

1.3　手工矫正

采用锤、板头或自制简单工具等，利用人力进行的矫正称手工矫正。手工矫正具有灵活、简便、成本低的特点，一般在缺乏或不便使用矫正设备，矫正件变形不大或刚性较小，不便采用其他矫正方法等情况下使用。钢板手工矫正的基本方法是用锤击钢板纤维较短的部位使其伸长，逐渐与其他部位纤维长度趋于相同，达到矫正的目的。矫正钢板时，较难找准"松""紧"的部位，一般规律是"松"的部位凸起，用锤敲击紧贴平台"紧"的部位。

1.3.1　板材的手工矫正

1. 薄板的手工矫正

薄板变形的主要原因是由于板材在轧制过程中因受力不均致使内部组织松紧不一而产生。其矫正原理：可通过锤击板材的紧缩区，使其延伸而获得矫正。为提高矫正效果，往往综合使用多种矫正手段，如矫正中间凸起时，薄板凸起或四周的波浪形比较严重时，常先用水火矫正，待凸起或波浪形基本消失后，再用平锤找平。

（1）薄板中间凸起的矫正

薄板中间凸起的原因一般是四周紧中间松，即四周钢材纤维较短，中间纤维较长。矫平时把薄板凸出向上放在平台上，用锤由凸起周围逐渐向边缘进行锤击。如图1.5(a)所示，锤击时应越往边缘锤击力应越大，锤击密度也越大，促使四周纤维逐渐伸长而使薄板逐渐趋于平整。若薄板中间有几处凸起，应先锤击凸起交界处，使多处凸起并成一处后再用上述方法矫平。必须指出，如果直接锤击凸起处，由于薄板的刚性差，锤击时凸起处被压下，使凸起的部分进一步伸长，其结果适得其反。

（2）薄板四周呈波浪形的矫正

薄板四周呈波浪形的原因是四周松而中间紧，即中间钢材纤维比周围纤维短。矫平时把薄板放在平台上，用锤由四周向中间进行锤击。如图1.5(b)所示，越往中间，锤击力与锤击密度越大，促使中间纤维伸长而矫平。若薄板波浪形严重，可在手工矫正前进行火焰矫正，然后再用手工矫平。

（3）薄板对角翘起的矫正

如果薄板发生扭曲等不规则变形，例如在平台上检查时发现薄板对角翘起，如图1.5(c)所示，矫正时应沿另一端有翘起的对角线进行锤击，使其延伸而矫平。

薄板的变形还可以用拍板（俗称甩铁）进行拍打（见图1.6）来矫平。拍板用厚3～5 mm、宽不小于40 mm、长不小于400 mm的钢板制成，其具体尺寸可随矫正板料的厚度和大小而定。

用拍打法可以对铝板等有色金属薄板进行矫正，还可以用橡皮带拍打周边，使材料收缩，然后用铝锤或橡皮锤打击中间而矫平。为防止产生锤痕，可在锤击处垫一平板，然后锤击平板予以矫平。

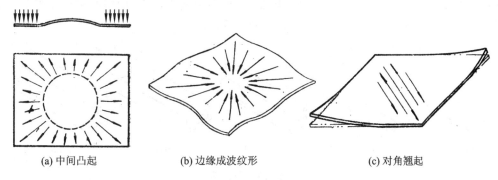

(a) 中间凸起　　　　(b) 边缘成波纹形　　　　(c) 对角翘起

图1.5　专用矫正设备

薄板变形的矫正是一项难度较大的操作，在矫正时，应首先分析并判明薄板变形的程度，然后锤击紧贴平台的那些平的部位，使其延伸，并不断翻转检查，直到矫平为止。

薄板是否矫平，可用下列方法之一进行检查。

用直尺在薄板平面上找平，如直尺与薄板接触缝隙小，说明薄板已平整，否则还需继续矫平。

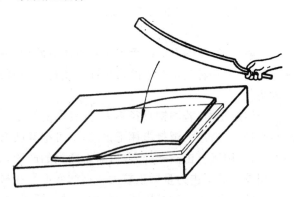

图1.6　用拍打法矫正薄板

用手按、掀薄板各处，如无动弹，说明薄板各处已与平台表面贴紧，薄板已矫平。

先目测薄板四边，看四边是否有弯曲，如无弯曲，再以一边为基准目测对边。根据两条平行直线可作一个平面的原则，如两边在同一平面内，表明薄板已矫平。

2. 厚板的手工矫正

厚板的手工矫正，通常用以下两种方法：

① 直接锤击凸起处　直接锤击凸起处的锤击力量要大于材料的屈服极限，这样才能使凸起处受到强制压制而矫平。

② 锤击凸起区域的凹面　锤击凹面可用较小的力量，使材料仅在凹面扩展，迫使凸面受到相对压缩。由于厚钢板的厚度大，在其凸起处的断面两侧边缘可以看作是同心圆的两个弧，凹面的弧长小于凸面的弧长。因此，矫正时应锤击凹面，使其表面扩展，再加上钢板厚度大，打击力量小，结果凹面的表面扩展并不能导致凸面随之扩展，从而使厚钢板得到矫平。

对于厚钢板的扭曲变形，可沿其扭曲方向和位置，采用反变形的方法进行矫正。

对矫正后的厚板料，可用直尺进行检查是否平直。若用尺的棱边以不同的方向贴在板上观察其隙缝大小一致，说明板料已平直。

手工矫正厚钢板时，往往与加热矫正等方法结合进行。在有条件的地方，厚钢板已很少用手工进行矫正。

1.3.2　型钢的手工矫正

1. 型钢的分类

型钢根据外形分为扁钢、圆钢、角钢、槽钢和工字钢，如图1.7所示。不同型钢在实际生产中常见的形变形式是不一样的，如扁钢的扭曲、角钢的两面不垂直、槽钢的翼板变形等。我们要根据型钢的具体形变情况采用不同的方法进行矫正。

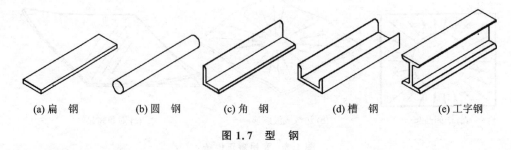

图 1.7 型 钢

2. 不同变形形式的矫正方法

(1) 弯曲变形

一般来说，型钢弯曲的手工调直方法有两种：一种是用大于材料抵抗形变能力的力量锤击弯曲部位，另一种是用较小的力量锤击使得凹面延伸。下面以圆钢和扁钢为例说明这两种矫正方法。

圆钢矫正时，若圆钢直径不大，其变形的矫正可在平台上进行，将圆钢凸弯朝上，把摔子放在凸起处，然后用大锤打击摔子顶端，即可把其凸弯矫正，如图 1.8(a)所示。或者在工件下面垫上垫铁，用锤打击凸起处，也可矫正圆钢的凸弯，如图 1.8(b)所示。

用较小的锤击力量矫正较大扁钢的变形。在材料强度大、锤击力量小的情况下，对扁钢平面弯曲的调直，可采用扩展凹面的方法进行矫正，如图 1.9 所示。

(2) 扭曲变形

型钢的扭曲变形，可能还同时包括各个方向的弯曲，因此在矫正时要先矫正扭曲，再进行弯曲矫正。常见的矫正扭曲的方法有两种。

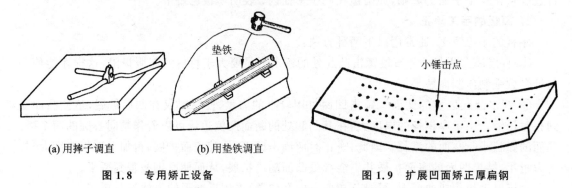

(a) 用摔子调直　　　　(b) 用垫铁调直

图 1.8 专用矫正设备　　　　　　　图 1.9 扩展凹面矫正厚扁钢

① 扳扭法　就是在型钢的扭曲处两端点施加反向扭力，使其扭曲抵消而被矫正。

② 锤击法　扭曲变形用锤击法矫正与扳扭法矫正的道理相同，不同的只是锤击力量大于扳扭力量。

下面分别以槽钢和扁钢为例介绍这两种方法。

扳扭时先将扁钢扭曲处一端压卡在工作台上，在另一端套上叉子(扳子)并用人力沿扁钢扭曲处反向扳转，直到消除扭曲现象为止，如图 1.10(a)所示。遇有扭曲较大的工件时，可移动工件分段进行扳扭。

矫正槽钢扭曲时，使扭曲翘起部分伸出平台之外，见图 1.10(b)，用羊角卡或大锤将槽钢压住,锤击伸出平台部分翘起的一边,使其反向扭转,边锤击边使槽钢向平台移动,然后再调头进行同样的锤击,直至矫直为止。

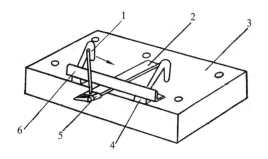 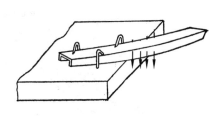

1—羊角卡；2—工件；3—平台；4—垫铁；5—叉子；6—压铁

(a) 扁钢扭曲的扳扭矫正　　　　　　　　(b) 槽钢扭曲的锤击矫正

图 1.10　扭曲变形的扳扭矫正和锤击矫正

(3) 角度变形

型钢的角度变形主要包括角钢的两面不垂直、槽钢的翼板和腹板的不垂直等。

角度变形和弯曲变形的矫正方法类似,主要是通过锤击使型钢反变形,进而达到我们需要的角度。

角钢的两面不垂直,可在平台上用弯尺检查出来,在矫正前要备有 V 形槽垫铁等工具。

① 角钢两面夹角大于 90°的区段放在 V 形槽垫铁或平台上,另一端由人力掌握,锤击角钢的边缘,打锤要正,落锤要稳,否则工件容易歪倒,矫正方法见图 1.11。

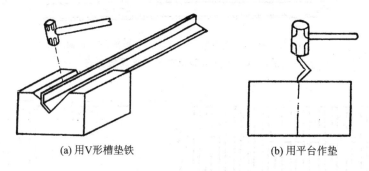

(a) 用V形槽垫铁　　　　　　　　(b) 用平台作垫

图 1.11　角钢两面夹角大于 90°的手工矫正

② 角钢两面夹角小于 90°时,可将角钢仰放,使其脊线贴于平台上,另一端由人力掌握,用平锤垫在角钢小于 90°的区段里,再用大锤打击平锤,使角钢两面劈开为直角,如图 1.12 所示。

(4) 局部变形

型钢的变形主要表现在槽钢的翼板外凸、翼板凹陷以及工字钢的翼板弯曲上。型钢局部变形的矫正方法主要采用锤击法。锤击法矫正局部变形的方法与型钢弯曲的矫正方法大致相同,但需要注意,在锤击过程中,需要用大锤或顶铁顶住变形的另一侧,以免锤击的变形量过大,造成"矫枉过正"的效果。

锤击法矫正槽钢翼面变形,其方法可用大锤顶住翼板凸起(或凹陷)附近平的部位,或将大

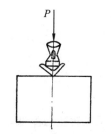

图 1.12　角钢两面夹角小于 90°的手工矫正

锤横向顶住凸起(或凹陷)背面,然后再用大锤打击凸起(或凹陷)处,即可矫平,如图1.13所示。

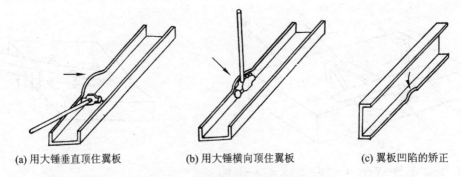

(a) 用大锤垂直顶住翼板　　(b) 用大锤横向顶住翼板　　(c) 翼板凹陷的矫正

图1.13　槽钢翼板变形的手工矫正

这里需要说明的是,由于手工矫正所能提供的矫正力有限,因此只能对规格较小、形变量不大的型钢进行矫正,对于截面较大、强度较高的型钢,在手工矫正变形的同时,一般要结合相应的机械和加热等方法。常见的矫正工具有工字钢调直器(见图1.14)、串联式规铁(见图1.15)等。

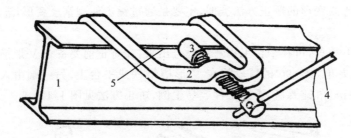

1—工字钢;2—调直器;3—压块;4—扳把;5—挂钩

图1.14　用调直器调直工字钢翼板旁弯

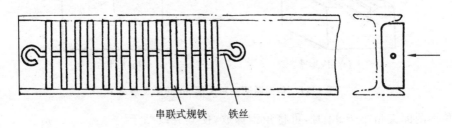

图1.15　用串联式规铁矫正工字钢腹板的立弯

1.4　机械矫正

手工矫正效率低,劳动强度大,仅适用于对小件的矫正。对于尺寸较大的工件,则采用专用机械进行矫正。

机械矫正板材或型材是在专用矫正机上进行的。操作者需了解机械性能,操作前要对机械的完好情况严格检查,加注润滑油,熟悉并严格遵守安全操作规程。

1.4.1 板材的机械矫正

1. 滚板机矫正钢板

滚板机的结构有多种形式,常用的是两排轴辊的。按两排轴线所在的平面位置,可分为平行式和不平行式两种(见图1.16)。滚板机按轴数的多少又分5轴辊、7轴辊……21轴辊。一般情况下,矫平薄板的轴辊多,矫平厚板的轴辊少。其轴数的排列,上排总比下排多一根。两排轴辊的距离通过机械可以调整,有的上排轴辊可以单独调整,工作时,轴辊可向前或向后转动。矫正时,为使板料受到足够的压力,进料口的上下轴辊垂直间隙应略小于板料的厚度。为使板料得以平直,出料口的上下轴辊间隙不得小于板料的厚度。

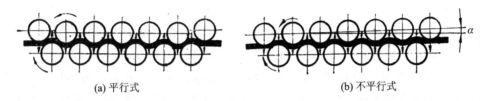

(a) 平行式　　　　　　　　　　(b) 不平行式

图1.16　滚板机工作示意图

(1) 滚板机的工作原理

当不平的原料进入滚板机时,即受到上下两排交错排列的轴辊滚压,经过反复弯曲延展,板料原有的紧缩区域变为松弛,而原来的松弛区域虽然也得到延展,但比紧缩处的放松程度要小,从而调整了板料的松紧,使板料获得矫正。

(2) 矫正方法

矫正板料前,应查看其变形的情况,适当调整两排轴辊间隙,空转试车正常后,即可将板料输入轴辊之间进行平直。有的板料在滚板机上往往一次难以矫平,而要经过多次滚压。若经多次滚压仍达不到矫平,则可在工件变形的紧缩区域上面放置厚度为0.5~2 mm的软钢板条(即加垫)再滚,便可使工件在加垫处获得较大的延展。去掉板条后,再经滚压即可矫平。

(3) 注意事项

在矫平厚钢板时,其局部严重凸起,可先用火焰对严重凸起处进行局部加热修平,待基本修平后,再用滚板机进行矫正。如果钢板平直精度要求较高,在滚板机矫正之后仍达不到目的时,应采用手工进行精矫;在没有薄板滚机的情况下矫正薄板时,一般可在滚板机上用大于工件幅面的厚钢板做垫,把薄板放在厚板上同时滚压;较小规格的板料和未经煨曲成型的平板料,也可利用滚板机矫平。其方法是用大幅面的厚钢板做垫,把厚度相同的小块板料较均匀地摆放在垫板上,同时滚压;使用滚板机时,要随时注意安全,严防手和工具被带进滚板机而造成人身和设备事故。

2. 滚圆机矫正板料

滚圆机主要是将板料卷曲为筒形零件的机械。在缺乏滚板机的情况下,利用滚圆机也可矫平板料。

(1) 厚板的矫正

先将板料放在上下轴辊之间滚出适当弧度,然后将板料翻转,调整上下轴辊距离,再滚压,使原有弧度反变形,几经反复滚压,即可矫平,见图1.17。

(2) 薄板和小块板料的矫正

与采用滚板机方法相同,即用大面积的厚钢板做垫,在垫板上摆放薄板或厚度相同的小块

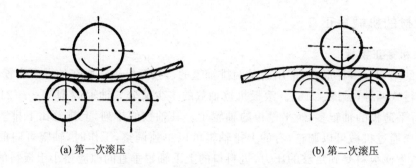

(a) 第一次滚压　　　　　(b) 第二次滚压

图 1.17　用滚圆机矫平钢板示意图

板料合并一起滚压。

3. 压力机矫正厚板

(1) 对厚板弯曲的矫正

首先找出变形部位,先矫正急弯,后矫正慢弯。基本方法是在凸起处施加压力,并用厚度相同的扁钢在凹面两侧支撑工件,使工件在强力作用下发生塑性变形,以达到矫正的目的。

在用压力机对厚板凸起处施加压力时,要顶过少许,使钢板略呈反变形,以备除去压力后钢板回弹。为留出回弹量,要把工件上的压铁与工件下两个支撑垫板适当摆放开一些,见图1.18。当受力点下面空间高度较大时,应放上垫铁,垫铁厚度要低于支撑点的高度,如图1.19所示为厚板出现局部弯曲的矫正方法。

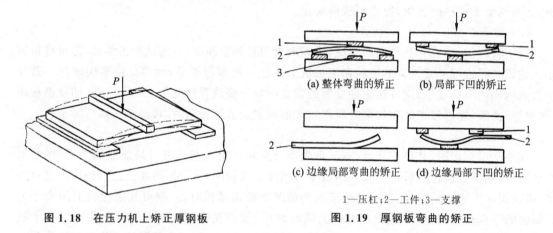

图 1.18　在压力机上矫正厚钢板

(a) 整体弯曲的矫正　(b) 局部下凹的矫正
(c) 边缘局部弯曲的矫正　(d) 边缘局部下凹的矫正

1—压杠;2—工件;3—支撑

图 1.19　厚钢板弯曲的矫正

(2) 对厚板扭曲的矫正

矫正步骤如下:

① 判明扭曲的确切位置。凡钢板扭曲时,其特点是一个对角附着于工作台上,而另一个对角翘起,矫平时,同时垫起附着于工作台上的对角。

② 在翘起的对角上放置压杠,操作方法与厚板弯曲的矫正相同。值得注意的是,摆放在工件下面的支撑垫,应与工件上面的压杠相平行,距离大小应依据扭曲的程度而定。

当施加压力后,可能由于预留回弹量过大,而出现反扭曲,对此,不必翻动工件,只需将压杠、支撑垫调换位置,再用适当压力矫正。如扭曲变形不在对角线上而偏于一侧,其矫正方法相同,但摆放压杠、支撑垫的具体位置应做相应的变动。

当厚板扭曲被矫正后,如发现仍有弯曲现象,再对弯曲进行矫正。总之,要先矫正扭曲,后矫正弯曲,可提高工作效率。

1.4.2 型钢的机械矫正

1. 用型钢矫正机矫正型钢

型钢矫正机的工作原理与滚板机相同,在结构上不同的是,辊轮设在支架外面呈悬臂形式,这样便于更换辊轮。型钢通过矫正机的滚压,就可以被矫正。图1.20所示为各种不同辊轮的工作示意图。

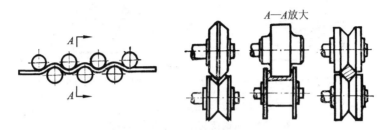

(a) 型钢矫直机辊轮

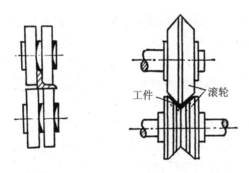

(b) 角钢矫直机辊轮

图1.20 各种不同辊轮的工作示意图

2. 用压力机矫正型钢

(1) 压力机矫正角钢

其操作方法和注意事项如下:预制的垫板和规铁,应符合角钢断面内部形状和尺寸要求,以防止工件在受压时歪倒或撤除压力后回弹,见图1.21。操作时,要根据工件变形的情况调整垫板的距离和规铁的位置。

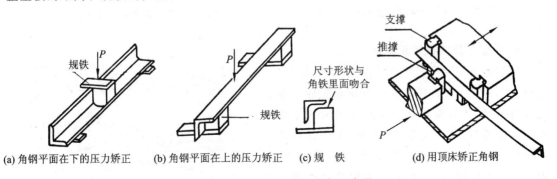

(a) 角钢平面在下的压力矫正　(b) 角钢平面在上的压力矫正　(c) 规　铁　(d) 用顶床矫正角钢

图1.21 在压力机上矫正角钢示意图

用机械矫正角钢的两面垂直度时,常采用如图1.22所示的方法。

对工件变形的矫正,要视具体情况经过反复试验,以观察施加压力的大小、回弹情况等,然后再进行矫正。

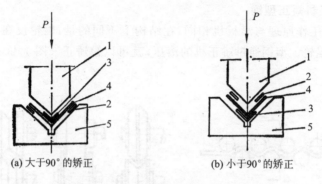

(a) 大于90°的矫正　　(b) 小于90°的矫正

1—上胎；2—垫铁；3—规铁；4—工件；5—V形下胎

图1.22　角钢两面不垂直的压力矫正

(2) 压力机矫正槽钢

由于槽钢腹板的厚度较薄,且偏于小面的一侧,受力时容易变形,因此在机械矫正时,要在槽钢内的受力处加上相应形状的规铁。

(3) 压力机矫正工字钢

① 工字钢大面(或小面)弯曲的压力机矫正　矫正方法与槽钢的矫正方法相同,如图1.23所示。

② 工字钢腹板的矫正　工字钢由于腹板慢弯而引起两翼板的不平行,矫正方法如图1.24所示。图中上垫铁的高度要大于翼板宽度的一半,宽度约为腹板高度的2/3。由于腹板厚度较薄,因此压力要适当,待其慢弯消除后,两翼板随之平行且垂直于腹板。

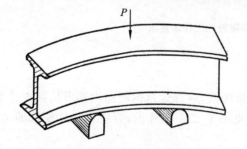

图1.23　工字钢立弯的压力矫正

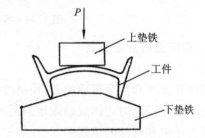

图1.24　工字钢腹板的压力矫正

3. 用管子矫直机矫正圆钢

圆钢弯曲变形可用管子矫直机(见图1.25)进行矫正。管子矫直机的关键部位是辊轮。辊轮成对排列,并与被矫直工件的轴线成一定角度。辊轮两头粗、中间细,矫正时,先调好对轮的间隙,机器开动后,输入圆料和辊轮接触,在滚动的压力作用下,斜置成对的辊轮就迫使圆料沿螺旋线滚动前进,圆料经受几对辊轮的反

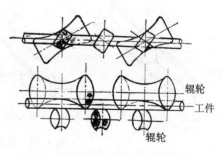

图1.25　管子矫直机工作示意图

复滚压,其弯曲部位即获得矫直。

目前常用的管子矫直机,对圆钢端头的急弯还不能调直,仍须采用手工操作来弥补。

1.5　火焰矫正

材料的矫正除用机械方法外,还可用火焰矫正。火焰矫正不仅用于材料的准备工序中,还可用于结构在制造过程中的变形。火焰矫正方便灵活,应用广泛。

1.5.1　火焰矫正的原理

火焰矫正是在钢材的变形处用火焰局部加热获得矫正的方法。

金属材料具有热胀冷缩的特性,当局部加热时,被加热处的材料受热而膨胀,但由于周围温度低,因此膨胀受到阻碍,此时加热处金属受压缩应力。当加热温度达到600～700 ℃时,压缩应力超过屈服极限,产生了压缩塑性变形。火焰矫正就是利用金属局部受热后所引起的新的变形去矫正原有的变形。因此,了解火焰局部受热时所引起的变形规律,是掌握火焰矫正的关键。

图1.26所示为钢板、角钢、丁字钢在加热中和加热后的变形情况,由于受热处的金属在冷却后会缩短,所以型钢必然向加热一侧发生弯曲变形。

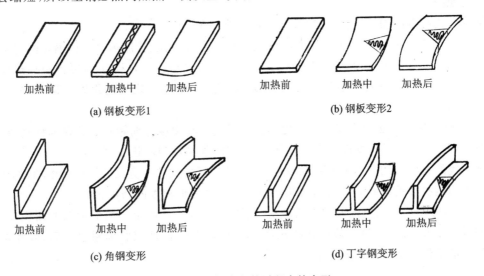

图 1.26　型钢在加热过程中的变形

火焰矫正时,必须使加热而产生的变形与原变形的方向相反,才能抵消原来的变形而获得矫正。

火焰矫正加热的热源,通常采用氧-乙炔焰,因其温度高、加热速度快,所以广泛应用于矫正、切割和焊接之中。

1.5.2　火焰矫正时的加热位置与方式

1. 加热位置、火焰热量与矫正的关系

火焰矫正的效果,取决于火焰加热的位置和火焰的热量。不同的加热位置可以矫正不同方向的变形,加热位置应选择在金属较长的部位,即材料弯曲部位的外侧。如果加热位置选择错误,非但不能起到应有的矫正效果,反而容易产生新的变形,再与原有的变形叠加,变形将更大。

用不同的火焰热量加热,可以获得不同的矫正变形的能力。若火焰的热量不足,就会延长加热时间,使受热范围扩大,这样不易矫平钢材,所以加热速度越快,热量越大,矫正能力也越强,矫正变形量也越大。

低碳钢和普通低合金钢火焰矫正时的温度,常在 600～800 ℃之间。一般加热温度不宜超过 850 ℃,以免金属过热影响机械性能。实践中,凭钢材在加热中颜色的变化来判断温度的高低。加热过程中钢材的颜色变化所表示的温度大小如表 1.1 所列。

表 1.1 钢材表面颜色及其相对应温度(在暗处观察)

颜　色	温度/℃	颜　色	温度/℃
深褐红色	550～580	亮樱红色	830～900
褐红色	580～650	橘黄色	900～1 050
暗樱红色	650～730	暗黄色	1 050～1 150
深樱红色	730～770	亮黄色	1 150～1 250
樱红色	770～800	白黄色	1 250～1 300
淡樱红色	800～830		

2. 加热方式

加热方式有点状加热、线状加热和三角形加热三种。

① 点状加热　加热区域为一定直径的圆圈状的点,称为点状加热。根据钢材的变形情况可加热一点或多点。多点加热常用梅花式(见图 1.27(a)),各点直径 d 对厚钢板加热要适当大些,薄板要小些,但一般不小于 15 mm。变形量越大,点与点之间的距离 a 应小些,一般为 50～100 mm。

② 线状加热　加热时火焰沿直线方向移动或同时在宽度方向做一定的横向摆动,称为线状加热(见图 1.27(b))。线状加热又分直通加热、链状加热和带状加热三种。

加热线的横向收缩一般大于纵向收缩,其收缩量随着加热线宽度的增加而增加,加热线的宽度一般为钢材厚度的 0.5～2 倍,线状加热一般用于变形较大的结构之中。

③ 三角形加热　加热区域呈三角形状(见图 1.27(c))。由于三角形加热的面积较大,所以收缩量也较大,并由于沿三角形高度方向的加热宽度不等,所以收缩量也不等,因此常用于刚性较大的构件弯曲变形的矫正上。

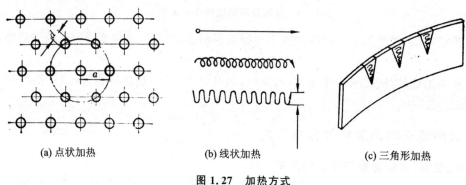

(a) 点状加热　　(b) 线状加热　　(c) 三角形加热

图 1.27　加热方式

在实际矫正工作中,常在加热后用水急冷加热区,以加速金属的收缩,提高矫正的效率。与单纯的火焰矫正法相比,可提高功效三倍以上,这种方法又称水火矫正法(见图 1.28)。由于水火矫正易产生较大的应力,一般用于 8 mm 以下钢板的矫正。方法是边加热边浇水,水与火的距离应随钢材厚度的增加而增加,一般不超过 30 mm 为宜。对淬硬倾向较大的材料(如 12 钼铝钒钢)不能采用水火矫正法。

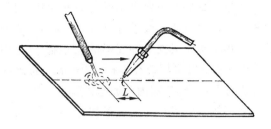

图 1.28 水火矫正法

1.5.3 钢板的火焰矫正

不同变形形式的钢板的火焰矫正方法及注意事项如表 1.2 所列。

表 1.2 钢板火焰矫正方法

变形类型	固定方式	加热方式	注意事项
薄钢板中部凸起	羊角卡压紧钢板四周	点状加热或线状加热	加热顺序应从外向内,呈放射状 矫平后,用大锤轻敲羊角卡取出钢板
薄钢板四边呈波浪形	羊角卡压紧钢板四周	线状加热	加热线宽度为板宽的 1/2～1/3; 加热线距离一般为 50～200 mm; 可重复加热,但加热线位置应错开
厚钢板弯曲变形	放置在平台 凸面向上 无需固定	线状加热	加热温度取 500～600 ℃; 应采用较强火焰,提高加热速度; 可重复加热,但加热线位置应错开

薄钢板在火焰矫正时的加热方法和加热顺序如图 1.29 所示。

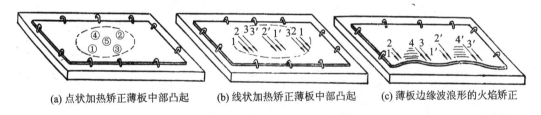

(a) 点状加热矫正薄板中部凸起　　(b) 线状加热矫正薄板中部凸起　　(c) 薄板边缘波浪形的火焰矫正

图 1.29 薄钢板的火焰矫正

1.6 高频热点矫正

高频热点矫正是在火焰矫正的基础上发展起来的一项新技术。用它可以矫正任何钢材的变形,尤其对一些尺寸较大、变形复杂的工件效果更为显著。

高频热点矫正法的原理与火焰矫正法相同,所不同的是热源不用火焰,而是采用高频感应加热。当用交流电通入高频感应圈后,感应圈随即产生交变磁场,当感应圈靠近钢材时,由于交变磁场的作用,使钢材内部产生感应电流,由于钢材电阻的热效应而发热,使温度立即升高,从而进行加热矫正。因此,用高频热点矫正时,加热位置的选择应与火焰矫正相同。

加热区域的大小取决于感应圈的形状和尺寸,而感应圈的形状和尺寸又取决于工件的形状和大小。感应圈一般不宜过大,否则因加热速度减慢、加热面积增大而影响矫正的效果和质量。加热时间应根据工件变形的大小而定,变形大则时间长些,一般为4~5 s为宜,温度约800 ℃。感应圈采用口径6 mm×6 mm的紫铜管,制成宽5~20 mm、长20~40 mm的矩形。在矫正过程中,感应圈内应通水冷却。

高频热点矫正与火焰矫正相比,不但效果显著,生产率高,而且操作简便。

习题与思考题

1. 钢材在外力作用下发生变形,分弹性变形和塑性变形两种。弹性变形是在外力除去后能恢复原来形状的变形,也叫_____;塑性变形是在外力除去后依然留下来的变形,也叫_____。

2. 低碳钢和普通低合金钢火焰矫正时的温度,常在(　　)之间。一般加热温度不宜超过850 ℃,以免金属过热影响机械性能。

   A. 1 200~1 500 ℃　　　B. 600~800 ℃　　　C. 100~200 ℃　　　D. 200~400 ℃

3. 造成钢材变形的原因有哪些?

4. 简述钢材矫正的原理,矫正的常用方法有哪些?

5. 矫正薄钢板时,为什么不能直接锤击凸起处,而厚钢板可以?

6. 角钢、槽钢、工字钢有哪几种变形?怎样矫正?

7. 火焰矫正的基本原理是什么?加热方式有几种?加热位置如何选定?

8. 钢板与型钢的弯曲变形怎样进行火焰矫正?

第 2 章 展开放样

在航天、航空、冶金、化工、造船和汽车等制造行业,有许多产品是用板材及型材(金属或非金属)加工而成。如一块长方形的钢板可以卷弯成圆筒,反过来也可将圆筒摊开成长方形的钢板。这种将构件的表面摊开在一个平面上的过程就叫做展开。在平面上画好的图形就叫展开图,作展开图的过程一般叫展开放样。

作展开图的方法通常有两种:一种是作图法,另一种是计算法。目前现场多采用作图法展开。但是随着计算机技术的发展和计算工具的广泛应用,计算放样已显示出巨大的优越性,将被广泛地应用。一般对于形状复杂的构件,广泛采用作图法,而对于形状简单的构件,可以通过计算求得展开尺寸,再放样作图。本章重点介绍作图法。

根据组成构件表面的展开性质,分为可展表面和不可展表面两种。

2.1 可展表面和不可展表面

2.1.1 可展表面

构件的表面能全部平整地摊平在一个平面上,而不发生撕裂或皱折,这种表面称为可展表面。可展表面除平面外,还有柱面和锥面等。

1. 柱 面

设一根直线在空间沿着某一固定的曲线平行移动时,所形成的曲面称为柱面。如图 2.1(a)、(b)所示,固定的曲线称为导线(或准线),移动的直线称为母线,母线在柱面上的各个位置称为素线。如用一平面与柱面垂直相交,那么该平面(正断面)与柱面的交线称为断线。正断线必与素线垂直。

根据柱面的形成特点,在柱面上所有的素线都相互平行,取相邻两根非常接近的素线所形成的面,可以看作平面,所以柱面是由许多狭小的平面组成,因此具有可展性。只要知道正断线和各素线的实长,以及正断线与素线的相对位置,就可以作出该柱面的展开图。

2. 锥 面

设一根直线(母线)在空间沿着某一固定的曲线(导线)并始终经过某一定点移动时,所形成的面称为锥面,如图 2.1(c)所示。导线可以是平面曲线,也可以是空间曲线。

由锥面的形成特点可知,锥面上所有的素线都相交于一点。取两根非常接近的素线所构成的面也可以看作一个三角形平面,所以锥面是由许多小的三角形平面所组成,它同样具有可展性。只要知道各小三角形三条边的实长,就可作出该锥面的展开图。

由上分析,可以总结出可展表面的性质是:凡以直线为母线,相邻两条直线能构成一个平面时(即两素线平行或相交)的曲面,都是可展表面。

2.1.2 不可展表面

如果构件的表面,不能自然平整地展开摊平在一个平面上,就称为不可展表面,如圆球、圆

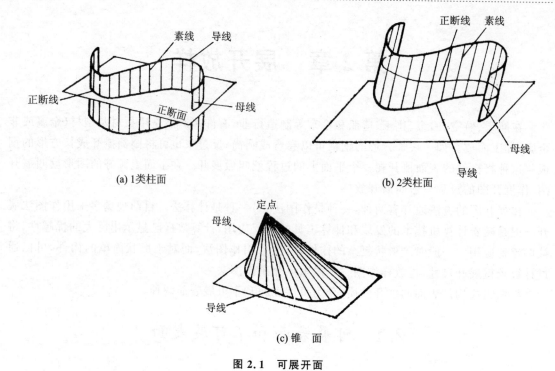

图 2.1 可展开面

环的表面和螺旋面等都是不可展表面。

1. 球 面

球面可以设想由一条半圆弧的母线，以直径为轴线旋转而成。由于球面的母线是曲线，所以球面在轴向和垂直于轴线的方向都是弯曲的，即双向弯曲。显然，双向弯曲的表面是不能摊平在平面上的，因此是不可展的。同样，圆环表面也是如此。

2. 圆柱正螺旋面

若曲面上相邻两素线在空间上并不平行，而是呈交叉状态，则它们不能组成一平面，所以不能展开在平面上。圆柱正螺旋面就是这种情形，是不可展表面。

由上分析，可以总结出不可展表面的性质是：凡以曲线为母线或相邻两直素线呈交叉状态的表面，都是不可展表面。

如果我们把不可展表面分割成许多小块，每一小块看作只在一个方向弯曲，而在另一方向近似看作直线，这样便能进行展开了，所以不可展表面能作近似的展开。

无论何种形状的表面，它的展开放样法有平行线法、放射线法和三角法三种。

2.2 平行线展开法

2.2.1 平行线展开法的基本原理

平行线展开法的原理是将构件的表面，看作由无数条相互平行的素线组成，取两相邻素线及其两端线所围成的微小面积作为平面，只要将每一小平面的真实大小，依次顺序地画在平面上，就得到了构件表面的展开图。所以只要构件表面的素线或棱线互相平行的几何形体，如各种棱柱体、圆柱体和圆柱曲面等都可用平行线法展开。

2.2.2 棱柱管件的展开

图 2.2 所示为上口斜截的四棱柱管,各棱线相互平行,它由四个面组成,只要顺序画出四个面的实际大小,即得其展开图。作图步骤如下:

① 作棱柱的投影图,并在各棱线处标 1,2,3,…,6 代号,由投影图分析可知,主视图的形状就是四棱柱管前后两面的实形,又因棱柱的底线与各棱线垂直,所以展开时以主视图底线的延长线(正断线)展开,在其上量取俯视图上 1,2,3,…,6,1 各点,并过各点作垂线。

② 在各垂线上量取主视图上相应各棱线的高度,得 1′,2′,3′,…,6′,1′各点。用直线连接各点即得展开图。

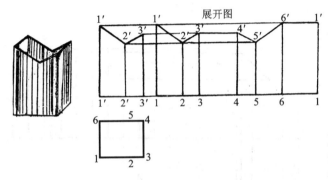

图 2.2 上口斜截的四棱柱管展开

图 2.3 所示为上下口平行斜截的四棱柱管,由两投影图分析可知,主视图的平行四边形即为四棱柱前后两面的实形,而左右两侧面的实形为矩形。展开时不能沿底线的延长线而应按垂直于棱线的正断线进行展开,作图步骤如下:

① 在主视图上的任一位置引一与棱线垂直的水平线(正断线)作为展开线,在其上量取 1,2,3,4,1 各点,并过各点作垂线。

② 在各垂线的上下两部分相应量取各棱线的高度,得 1′,2′,3′,4′,1′各点,用直线连接各点即得展开图。

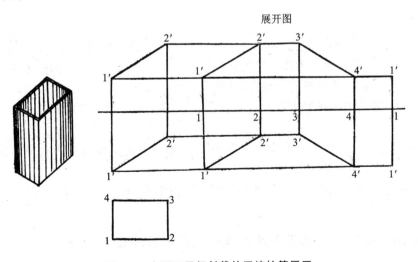

图 2.3 上下口平行斜截的四棱柱管展开

2.2.3 圆管件的展开

图 2.4 为上口斜截的圆管，展开时在圆管表面取许多相互平行的素线，把表面分成许多小四边形，依次画出各四边形即得展开图。展开步骤如下：

① 将俯视图上的圆周作 12 等分。将各等分点向主视图作投影线，则相邻两投影线组成一小的梯形，每一小梯形作为一平面。

② 延长主视图的底线作为展开的基准线，将圆周展开在延长线上得 1,2,3,…,7 各点，过各点作垂线并量取各素线的长度，然后用光滑曲线连接各点即得展开图。

为了保证曲线两端部的准确性，必须在曲线两端部之外加作几点，使曲线能延伸过去，如图 2.4 中的双点画线所示，这些点称为有效点。

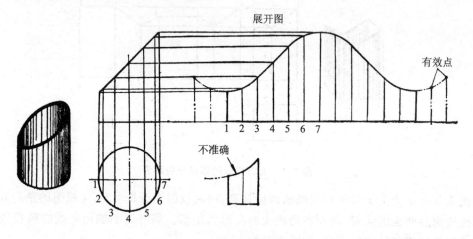

图 2.4　斜口圆管的展开

由于展开图上每一梯形平面代表了圆管曲面的一部分，所以圆周等分数越多，则每一小梯形曲面越接近于平面，所得的展开图也越准确，但作图过程也相应烦琐。所以等分数随圆管的直径大小而定，也可根据直径计算其周长，再将求得的周长作等分，这样所得的图形较精确。

2.2.4 孔的展开

若管件上开有一定形状的孔，则在展开时也应作出孔的展开图。展开时必须确定孔在展开图中的位置，并在孔的范围内作一定的辅助线，辅助线与孔的交点，即为孔边界上的点。

图 2.5 所示的圆柱管上开有一圆孔，其展开图作法如下：

① 在俯视图孔位置的投影上取 1,2,3,…,1 点，过各点向主视图作投影线，得 $1',2',3',…,1'$ 各点。

② 在主视图中以孔中心的延长线作为展开线，取定 0 点的位置作为孔展开的中心，并分别向两边量取俯视图上孔的展开长度，得 1,2,3 点。

③ 过各点作垂线，在各垂线上量取主视图上各投影点的高度，得 $1',2',3'$ 各点，用光滑曲线连接各点即得孔的展开图。

2.2.5 应用平行线展开法手工绘制展开图并制作模型

1. 任务说明

根据 2.2 小节所学的内容，利用平行线展开法，制作一个如图 2.6(a)所示的带孔斜截圆

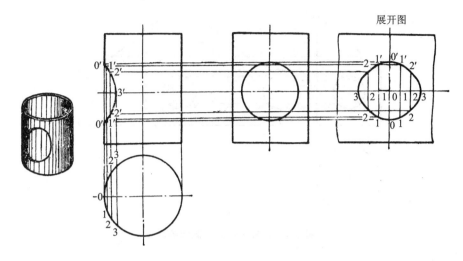

图 2.5　圆管上圆孔的展开

柱的手工模型,最终成品如图 2.6(b)所示。

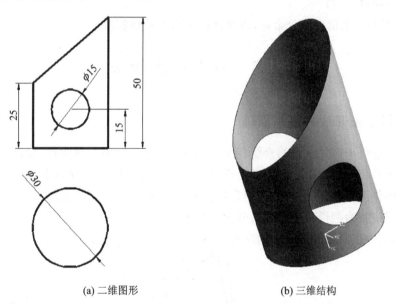

(a) 二维图形　　　　　　　(b) 三维结构

图 2.6　带孔上口斜截圆管

2. 准备工作

准备 A4 纸一张,硬纸板一块,尺寸不得小于 110 mm×60 mm。

3. 任务实施

① 先将图 2.6(a)所示的视图按照 1∶1比例绘制到 A4 纸上,然后利用平行线展开法做出其展开图。展开图的绘制方法参考 2.2.3 和 2.2.4 小节内容,也可使用 CAD 软件辅助绘制。展开图如图 2.7 所示。

② 将绘制好的展开图用复写纸复写到硬纸板上。

③ 沿展开图上的图线裁剪硬纸板。

④ 弯卷硬纸板成圆筒状,然后用胶水或胶带固定,模型制作完成。

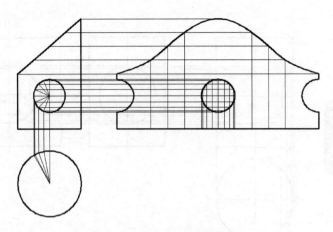

图 2.7 带孔上口斜截圆管的展开

4. 注意事项

① 等分的份数越多,展开图的精确程度越高,但份数选择要适当,图线不宜太密集。建议等分的份数不超过 16 份。

② 可在展开图上留出部分余量,以便涂抹胶水或粘贴胶带。

2.3 放射线展开法

2.3.1 放射线展开法的基本原理

放射线法适用于构件表面的素线相交于一点的形体,如圆锥、椭圆锥、棱锥等表面的展开。放射线法的展开原理是将构件的表面由锥顶起作一系列放射线,将锥面分成一系列小三角形,每个小三角形作为一个平面,将各三角形依次画在平面上,就得到所求的展开图。

现以正圆锥管为例说明放射线展开法的基本原理,正圆锥的特点是锥顶到底圆任一点的距离都相等,所以正圆锥管展开后的图形为一扇形,如图 2.8 所示。

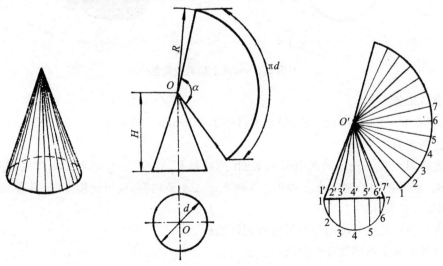

图 2.8 正圆锥管的展开

它的展开图可以通过计算法或作图法求得。展开图的扇形半径等于圆锥素线的长度：

$$R = \sqrt{\left(\frac{d}{2}\right)^2 + H^2}$$

扇形的弧长等于圆锥底圆的周长 πd，扇形的中心角为

$$\alpha = \frac{360\pi d}{2\pi d} = 180\frac{d}{R}$$

用作图法画正圆锥管的展开图时，将底圆周等分并向主视图作投影，然后将各点与顶点连接，即将圆锥面划分成若干三角形，以 O' 为圆心，$O'1'$ 为半径作圆弧，在圆弧上量取圆锥底圆的周长便得展开图。

2.3.2 斜口正圆锥管的展开

斜口正圆锥管可以想象是由一只具有锥顶的正圆锥管被斜平面截割锥顶后形成的。其展开过程是先作正圆锥管的展开，然后作出被截割锥顶部分的展开图，则剩下的部分即为所求的展开图。其作法如图 2.9 所示。

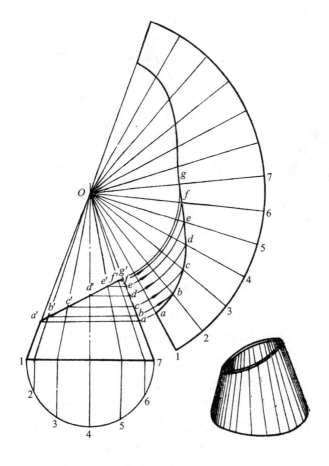

图 2.9 斜口正圆锥管的展开

先画出锥管的主视图和俯视图，将俯视图上的半圆周作 6 等分，然后画出整个圆锥面的展开图。

展开图的扇形半径与正圆锥管的求法相同,等于圆锥素线的长度:

$$R = \sqrt{\left(\frac{d}{2}\right)^2 + H^2}$$

扇形的弧长等于圆锥底圆的周长 πd,扇形的中心角为

$$\alpha = \frac{360\pi d}{2\pi d} = 180\frac{d}{R}$$

作切口展开曲线时,需要知道锥顶切去部分素线的实长,如 Ob'、Oc',…,但一般位置直线的投影不反映实长,因此需要解决求直线实长的问题。在主视图的投影中,只有 Oa'、Og' 的投影代表实长,其余的都不是实长;过 c' 点引水平线与投影图的轮廓相交于 c 点,则 Oc 即为 Oc' 的实长。其余各线均用同样的方法求得。

2.3.3 孔的展开

若在圆锥管的表面开有一定形状的孔,则在作圆锥表面的展开图时,也应作出孔的展开图。

图 2.10 为在正圆锥管的正面开有一方孔。

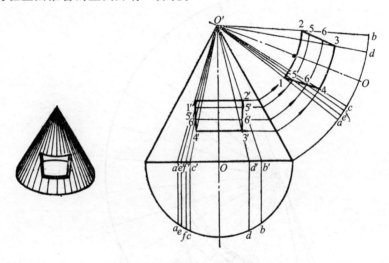

图 2.10 正圆锥上孔的展开

展开时,应先由顶点 O' 引与孔相切的 $O'1$ 与 $O'2$ 线,并延长,与底面交于点 a'、b',以定出孔展开的边界位置,再将点 a'、b' 点投影到俯视图的圆周上,得点 a、b。因为孔对称于 $O'O$ 线,故在展开图上作 $O'O$ 线为孔展开的基准线。在 O 点的两边量取弧长 $\overset{\frown}{ab}$,得 a、b 两点。连接 $O'a$、$O'b$,并在此线上找出 1、2 两点,此两点即为孔展开图上的边界点。用同样的方法作出 3、4 两点,显然仅有四个点还不能准确地描述孔的展开形状。分析方孔的展开形状可知,1、2 两点和 3、4 两点间的连线是以点 O' 为圆心的圆弧,而 1、4 和 2、3 两点间的连接并非是简单的直线,所以还需找一些辅助点,为此在主视图上的 $1'4'$ 和 $2'3'$ 线间,作若干条辅助线,在展开图上得辅助点 5、6,用光滑的曲线连接 1、5、6、4 和 2、5、6、3,得孔的展开图。其他形状孔的展开也用同样的做法。

2.3.4 应用放射线展开法手工绘制展开图并制作模型

1. 任务说明

根据2.3节所学的内容,利用放射线展开法,制作一个如图2.11(a)所示的带孔斜截圆锥管的手工模型,最终成品如图2.11(b)所示。

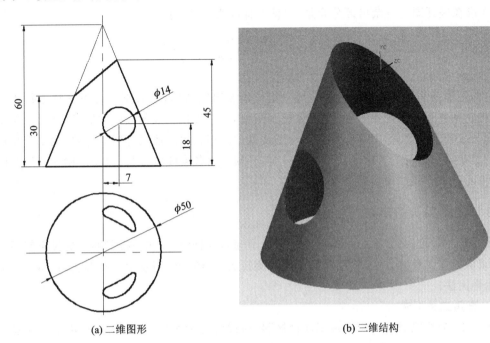

(a) 二维图形　　　　　　　　　　　(b) 三维结构

图2.11　带孔的斜截圆锥管

2. 准备工作

准备A4纸一张,硬纸板一块,尺寸不得小于135 mm×65 mm。

3. 任务实施

① 先将图2.11(a)所示的视图按照1∶1比例绘制到A4纸上,然后利用放射线展开法作出其展开图。展开图的绘制方法参考2.3.2小节和2.3.3小节,也可使用CAD软件辅助绘制。展开图如图2.12所示。

② 将绘制好的展开图用复写纸复写到硬纸板上。

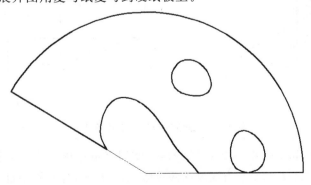

图2.12　带孔的斜截圆锥管的展开图

③ 沿展开图上的图线裁剪硬纸板。

④ 弯卷硬纸板成圆锥筒状,然后用胶水或胶带固定,模型制作完成。

4. 注意事项

① 等分的份数越多,展开图的精确程度越高,但份数选择要适当,图线不宜太密集。建议等分的份数不超过 16 份。

② 可在展开图上空余出部分余量,以便涂抹胶水或粘贴胶带。

2.4 三角形展开法

三角形展开法是将构件的表面分成一组或很多组三角形,然后求出各组三角形每边的实长,并把它的实形依次画在平面上,得到展开图。必须指出,用放射线法作展开图时,也是将锥体表面分成若干三角形,但这些三角形均围绕锥顶。用三角形法展开时,三角形的划分是根据构件的形状特征进行的。用三角形法展开时,必须求出各素线的实长,这是准确作好展开图的关键,下面就来介绍线段实长的求法。

2.4.1 线段实长的求法

由投影原理可知,如果一线段与两投影面都倾斜,则该线段在两投影面上的投影都不是其实长,求该线段实长的方法,除用前面所述的旋转法外,还可以用直角三角形法、直角梯形法和变换投影面法。

1. 直角三角形法

图 2.13 为线段 AB 对两个投影面都倾斜,所以它的两个投影 $a'b'$ 和 ab 都不是实长。从图中可知,如过 B 点作 BC 垂直于 Aa,得直角三角形 ABC,直角边 $BC=ba$;另一个直角边 AC 就是 AB 两点的高度差 H,恰等于 AB 正面投影的两个端点 $a'b'$ 在垂直方向的距离 $a'c'$。由此可知,只要作两互相垂直的两直角边(见图 2.13(b))使 $B_1C_1=ab$,$A_1C_1=a'c'=H$,则斜边 A_1B_1 即为 AB 线段的实长。

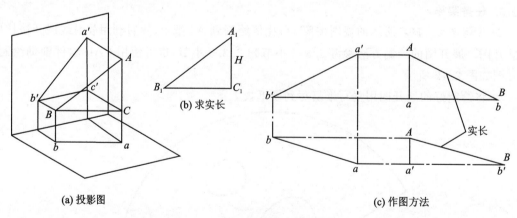

图 2.13 直角三角形法求线段实长

根据这样的原理,如果已知一线段的两投影,使用直角三角形法求实长,其作图方法可归纳为如图 2.13(c)所示,ab 和 $a'b'$ 为线段的两投影,求实长时,只要作一直角,在直角的一边上量取投影图 ab(或 $a'b'$)长,另一边上量取另一视图的投影差,则直角三角形的斜边即为线段

AB 的实长。

2. 直角梯形法

直角梯形法也是根据线段的投影原理(见图 2.14),从另外一个角度求其实长,由图 2.13(a)中线段 AB 的投影可知,AB 在垂直投影面投影为 $a'b'$,则 $Aa'b'B$ 为一直角梯形面,梯形的斜边即为 AB 的实长。

同样,线段 AB 在水平投影面的投影为 ab,则 $ABba$ 也是一直角梯形平面,梯形的斜边也是线段 AB 的实长。由此可见,只要根据线段的投影,作出直角梯形中的任意一个,就可求得线段的实长。作法如图 2.14 所示。

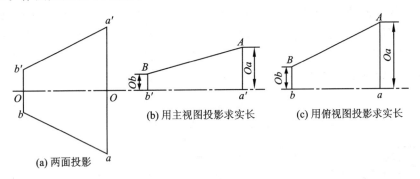

图 2.14 直角梯形法求线段实长

图 2.14(a)为 AB 直线的两投影,作一水平线,量取主视图投影长 $a'b'$(见图 2.14(b)),过 a'、b' 两点分别作垂线,在 a' 垂线上量取俯视图中的 Oa 之长,得 A 点,在 b' 垂线上量取俯视图中的 Ob 之长,得 B 点,连接 A、B 两点,AB 线段就是所求的实长。

若在水平线上量取俯视图的投影长,则在垂线上应量取主视图的投影高,如图 2.14(c)所示,同样也能求得线段的实长。

3. 变换投影面法

对于一般位置的直线,在三个基本投影面上的投影都不是实长,如果另取一新的投影面,使其与空间直线平行,并与其中一基本投影面垂直,则根据正投影的方法,在新投影面上得到的投影,必然是线段的实长。这就是变换投影面法求实长的基本道理。

图 2.15(a)中直线 AB 处于一般位置,为求 AB 实长,加一新投影面 P,使 P 面平行于 AB,且垂直于 H 面,这样在 P 面上所得的投影,即为 AB 的实长。具体作法如下:

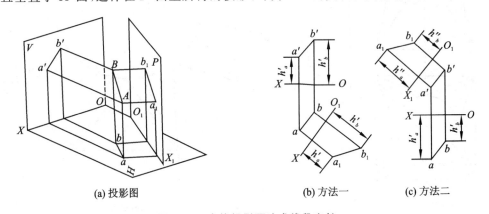

(a) 投影图 (b) 方法一 (c) 方法二

图 2.15 变换投影面法求线段实长

在水平投影上作轴线 O_1X_1 平行于 ab（见图 2.15(b)），再分别由 a、b 两点作 O_1X_1 轴的垂线，然后在垂线上分别量取主视图中水平方向的长度 h'_a 和投影长度 h'_b 长，得 a_1、b_1 两点，即为 AB 线在 P 面上的投影，等于 AB 的实长。

图 2.15(c) 的作法，是在 V 面上加新的投影面 P，使 P 垂直于 V，又平行于 AB，同样也能求得 AB 的实长。

2.4.2 方口形漏斗的展开

图 2.16 为倒置的方口形漏斗，上、下口扭转成 $45°$，它由八个等腰三角形平面相间组成，等腰三角形底边的实长（即方口的边长）在俯视图中可直接量得，各等腰三角形的腰长均相等，可根据两投影图用旋转法求出其实长。例如在俯视图中以点 2 为圆心，将 $2b$ 投影旋转至水平位置，然后向上作投影，即得 $2B$ 的实长。作展开图时，可以先作出三角形 $AB1$ 的实形，然后向两边顺次作各等腰三角形得展开图。

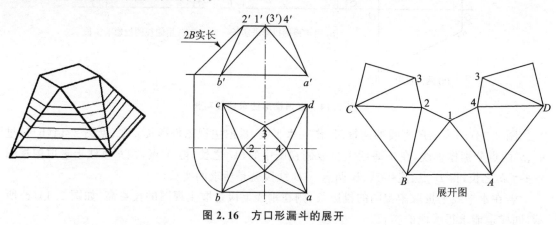

图 2.16 方口形漏斗的展开

2.4.3 上圆下方接管的展开

图 2.17 所示的接管，用来连接方管和圆管，它由四个三角形平面和四个局部锥面组成。

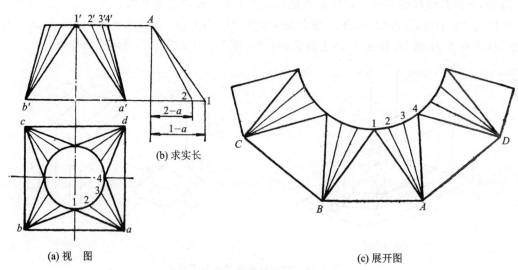

图 2.17 上圆下方接管的展开

为展开锥面,把圆周分成若干等份(图中为 12 等份),然后把等分点与方底的四角按图示的方法相连,则锥面分成许多三角形,整个接管是由许多三角形组成的。只要求出三角形各边的实长,即可画出各三角形的实形。展开图的具体作法如下:

用直角三角形法求 1-a(4-a)、2-a(3-a)的实长(见图 2.17(b)),在直角边的高度方向量取主视图上投影线的高度差,得 A 点,在水平直角边上量取俯视图中的投影长,得点 1、2,则斜边 1-A、2-A 即为实长。

2.5 相贯体的展开

2.5.1 相贯线的基本概念

由两个或两个以上的基本几何体结合组成的构件,称为相贯体。两形体表面相交的线称为相贯线。图 2.18 为两圆管正交所形成的相贯线,可知相贯线是相交形体表面的公共线,所以也是相交形体的分界线,这是相贯线的基本特性之一。另外,由于几何体总是有一定的形状和范围,因此相贯线在空间总是封闭的,这是相贯线的又一基本特性。

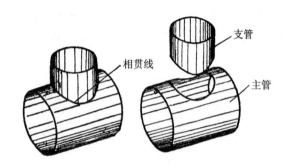

图 2.18 两圆柱管的相贯

相贯体展开时,必须先作出相贯线,以确定基本形体的分界线,然后再分别作展开图。如图 2.18 所示的相交圆管,先作出相贯线后,即分成主管和支管两部分,再分别作展开图。由此可见,精确地作出相贯线,是相贯体展开时必须解决的问题。相贯线的作法有切线法、取点法、辅助平面法和辅助球面法等多种。

2.5.2 切线法求相贯线及展开

切线法是通过作圆的公切线,画出两相交形体的轮廓形状,用直线连接两轮廓的交点,就得所求相贯线的投影。切线法主要适用于截头圆柱和截头正圆锥的相接,并且交线在垂直投影面上反映为直线。

图 2.19(a)为圆柱与圆锥相交。根据规定的交角和圆柱、圆锥的尺寸,作两中心线,得点 O_1、O_2、O_3,然后以点 O_1、O_2、O_3 为圆心,分别作圆,再顺次作圆的切线,得交点 a、b,连接 a、b 即得相贯线的投影。由图可知,相贯线交线 ab 与 α 角的分角线平行,但不重合,其间距随锥管锥度的增大而增大。当两锥管相交时,相贯线的投影也用同样的方法求得,如图 2.19(b)所示。等径圆管的相交是一种特例,也可用切线法求相贯线,见图 2.19(c),这时相贯线与分角线重合。

图 2.20 为正圆锥管连接大小圆管组成的裤形三通。该三通因是正圆锥管与圆柱管相交,故其交线也用切线法求得。

先画出主视图投影,以点 O_1、O_2 为中心画管 Ⅰ、管 Ⅲ 的断面。分别连接两个圆的公切线,得管 Ⅱ 与管 Ⅰ、管 Ⅲ 两侧线的交点 F、G、M、$1''$、$2''$、$5'$、$1'$。连接 $2''-G$ 和 $1''-F$,得交点 3_0。$1''-3_0$、$2''-3_0$、3_0-M、$1'-5'$ 即为所求的交线,交线得到后即可作各节的展开图,节 Ⅰ 和节 Ⅲ 用图示的

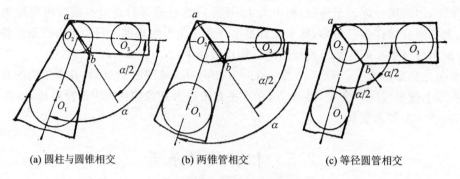

(a) 圆柱与圆锥相交　　(b) 两锥管相交　　(c) 等径圆管相交

图 2.19　相切法求相贯线

平行法展开，节Ⅱ是正圆锥管，用放射线法展开，在圆锥管轴线的中间位置任取一垂直线，作半圆周，然后将圆周等分，各等分点向垂线作投影，再与顶点引连线进行展开，由于点 3_0 是圆锥体中离顶点最远的点，为在展开图上定出该点，必须添加过点 3_0 的辅助线，才能得到正确完整的展开图。

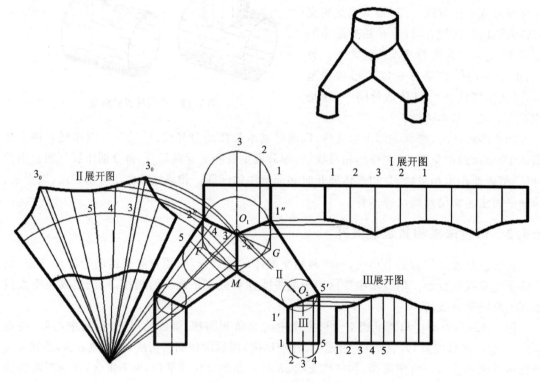

图 2.20　裤形三通的展开

2.5.3　取点法求相贯线及展开

如果已知相贯线在一个或两个视图上的投影，则根据投影原理可求出相贯线在另一视图上的投影。

作图时，先在相贯线上任取一些点，根据点的投影原理和相贯线的性质，找出该点在其他视图上的投影，然后连接各点，求得相贯线，这就是取点法求相贯线的基本方法。

图 2.21 为圆管与方锥管直交,相贯线俯视图中的投影已知为圆,所以可用取点法求相贯线在主视图上的投影。在俯视图的相贯线上取 1,2,3,4 四点,分别向主视图作投影,点 1′ 在主视图上的投影为圆管与方锥的轮廓线交点,点 2′ 在方锥的棱线上,点 4′ 的位置与点 1′ 的高低相等。求点 3′ 的高低位置时,可先在俯视图中过点 3 引水平辅助线,得到与两棱线的交点。由两交点向上作投影,得到辅助线在主视图上的投影。由于点 3 在辅助线上,所以就定出点 3′ 的位置。用直线和曲线连接各点,就得主视图上相贯线的投影,接着可分别作出圆管Ⅰ和主锥Ⅱ的展开图。

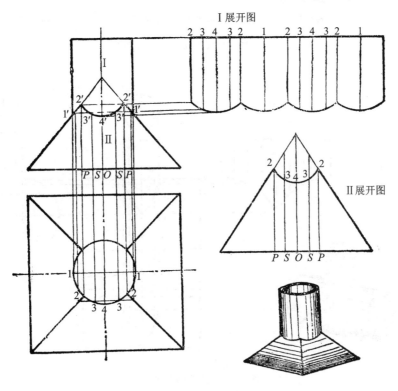

图 2.21　圆管与方锥管直交的展开

2.5.4　辅助平面法求相贯线及展开

利用辅助平面截切相贯体,则得到两条截交线,其截交线的交点属于三面共点,也就是相贯线上的点。用许多辅助平面截切相贯体后可求得许多点,连接后即得相贯线。选择辅助平面时,必须使平面与两形体交线的投影为最简单的线段——圆或直线。图 2.22 说明如何用辅助平面 P 求得相贯线上的点。

现以异径偏交圆柱三通管为例说明相贯线的求法,如图 2.23 所示,将垂直管断面的半圆周四等分,由左视图的等分点向下引垂线(这些投影线好比一个个辅助平面截切两圆管)与管Ⅱ断面圆周相交,交点为 1″,2″,…,5″。再由各交点向左引水平线,与主视图上圆周等分点向下的投影线(即辅助平面与管Ⅰ的交线)对应相交,得 1′,2′,…,5′ 点,用曲线连接各点即得主视图相贯线的投影。然后用平行线法分别展开管Ⅰ和管Ⅱ。

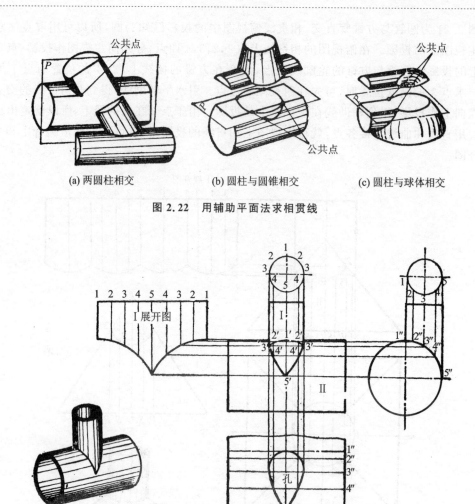

(a) 两圆柱相交　　(b) 圆柱与圆锥相交　　(c) 圆柱与球体相交

图 2.22　用辅助平面法求相贯线

图 2.23　圆柱偏交的展开

2.6　不可展曲面的近似展开

2.6.1　球体表面的近似展开

球体是典型的不可展曲面,它在两个方向都弯曲,所以不能自然地展开成为平面,只能作近似展开。将球体表面分割成若干小的曲面,每一个曲面看作是单向弯曲,这样便能作出每一小块曲面的展开图,将各小块下料成形后,拼接成完整的球体。由于分割方式的不同,也就有不同的展开方法。

1. 球体的分瓣展开

球体的分瓣展开是球体展开的一种形式,如图 2.24 所示,先将俯视图圆周分成 12 等份。各等分点与中心 O 相连,各线即为分瓣的结合线在俯视图上的投影。用辅助圆的方法求出各结合线在主视图上的投影。由于分瓣大小相同,所以只要展开一个分瓣即可。

在俯视图上取等分段中点 M,在 OM 延长线上量取主视图上的半圆周长,得 $1,2,3,4,\cdots,$

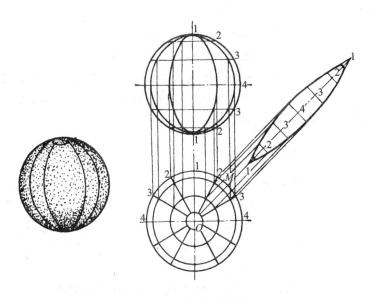

图 2.24 球体的分瓣展开

1 各点。过各点作垂线,并量取分瓣各处弧长,用曲线连接各点后得分瓣(球体展开图的 1/12)的展开图。为避免接缝汇交于一点,在球的两端用小圆板连接。

2. 球体的分带展开

球体的分带展开是球体展开的另一种形式,如图 2.25 所示。

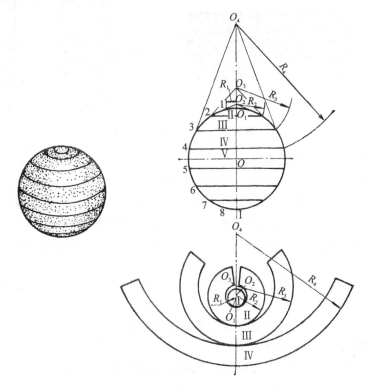

图 2.25 球体的分带展开

将球体分割成若干横带,横带的数量根据球的大小而定,每节横带近似看作正圆台,然后用放射线法作展开图。其作法如下：

将圆周分成 16 等份，即分 7 个横带和 2 个大小相等的圆板Ⅰ。中间一个横带Ⅴ为圆柱形，其展开为一矩形；Ⅱ、Ⅲ、Ⅳ各横带为圆锥形，其展开为扇形。

现以横带Ⅳ为例，展开时在主视图上连接 4、3 两点并延长与垂直中心线相交得 O_4 点。取 O_4 为圆心，R_4 和 $O_4 - 3$ 为半径作圆弧，由中间点向两边各量取Ⅳ段大圆周的一半，得横带Ⅳ的展开图。其余各段的展开图也用同样方法求得。

2.6.2 正圆柱螺旋面的近似展开

1. 圆柱螺旋线的形成及画法

当一点 A 沿着正圆柱的一条素线 M 作等速移动，而 M 又绕圆柱轴线作等速旋转时，A 点在空间的轨迹是一条圆柱螺旋线，如图 2.26(b)、(c)所示。圆柱螺旋线的形状和大小由下列三个要素决定：

① 圆柱直径 d　螺旋线直径。

② 导程 h　当素线 M 旋转一周，线上的 A 点沿轴向移动的距离。

③ 旋向　如果 A 点移动方向不变而素线 M 旋向不同时，所产生的螺旋线方向就不同。所以，螺旋线分右旋(见图 2.26(b))和左旋(见图 2.26(c))两种。

当螺旋线的三个要素确定后，就可画出它的投影图。

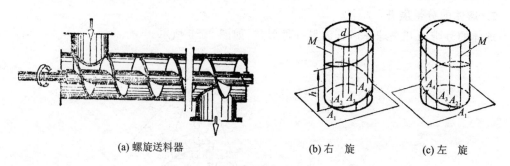

(a) 螺旋送料器　　　　(b) 右 旋　　　　(c) 左 旋

图 2.26　螺旋的应用和形成

2. 正圆柱螺旋面的形成及画法

假设以直线 AB 为直母线，沿直径为 d 的正圆柱做螺旋线运动，如图 2.27 所示，并使直母线的延长线始终与圆柱轴线垂直相交，这样形成的曲面就是正圆柱螺旋面。

当直线 AB 运动时，A 点也形成一条圆柱螺旋线，螺旋线的直径为 $D = d + AB$，它的导程 h 与原螺旋线相同。因此只要根据已知尺寸 d、D、h 即可作出正圆柱螺旋面的投影。其作法见图 2.28。

将圆周分成 12 等份，导程 h 也作相应等分，并引水平线。作直径为 d 的螺旋线 $1'_1$，$2'_1$，$3'_1$，…，$12'_1$ 各点投影，并用光滑曲线连接。再作直径为 D 的螺旋线 $1'$，$2'$，$3'$，…，$12'$ 各点投影，用光滑曲线连接，两螺旋线组成的面即为所求的正圆柱螺旋面。

3. 正圆柱螺旋面的近似展开

正圆柱螺旋面的近似展开有三角形法、计算法和简便画法多种。

(1) 三角形法

将正圆柱螺旋面分成若干个三角形，然后求出各三角形的实形，依次排列画出展开图。其作图步骤如下：

在一个导程内将螺旋面分成12等份,如图2.28所示,每一部分曲面$1-1_1-2_1-2$可近似地看作是一个空间的四边形。连接四边形的对角线,将四边形分成两个三角形。其中$1-1_1$和$2-2_1$就是实长,其余三边用直角三角形法求实长(如图2.28左面的实长图),然后作出四边形$1-1_1-2_1-2$的展开图(见图2.29(a)),在作其余各四边形时可将$1-1_1$和$2-2_1$线延长交于O,以O为圆心,$O-1$及$O-1_1$为半径分别作大小圆弧,在大圆弧上截取11份的$\overset{\frown}{12}$长,即得一个导程螺旋面的展开图。

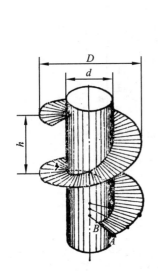

图 2.27 正圆柱螺旋面的形成

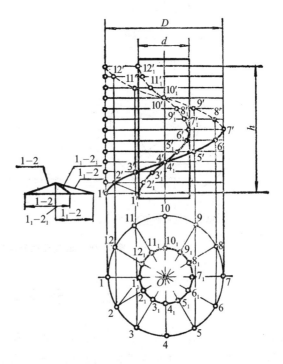

图 2.28 正圆柱螺旋面的画法

(2) 计算法

若已知螺旋面的外径D、内径d和导程h,可不画螺旋面的投影,直接用计算法作图。

图2.29(b)表示一个导程之间螺旋面的展开图,它是一个开口的圆环,其中

$$r=\frac{bl}{L-l}, \quad R=r+b, \quad \alpha=\frac{2\pi R-L}{2\pi R}\times 360°$$

式中:b为螺旋面的宽度;L,l分别为大、小螺纹线一个导程的展开长度,即

$$L=\sqrt{h^2+(\pi D)^2}, \quad l=\sqrt{h^2+(\pi d)^2}$$

(3) 简便画法

① 分别作出大小螺旋线各半圆的展开长度,得$L/2$和$l/2$,如图2.29(c)所示。

② 作$AB=\frac{1}{2}L$。过B点作$BD\perp AB$,并使$BD=\frac{D-d}{2}=b$。过D点作$CD/\!/AB$,并使$CD=\frac{1}{2}l$。连接AC并延长使之与BD的延长线交于O点,见图2.29(d)。

③ 以O为圆心,分别以OD、OB为半径作圆,则得正圆柱螺旋面一圈多一点的展开图。只要沿半径方向剪开便可加工成螺旋面。

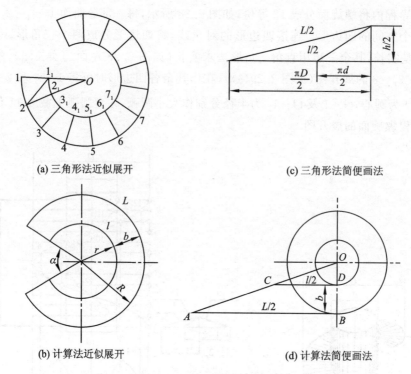

图 2.29 正圆柱螺旋面的展开

2.7 板厚处理

以上所述的各种展开中,没有考虑板厚的问题,但在实际上,板料总有一定的厚度,尤其是当展开厚度较大、构件尺寸又要求精确时,就一定要考虑板厚的因素,这就是板厚处理的问题。

1. 中性层的概念

图 2.30 是将厚板卷成圆筒时的情形,圆筒的外层显然比内层的长度长,这是由于板料在卷弯时,金属的外层受拉而内层受压的缘故,那么在断面上由拉伸向压缩的过渡间,必有一层金属,既不伸长也不缩短(图中的直径处)这一层称为中性层。因中性层长度在弯曲前后不发生变化,所以作为展开的依据。

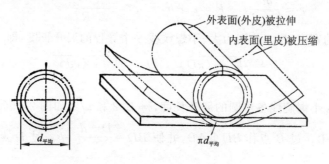

图 2.30 弯卷厚板时的变形

中性层的位置随弯曲的程度而定,当弯曲半径与板厚之比大于 4 时,中性层位于板厚的中间,此时中性层与中心线重合。一般弯成圆弧形的构件大都是这种情况。当板料弯成折线形状时,金属的变形要比圆弧形大,所以中性层的位置不在板厚的中间,而是位于材料的内壁处,故展开长度一般近似按内表面(里皮)的长度计算。

2. 单件的板厚处理

单件的板厚处理,主要考虑其展开尺寸及构件的高度。图 2.31(a)为上圆下方的变形接管,板料有一定的厚度。展开时应以中性层尺寸为准,即圆口取平均直径,方口取里皮尺寸。由于侧面是倾斜的,所以上下口的边缘也不是平的,都是外皮高、里皮低。展开放样时,高度应取板厚中心处的垂直高度。如果成形后上、下口进行加工修整,则放样高度可取总高。对于类似侧壁倾斜的零件都可参照这样的方法处理。最后根据板厚处理后的尺寸画出放样图(见图 2.31(b)),再进行展开。

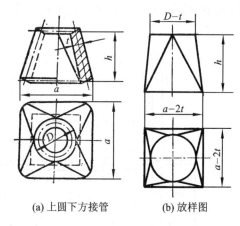

(a) 上圆下方接管　　(b) 放样图

图 2.31　厚壁上圆下方接管的展开

3. 相贯件的板厚处理

若两节直角圆管弯头,用厚钢板卷制而又直径较小时,如果不经板厚处理,接口处会产生图 2.32(a)所示的现象,即两管拼接时,接口的上半部是内表面(里皮)接触,下半部是外表面(外皮)接触,中部有较大的缝隙。

图 2.32(b)为接缝密合时的情况,即圆管下部在外皮 A 处接触,圆管上部在里皮 B 处接触,中部在 O 处的坡口在里,B 处的坡口在外。

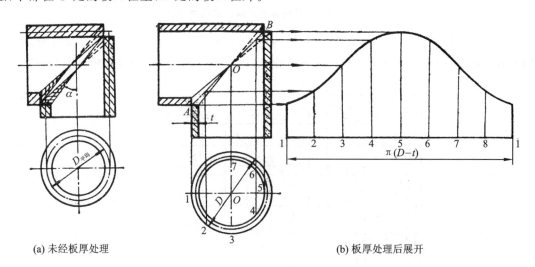

(a) 未经板厚处理　　(b) 板厚处理后展开

图 2.32　厚壁直角圆管的板厚处理

展开高度对左半部来说,因在 A 处接触,所以按圆管外皮高度为准;对右半部来说,因在 B 处接触,所以按圆管的里皮高度为准;中间 O 处以圆管的板厚中心层高度为准。

展开放样时,圆管断面图的左半视图应在外皮圆周上作等分,各等分点向上投影求得外皮的高度;右半视图应在里皮圆周上作等分,各等分点向上投影求得里皮的高度,圆管的展开长度仍应以平均直径为准,然后将展开长度作相应的等分,各等分点垂线上量取上述求得的高度,从而作出展开图。

图 2.33 为不等径直交三通管,当考虑板厚时,由左视图可知,小圆管的里皮与大圆管的外皮相接触,所以小圆管展开图中的高度应以里皮高度为准;大圆管上孔的展开图应以外皮尺寸为准,大小圆管的展开长度则应以平均直径为准。

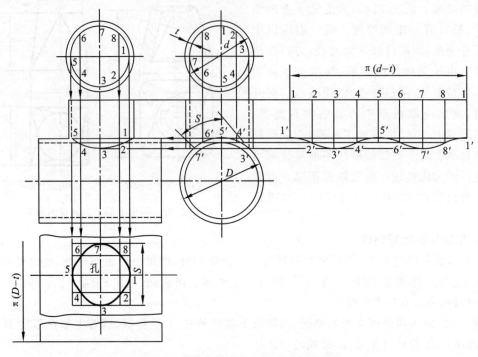

图 2.33 不等径直交三通管的板厚处理

图 2.34 是等径圆管 90°弯头,它在斜口接缝处的板边开成 X 形坡口,所以接口处是板厚的中心层接触;因此在放样图中只画出板厚的中心层即可,展开高度同样按板厚中心层处理。

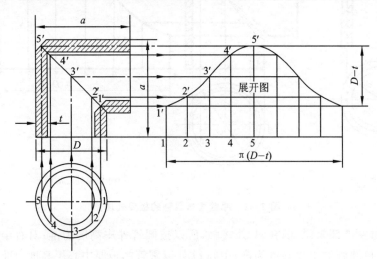

图 2.34 开 X 形坡口等径圆管 90°弯头的板厚处理

综合上面的例题,可得到相贯体板厚处理的一般原则:展开长度是以构件中性层尺寸为准;展开图的各处高度是以构件接触处高度为准,根据处理后的尺寸作放样图和展开图。

习题与思考题

1. 什么叫可展表面,什么叫不可展表面?为什么不可展表面能作近似展开?
2. 平行线展开法的基本原理是什么?怎样的零件可用平行线法展开?
3. 用平行线法展开下列构件(见图 2.35)。

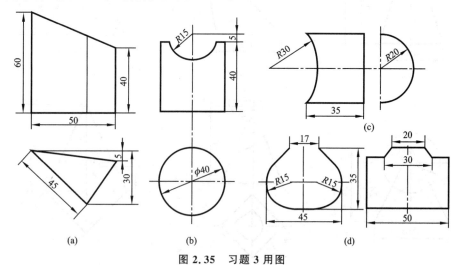

图 2.35 习题 3 用图

4. 用平行线法作孔的展开图(见图 2.36)。

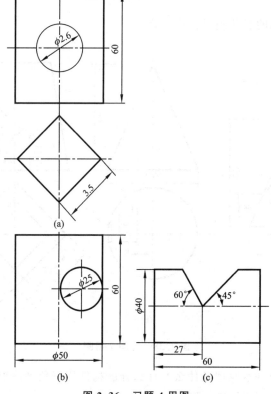

图 2.36 习题 4 用图

5. 放射线展开法的基本原理是什么？什么样的构件可用放射线法展开？
6. 用放射线法展开下列构件（见图2.37）。

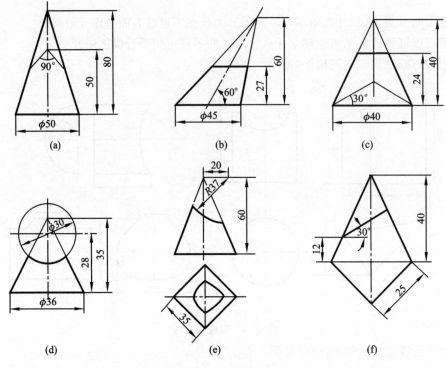

图2.37 习题6用图

7. 用放射线法作孔的展开图（见图2.38）。

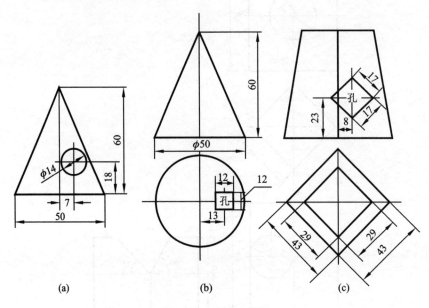

图2.38 习题7用图

8. 三角形展开法的基本原理是什么？什么样的构件用三角形法展开？
9. 用三角形法展开下列构件（见图2.39）。

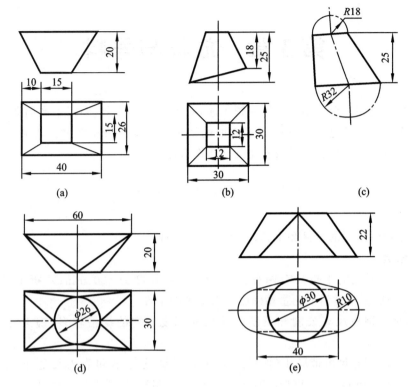

图 2.39 习题 9 用图

10. 相贯线的作法有哪几种？各有什么特点？
11. 求作下列相贯线的投影和展开图（见图 2.40）。

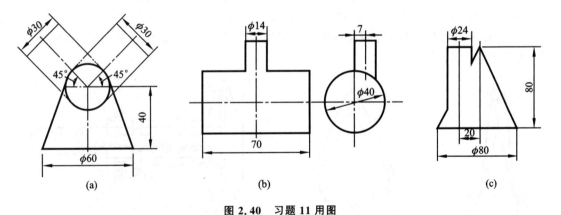

图 2.40 习题 11 用图

12. 作直径为 60 mm 球面的展开图。
13. 作直径 $d=30$ mm、$D=60$ mm、导程 30 mm 的圆柱正螺旋面及展开图。
14. 什么叫板厚处理？板厚处理的一般原则是什么？

第3章 放样与号料

放样与号料是制造金属结构的第一道工序,对保证产品质量、缩短生产周期、节约原材料等都有重要影响。从事这项工作需要多方面的知识。本章以分析放样过程和号料方法为重点,同时择要介绍常用量具、工具及实用几何作图方法。

3.1 常用量具和工具

放样与号料时常用的量具和工具,一般有以下几种:

1. 常用量具

① 木折尺。常用的木折尺有两种:四折木尺,其长度为 500 mm;八折木尺,其长度为 1 m。木折尺一般用于常温下测量精确度要求不高的工件。

② 钢板尺。钢板尺有公制和英制两种尺寸刻度。它的规格较多,铆工常用的为 1 m 长度。

③ 钢卷尺。钢卷尺由带尺寸刻度的窄长钢片带制成,全长可卷入尺盒,携带方便。常用的钢卷尺规格为 1 m 或 2 m,较长的有 20 m、50 m 的钢卷尺,通常称为盘尺。

④ 直角尺。直角尺由长短两直尺互成直角制作而成,主要作测量构件垂直度或画垂线用。

⑤ 内、外卡钳。内、外卡钳是辅助测量用具。内卡钳主要用于零件上孔的测量,如图 3.1 所示;外卡钳则用于零件外部尺寸的测量,如图 3.2 所示。

⑥ 游标卡尺。游标卡尺是较精确的测量用具,其精确度可达 0.02 mm。用于小零件内外尺寸的测量,见图 3.3。

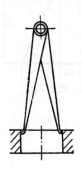
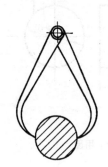
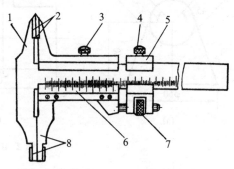

1—主尺;2—上量爪;3,4—紧固螺钉;5—微动装置;
6—副尺;7—转动螺母;8—下量抓

图 3.1 内卡钳及应用　图 3.2 外卡钳及应用　图 3.3 游标卡尺

在使用上述量具时,应注意:

① 作为量具,要求始终保持其规定的精度,否则将直接影响产品质量。因此,除按规定定期检查量具精度外,在进行质量要求较高的重要构件的施工前,还应进行量具精度的检验。图 3.4 所示为常用的检查直角尺角度的方法:用直角尺自身画丁字线,如翻转后的直角尺两边

与丁字线重合,说明直角尺角度准确;如有误差,须经修理后方可使用。量具检查的详细方法,可参阅有关量具的专门书籍。量具在使用中还要注意保护。

② 要依据产品的不同精度要求,选择相应精度等级的量具。对于尺寸较大而相对精确度又较高的结构,还要求在同一产品的整个放样过程中使用同一量具,不许更换。

③ 要学会正确的测量方法,减小测量操作误差。例如,利用外卡钳测量钢板厚度时,应在距钢板边缘 40 mm 处测量,以避免因板边缘的厚度不均匀引起测量误差,而且测量时外卡钳所在平面应与板面垂直;在用盘尺作长距离测量时,拉紧力应大致相同。

2. 常用工具

① 画规。画规用来截取尺寸、画弧或者画圆,其两尖端须经淬火。

② 地规。地规如图 3.5 所示,它的用途与画规相同,只是多用于大型构件的放样。

③ 样冲。样冲如图 3.6 所示,多用高碳钢制成。放样和号料时用来打记号或冲样冲眼,便于画线或加工中定位及找正。

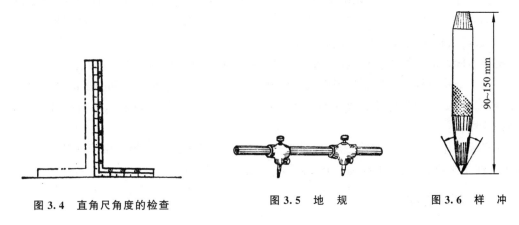

图 3.4　直角尺角度的检查　　　图 3.5　地　规　　　图 3.6　样　冲

④ 画针。画针一般用中碳钢锻制而成。号料、放样时用画针代替石笔使用,精度较高。

⑤ 小手锤。小手锤常用来敲击样冲打出记号等,一般质量为 200 g 左右。

⑥ 粉线。粉线多用棉质细线,缠在粉线轴上,作为大型结构放样时弹画直线用。

⑦ 钢丝。细钢丝在放样或装配中经常用到,作为结构的长基准线,其直径通常取 0.5～1.0 mm。

⑧ 线锤。线锤用来检测铅垂度,其质量一般为 0.5 kg。

⑨ 座弯尺。座弯尺主要用于型钢的号料和检查小构件的垂直度,见图 3.7。

⑩ 勒子。勒子主要由勒刃和勒座组成。勒刃一般由高碳钢或其他硬质钢材制成,使用时须经刃磨与淬火。勒子用于型钢号孔时画孔心线,见图 3.8。

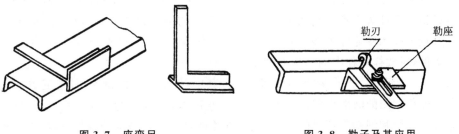

图 3.7　座弯尺　　　　　图 3.8　勒子及其应用

⑪ 辅助工具。在放样与号料过程中,常由施工者根据实际需要,制作一些辅助工具。如图 3.9(a)所示分别为号角钢、槽钢时用的过线板,图 3.9(b)所示为样杆卡子。

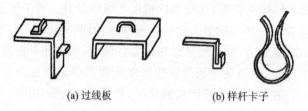

(a) 过线板　　　　　(b) 样杆卡子

图 3.9　号料辅助工具

3.2　放　样

所谓放样,就是在施工图基础上,根据产品的结构特点,施工需要等条件,按一定比例(通常 1∶1)准确绘制结构的全部或部分投影图,进行结构工艺性处理,有时还要进行展开和必要的计算,最后获得施工所需要的数据、样板、样杆和草图。

按照不同产品的结构特点,放样可分为结构放样和展开放样两大类,且后者是在前者基础上进行的。结构放样是在绘制出投影线图的基础上,只进行工艺性处理和必要的计算,而不需要作展开。例如桁架类构件的放样等。展开放样是在结构放样的基础上,再对构件进行展开处理的放样。

在实际工作中,大部分构件的放样过程是二者兼有,并无严格分界。由于展开理论自成体系,为了便于学习,将其单独编为一章,本章则主要介绍结构放样。

3.2.1　放样的任务

通过放样,一般要完成以下任务:

① 详细复核施工图所表现构件的各部分投影关系、尺寸及外部轮廓形状(曲线或曲面)是否正确并符合设计要求。

施工图一般是缩小比例绘成的,各部分投影及尺寸关系未必十分准确,外部轮廓形状(尤其为一般曲面时)能否完全符合设计要求,较难肯定。而放样图可采用 1∶1 比例绘制,剖切面多少亦不受限制,故设计中问题将充分显露,并得到解决。这类问题在大型产品放样和新产品试制中比较突出。

② 在不违背原设计要求的前提下,依工艺要求进行结构处理。这是每一产品放样时都必须解决的问题。

结构处理主要是考虑原设计结构从工艺性看是否合理、是否优越,并处理因受所用材料、设备能力和施工条件等因素影响而出现的结构问题。结构处理涉及面较广,有时还很复杂,需要放样者有较丰富的专业知识和实际经验,并对其他专业(如焊接等)知识有所了解。下面举两个简单实例,对放样过程中的结构处理予以说明。

图 3.10(a)所示为一圆台容器的端部结构。其中,件①③为角钢圈,件②起着加固连接的作用。由于此角钢圈的断面形状成"劈八字",在加工时通常需热弯。某厂在制造该产品时,根据本厂拥有滚板机和型钢冷弯机的条件,决定在不降低原设计强度的条件下,将件③角钢圈改为图 3.10(b)所示的Ⅰ、Ⅱ两件组合形式。改进后的两件可分别在滚板机和型钢冷弯机上加

工成形,既改善了生产条件,又提高了生产率。

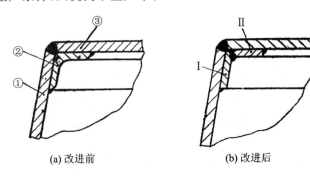

(a) 改进前　　　　　　(b) 改进后

图 3.10　圆台容器局部视图

图 3.11 所示为某产品的一个部件——大圆筒。原设计中对此件只给出了各部分的尺寸要求,但因为此件尺寸较大,需由几块板拼制而成。所以,放样时就应考虑拼接焊缝的布置和接头坡口形式。譬如,采用图 3.12 所示的方案。

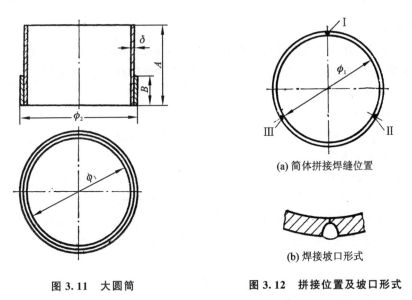

图 3.11　大圆筒　　　　　　图 3.12　拼接位置及坡口形式

结构处理中要考虑的问题是多种多样的,放样者根据产品的具体情况和工厂条件妥善解决。

③ 利用放样图,结合必要的计算,求出构件用料的真实形状和尺寸,有时还要画出与之连接的构件的位置线。这就是所谓算料与展开。

④ 依据构件的加工要求,利用放样图设计所需胎模的形状和尺寸。

⑤ 为后续工序提供数据资料,即绘制供号料、画线用的草图,制作各类加工样板、样杆和样箱。

⑥ 某些构件,还可以直接利用放样图进行装配时定位,即所谓"地样装配"。桁架类构件的装配就经常采用这种方法。这时,放样图就画在装配平台上。

3.2.2　放样程序与放样过程分析举例

在钣金工长期的生产实践中,形成了以实尺放样为主的多种放样方法。随着科学技术的发展,又出现了光学放样、电子计算机放样等新工艺,并在逐步推广应用。但目前广泛应用的仍然是实尺放样。即使从事其他新法放样,一般也都需要熟悉实尺放样的过程。

1. 放样间与放样台

实尺放样要在放样间的放样台上进行。放样台有钢质的和木质的两种。

① 钢质放样台:用铸铁或厚度为 12 mm 以上的低碳钢制成。钢板接缝应铲平磨光,板面要平整,板下面需用枕木或型钢垫起。放样时,为使线形清晰,常在板面涂上带胶白粉。

② 木质放样台:用厚木板拼制成。要求表面光滑平整,无裂缝,木材纹理要细,疤节少。为使木板具有足够的刚度,以保证放样精度,木板厚度要求 70~100 mm,接缝错开,连接紧密。木样台使用时,表面要涂上二三道底漆,最后涂以暗灰色无光泽的面漆,以免台面反光刺眼,同时该面漆应能鲜明地衬托出多种颜色的线条。

放样台局部不平度,在 5 m² 内允许误差为 ±3 mm。放样间应光线充足,便于看图和画线。其采光或照明应保证在任何位置画线时都不致出现阴影。

放样间除样台外,一般还备有加工样板时所需的工具和其他设备。如图样柜、大绘图桌、台虎钳,以及一些铁工工具或木工工具。

2. 实尺放样程序

实尺放样就是采用 1∶1 的比例进行放样。对于不同的行业,如机械、船舶、车辆、化工、冶金、飞机制造等,其实尺放样工艺各具特色,但就其基本程序而言,大体相同。下面以普通金属结构为主,介绍实尺放样的程序。

(1) 线型放样

线型放样就是根据施工需要,绘制构件整体或局部轮廓的投影基本线型。

进行线型放样要注意:

① 根据所要绘制的图样的大小和数量多少,安排好各图在样台上的位置。为了节省放样台面积和减轻放样劳动,大型结构的放样,允许采用部分视图重叠或单向缩小比例的方法。

② 选定放样画线基准。放样画线基准是放样画线时,用以确定其他点、线、面的依据。施工图上,本身就有确定点、线、面相对位置的基准,称为设计基准。放样画线基准,通常与设计基准是一致的。

在平面上确定几何要素的位置,需要两个独立坐标,所以放样画线时每个图要选取两个基准。放样画线基准一般可按如下 3 种方式选择:

- 以两个互相垂直的线(或面)作为基准,如图 3.13(a)所示。
- 以两条中心线为基准,如图 3.13(b)所示。
- 以一个平面和一条中心线为基准,如图 3.13(c)所示。

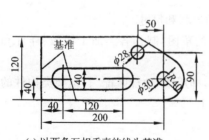
(a) 以两条互相垂直的线为基准

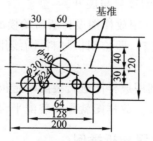
(b) 以两条中心线为基准

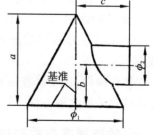
(c) 以一个平面和一条中心线为基准

图 3.13 放样画线基准

应当指出,较短的基准线可以直接用钢尺或弹粉线画出,而对于外形尺寸长达几十米甚至超百米的大型金属构件,可用拉钢丝配合角尺或悬挂线锤的方法画出基准线。目前某些工厂已采用激光经纬仪作出大型构件的放样基准线,可以获得较高的精确度。无论采用何种方法,各视图中的基准线必须作得十分准确,保证必要的精确度。作好的基准要经过必要的检验。

③ 线型放样以画出设计要求必须保证的轮廓(或其他)线型为主,那些因工艺要求而可能变动的线型则可暂时不画。

④ 进行线型放样,必须严格遵循正投影规律。放样时,究竟画出构件的整体还是局部,可依施工需要决定。但无论整体还是局部,所画出的几面投影,必须符合正投影关系,就是所谓保证投影的一致性。否则,将不能正确反映构件的形状和大小,更谈不上进行结构放样和展开放样了。

⑤ 对于具有复杂曲面的金属结构,如船舶、飞行器、车辆等,则往往采用平行于室内投影面剖切,画出一组或几组线型,来表示结构的完整形状和尺寸,所画出的线型图必须满足光顺性和协调性的要求。

(2) 结构放样

结构放样就是在线型放样的基础上,依施工要求进行工艺性处理的过程。一般包括以下内容:

① 确定各部分的结合位置及连接形式,在实际生产中,由于材料规格及加工条件等限制,往往需要将原设计中的整件分为几部分加工、组合(或拼接)。这时,就需要施工者根据构件实际情况,正确、合理地确定结合部位置及连接形式。此外,对原设计中连接部位的结构形式,也要进行工艺分析,其不合理的部分,应加以修正。

② 根据加工工艺及工厂实际生产加工能力,对结构中的某些部位或部件给以必要的改动。图 3.10 所示即属于此种情况。

③ 计算或量取零部件料长及平面零件的实际形状,绘制号料样板、样杆及样箱;或按一定格式填写数据,供数控切割使用。

④ 根据各加工工序的需要,设计胎具或胎架,绘制各类加工、装配草图;制作各类加工、装配用样板。

这里要强调的是,进行结构的工艺性处理,一定在不违背原设计要求的前提下进行。对设计上有特殊要求的结构或结构上的某些部位,即使加工有困难,也要尽量满足设计要求。还须指出:凡是对结构作较大的改动,须经设计部门或产品使用单位有关技术部门同意,并由本单位技术负责人批准,方可进行。

(3) 展开放样

展开放样是在结构放样的基础上,对不反映实形或需要展开的部件,进行展开以求取得实形的过程。其具体内容如下:

① 板厚处理。根据施工中的各种因素合理考虑板厚的影响,画出欲展开构件的单线图(即所谓理论线),以便据此展开。

② 展开作图。利用已画出的构件单线投影图,运用投影理论和钣金展开的基本方法,作出构件的展开图。

③ 根据已作出的构件展开图,制作号料样板。

3. 放样过程分析举例

在明确了放样的任务和程序之后,这里举一实例,进行综合分析,以便对放样过程有一个具体而深入的了解。

图 3.14 所示为一冶炼炉炉壳主体部件施工图。某厂在制作该部件时的放样过程如下：

(1) 看施工图

在识读施工图样的过程中，主要解决：

① 弄清产品的用途及一般技术要求。该产品为冶炼炉炉壳主体，主要要求保证足够的强度，尺寸精度要求并不高。而且因炉壳内还要砌筑耐火层，所以连接部位允许按工艺要求作必要的变动。

② 了解产品的外部尺寸、质量、材质、加工数量等概况，并与本厂加工能力比较，确定或熟悉产品制造工艺。已知该产品的外部尺寸较大，且质量较重，需要较宽阔的工作场地和一定的起重设备，所以加工过程中，尤其装配、焊接时，不宜多翻转。又知产品加工数量少，故装配、焊接都不宜制作专门胎具。

③ 弄清各部投影关系和尺寸要求，并确定可变动和不可变动的部位及尺寸。

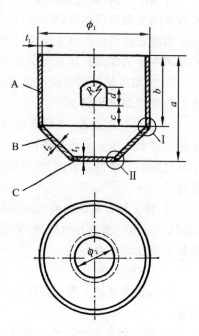

图 3.14 炉壳主体部件施工图

还应指出，对于某些大型、复杂的金属结构部件，在放样前，常常需要熟悉大量图样，全面了解所要制作的产品。

(2) 线型放样

① 确定放样画线基准。从该构件施工图(见图 3.14)可以看出，主视图应以中心线和炉上口轮廓为放样基准，而俯视图则应以两中心线为放样基准，准确地画出各个视图中的基准线。

② 画出构件基本线型。这里件 A 的尺寸必须符合设计要求，可先画出；件 C 位置由设计给定，不得改动，亦应先画出。而件 B 的尺寸要待处理好连接部位后才能确定，不宜先画出。至于件 A 上的孔，先画后画均可，如图 3.15 所示。

为便于展开放样，这里将构件按其使用位置倒置画出。

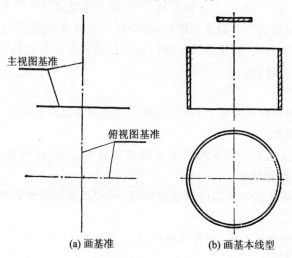

(a) 画基准　　　(b) 画基本线型

图 3.15 线型放样图

(3) 结构放样

1) 连接部位Ⅰ、Ⅱ的处理

首先看,它可以有3种连接形式,如图3.16所示,究竟选取哪种形式,工艺上主要从装配和焊接两个方面考虑。

从装配该件看,因圆筒体(件A)大而重,形状也易于放稳,故装配时可将圆筒体置于装配台上,再将圆台(包括件B、件C)落于其上。这样,3种连接形式除定位外,一般装配环节基本相同。从定位上考虑,显然图3.16(b)所示的形式最不利,而图3.16(a)所示的形式则较优越。

从焊接工艺性看,显然图3.16(b)所示的形式不佳,因为内外两环缝的焊接均处于不利位置,装配后须依装配时位置焊接外环缝,此时处于横焊和仰面焊之间,若翻过再焊内环缝,则不但须作仰焊,且受构件尺寸限制,操作也甚为不便。再比较图3.16(a)和图3.16(c)两种形式,以图3.16(c)所示的形式为好,其外环缝焊接时为平角焊,翻身后内环缝处于平角焊的位置,均有利于操作。

综合以上两方面因素,Ⅰ部位宜取图3.16(c)所示形式连接;至于Ⅱ部位,因件C体积小、质量轻,易于装配、焊接,采用施工图所给形式即可。

Ⅰ、Ⅱ两部位连接形式确定后,即可按以下方法画出图3.17所示的件。

(a) 位置一般

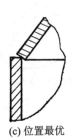
(b) 位置最劣

(c) 位置最优

图3.16 Ⅰ部位连接形式分析

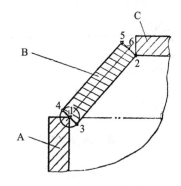

图3.17 圆台侧板画法

① 以圆筒里皮1点为圆心,圆台侧板1/2板厚为半径画一圆;
② 过炉底板下沿点2引已画出圆的切线,则此线即为圆台侧板里皮线;
③ 分别由1、2两点引里皮线垂线,使其长度等于板厚,得3、4、5点;
④ 连点4、5,得圆台侧板外皮线,使其长度等于板厚中心线1—6,以备展开时用。

此外,因构件尺寸(a、b、ϕ_1、ϕ_2)较大,且件B锥度太大,不能滚弯成形,需分几块压制或手工制。这样,件B需要分段制作,然后组对。组对接缝的部位应按不削弱构件强度和尽量减少变形的原则确定,焊缝应交错排列,且不能选在孔眼位置,见图3.18。

2) 计算料长、绘制草图和量取必要的数据

计算圆筒料长,因其形状为一矩形,可不必做号料样板,只须记载长、宽尺寸。

作出炉底板号料样板(或绘制号料草图)。这是一个直径为ϕ_2的整圆,见图3.19。

由于圆台结构尺寸作了变动,需要根据放样图上改动后的圆台尺寸,绘制出圆台的结构草图,以备装配时用。如图3.20所示,草图上应标注出必要的尺寸,例如大端最外轮廓圆直径ϕ'、总高度h_1等。

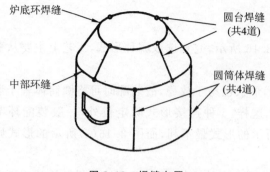
图 3.18 焊缝布置

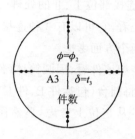
图 3.19 炉底板号料样板

3) 依据加工需要制作各类样板

圆筒卷制需要卡形样板一个(如图 3.21(a)所示),其直径为 $\phi=\phi_1-2t_1$;圆锥台弯曲加工需卡形样板两个,如图 3.21(b)、(c)所示。其中 $\phi_大$ 见图 3.20;ϕ_2 见图 3.14。制作圆筒上开孔的定位样板或样杆,也可以采用实测定位或以号料样板代替。

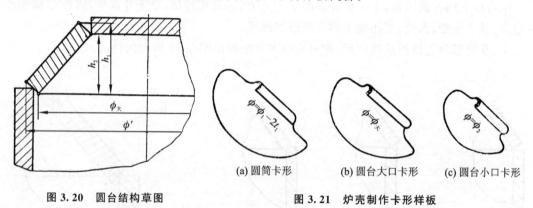

图 3.20 圆台结构草图　　　图 3.21 炉壳制作卡形样板

圆台若为压制,需要考虑胎模形状和尺寸,该问题将在 6.5 节中介绍。

(4) 展开放样

① 作圆台侧板的展开图,并作出号料样板。

② 作筒体开孔孔型展开图,并作出号料样板。

展开放样详细方法,如前所述。

3.2.3 样板、样杆的制作

放样过程中,在结构放样和展开之后,即着手制作各种样板。

1. 样板的分类

样板按其用途通常分为号料样板、成形样板、定位样板和样杆。

(1) 号料样板

号料样板是供号料或号料同时号孔的样板。如须制作胎架,还应包括胎架号料用样板。图 3.19 所示即为一个单一号料样板。

(2) 成形样板

成形样板是用于检验成形加工的零件的形状、角度、曲率半径及尺寸的样板。成形样板又可分为:

① 卡形样板。主要用于检查弯曲件的角度或曲率,见图3.21。

② 验形样板。主要用于检查成形加工后零件整体或某一局部的形状和尺寸,对于具有双重曲度的复杂构件,常常需要制作一组样板或样箱。验形样板有时也兼做二次号料用,见图3.22。

(3) 定位样板

定位样板是用于确定构件之间相对位置(如装配线、角度、斜度等)及各种孔口的位置和形状。图3.23(b)所示为一装配定角度样板。

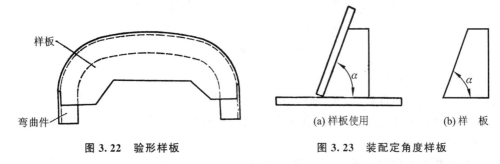

图3.22 验形样板　　　　图3.23 装配定角度样板

(4) 样　杆

样杆主要用于定位,有时也用于简单零件的号料。定位样杆上应标有定位基准线。

2. 样板、样杆的材料

制作样板的材料,一般采用0.5～2 mm的薄钢板。当样板较大时,可用板条拼成花格骨架,以减轻质量。中、小型件多用0.5～0.75 mm的薄板制作。为节约钢材,对精度要求不高的一次性样板,可用黄板纸和油毡制作。

样杆一般用25 mm×0.8 mm或20 mm×0.8 mm的扁钢条或铅条制作,木质样杆的断面尺寸通常有8 mm×20 mm或25 mm×25 mm两种规格。

3. 样板、样杆的制作

样板、样杆是画样后加工而成的。其画样方法主要有两种:

① 直接画样法,即直接在样板上画出所求样板的图样。展开放样号料样板及一些小型平面零件样板时多用此法制作。

② 过渡画样法(又称过样法)。这种方法有不覆盖过样和覆盖过样之分,多用于制作简单平面图形零件的号料样板和一般加工样板。

不覆盖过样法就是通过作垂线或平行线,将实样图中的零件形状、位置过渡引画到样板料上的方法。如图3.24所示的角钢号孔样板,就是通过不覆盖过样法画出的。样杆的制作也多用此法。

覆盖过样法就是事先将要过样的各线延长到适当长度(能不被样板料遮住),然后将样板料覆盖于实样之上,利用露出的各延长线将实样各线画出。图3.25所示桁架连接样板及图3.21所示的各卡形样板,皆由此法制得。

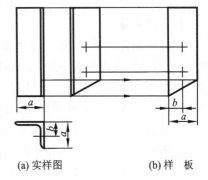

图3.24 不覆盖过样法

在样板料上画出图样后,有时也加放工艺余量(但多数情况下是将余量直接加放在实料

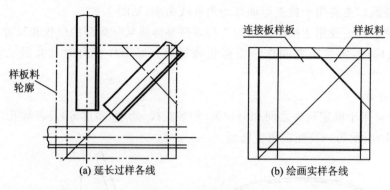

(a) 延长过样各线　　　　(b) 绘画实样各线

图 3.25　覆盖过样法

上,样板上只标出加放余量的部位和数值)。然后经剪、冲、钻、锉等加工制成样板。样板上必须注明零件图号、名称、件数、材质、规格、基准线、加工符号及其他必要的说明(如表示上、下、左、右的方位,样杆上注明的边心距、孔径等)。样板、样杆使用后,应妥善保管,避免损坏、变形,影响精度。

在制作样板和进行号料时,经常使用各种符号。目前放样号料所用符号并未统一,表 3.1 所列为比较常见的几种。

表 3.1　铆工常用的符号

序号	名称	符号	序号	名称	符号
1	板缝线		5	余料切线（斜线为余料）	
2	中心线		6	弯曲线	
3	R 曲线	$R_曲$	7	结构线	
4	切断线		8	刨边加工	

3.2.4　工艺余量与放样允许误差

1. 工艺余量

产品在制造过程中,要经过许多道工序。由于产品结构的复杂程度、参与作业的工种多少、施工设备的先进程度、操作者的技术水平和工艺措施都不会完全相同,因此在各道工序中都会存在一定的施工误差。此外,某些产品在制造过程中还不可避免地产生一定的加工损耗和结构变形。为了消除这些误差、变形和损耗对施工的影响,保证产品制成后的形状和尺寸达到规定的精度,就要在施工过程中,采取加放余量的措施,即所谓工艺余量。

在确定工艺余量时,主要考虑下列因素:

① 放样误差的影响。包括放样过程和号料过程中的误差。

② 零件加工过程中误差的影响。包括切割、边缘加工及各种成形加工过程中的误差。

③ 装配误差的影响。包括装配边缘的修整、装配间隙的控制、部件装配和总装的装配公差,以及必要的反变形值等。

④ 焊接变形的影响。包括拼接板的焊缝收缩量、构件之间的焊缝收缩量,以及焊后引起

的各种变形。

⑤ 火工矫正的影响。进行火工矫正变形时所产生的收缩量。

放样时,应全面考虑上述因素并参照经验合理确定余量应放的部位、方向及数值。

2. 放样允许误差

放样过程中,由于受到放样量具、工具精度以及操作水平等因素的影响,实样图会出现一定的尺寸偏差。把尺寸偏差限制在一定的范围内,就叫做放样的允许误差。

实际生产中,放样允许误差值往往随产品类型、尺寸大小和精度要求而异。表3.2列出的允许误差值可供参考。

表 3.2　常用放样允许误差值

序号	名称	允许误差/mm
1	十字线	±0.5
2	平行线和准线	±(0.5~1)
3	轮廓线	±(0.5~1)
4	结构线	±1
5	样板和地样	±1
6	两孔之间	±0.5
7	样杆、样条和地样	±1
8	度板和地样	±1
9	加工样板	±(1~2)
10	装配用样杆、样条	±1

3.3　号　料

利用样板、样杆、号料草图及放样得出的数据,在板料或型钢上画出零件真实的轮廓和孔口形状,与之连接构件的位置线、加工线等,并注出加工符号,这一工作过程称为号料。号料通常由手工操作完成,见图 3.26。

号料是一项细致、重要的工作,必须按有关的技术要求进行。同时,还要着眼于产品整个制造工艺,充分考虑合理用料问题,灵活而准确地在各种板料、型钢及成形零件上进行号料画线。

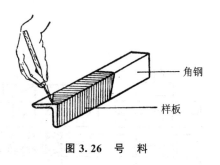

图 3.26　号　料

1. 号料的一般技术要求

① 熟悉施工图样和产品制造工艺,合理安排各零件号料的先后次序,而且零件在材料上位置的排布,应符合制造工艺的要求。例如:某些需经弯曲加工的零件,要求弯曲线与材料的压延方向垂直;需要在剪床上剪切的零件,其零件位置的排布应保证剪切加工的可能性。

② 根据施工图样,验明样板、样杆、草图及号料数据;核对钢材牌号、规格,保证图样、样板、材料三者的一致。对重要产品所用的材料,应有检验合格证书。

③ 检查材料有无裂缝、夹层、表面疤痕或厚度不均匀等缺陷,并根据产品的技术要求,酌情处理。当材料有较大变形,影响号料精度时,应先进行矫正。

④ 号料前应将材料垫放平整、稳妥,既要利于号料画线和保证精度,又要保证安全和不影

响他人工作。

⑤ 正确使用号料工具、量具、样板和样杆,尽量减小操作引起的号料偏差。例如弹画粉线时,拽起的粉线应在欲画之线的垂直平面内,不得偏斜。

⑥ 号料画线后,在零件的加工线、接缝线以及孔的中心位置等处,应根据加工需要打上錾印或样冲眼。同时,按样板上的技术说明,用白铅油或瓷漆标注清楚,为下道工序提供方便,文字、符号、线条应端正、清晰。

2. 合理用料

利用各种方法、技巧,合理铺排零件在材料上的位置,最大限度地提高原材料的利用率,是号料的一项重要内容。生产中,常采用下述方法,以达到合理用料的目的。

① 集中套排。由于材料的规格多种多样,而号料的零件也是多种多样的,为了做到合理使用原材料,所以在零件数量较多时,将使用相同牌号、相同厚度的零件集中在一起,统筹安排,长短搭配,凸凹相就。这样便可充分利用原材料,提高材料的利用率,见图3.27。

② 余料利用。由于每一张钢板或每一根型钢号料后,经常会出现一些形状和长度大小不同的余料,所以将这些余料按牌号、规格集中在一起,用于小型零件的号料,可使材料的利用率达到最大限度。

3. 型钢号料

因型钢截面形状多样,故其号料方法也有特殊之处。

① 整齐端口长度号料。一般采用样杆或卷尺确定长度尺寸,再利用过线板画出端线,如图3.28(a)所示。

② 中间切口或异型端口号料。带有中间切口或异型端口的型钢号料时,首先利用样杆或卷尺确定切口位置,然后利用切口处形状样板画出切口线,如图3.28(b)所示。

③ 型钢上号料的位置。在型钢上号孔的位置,一般先用勒子画出边心线,再利用样杆确定长度方向上孔的位置,然后利用过线样板画线。有时也用号孔样板来号孔的位置。

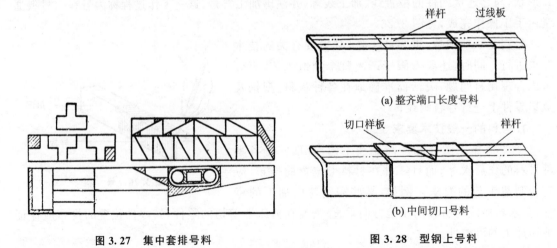

图 3.27 集中套排号料　　　　图 3.28 型钢上号料

4. 二次号料

对于某些加工前无法准确下料的零件(如某些热加工零件、有余量装配等),往往都在一次号料时留有充分的余量,待加工后或装配时再进行二次号料。

在进行二次号料前,结构的形状必须矫正准确,消除结构上存在的变形。在精确定位之后,就可以进行了。中型、小型零件可直接在平台上定位画线,如图3.29所示。大型结构则在现场用常规画线工具并配合经纬仪等进行二次画线。

某些装配定位线或结构上的某些孔口,需要在零件加工后或装配过程中画出,亦属二次号料。

5. 号料允许误差

号料画线能为加工提供直接依据。为保证产品质量,号料画线偏差要加以限制。常用的号料画线允许误差值见表3.3。

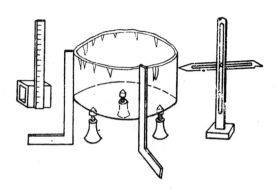

图3.29 小型零件在平台上二次画线

表3.3 常用号料画线允许误差值

序 号	名 称	允许误差/mm
1	直 线	±0.5
2	曲 线	±(0.5~1)
3	结构线	±1
4	钻 孔	±0.5
5	减轻孔	±(2~5)
6	料宽和长	±1
7	两孔(钻孔)距离	±(0.5~1)
8	铆接孔距	±0.5
9	样冲眼和线间	±0.5
10	扁铲(主印)	±0.5

3.4 钢材展开长度的计算

钢材在弯曲前后只有中性层的长度没有变化,所以将其作为展开长度的计算依据,而中性层的位置视材料的弯曲程度和断面形状而定。因此,先要确定中性层的位置,才能进行展开计算。下面分别叙述常用钢材展开长度的计算方法。

3.4.1 圆钢、管子展开长度的计算

圆钢、管子弯曲的中性层一般总是与中心线重合,所以展开可按中心线长度计算。

1. 直角形的展开计算

如图3.30(a)所示,已知尺寸 A、B、d、R,则展开长度 L 应是直线段长度和圆弧长度之和。公式如下:

$$L = A + B - 2R + \frac{\pi(R + d/2)}{2}$$

式中:L 为展开长度,mm;R 为内圆角半径,mm;A、B 为直段长度,mm;d 为圆钢或管子直径,mm。

2. 圆弧的展开计算

如图3.30(b)所示,圆弧的展开长度如下:

$$L = \pi R \times \frac{\alpha}{180}$$

或

$$L = \pi R \times \frac{180 - \beta}{180}$$

$$L = \pi \left(R_1 + \frac{d}{2} \times \frac{\alpha}{180}\right) = \pi \left(R_2 - \frac{d}{2}\right)(180 - \beta) \times \frac{1}{180}$$

3. 单弯头的展开计算

图 3.30(c)所示为典型的单弯头管子。已知 a、b、α、R，求 L_1、L_2 及展开长度 L_0。

解 因为 $(L_1 + x)\sin\alpha = a$，所以

$$L_1 = \frac{a}{\sin\alpha} - x$$

把 $x = R\tan\frac{\alpha}{2}$ 代入上式，得

$$L_1 = \frac{a}{\sin\alpha} - R\tan\frac{\alpha}{2}$$

同理，$L_2 + x = b - (L_1 + x)\cos\alpha = b - \frac{a\cos\alpha}{\sin\alpha}$，整理得

$$L_2 = b - \frac{a\cos\alpha}{\sin\alpha} - x = b - \frac{a\cos\alpha}{\sin\alpha} - R\tan\frac{\alpha}{2}$$

展开长度为

$$L = L_1 + R\alpha + L_2$$

式中：α 以弧度代入。

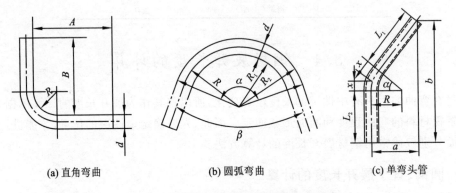

(a) 直角弯曲　　(b) 圆弧弯曲　　(c) 单弯头管

图 3.30 常用的几种圆钢、管子的弯曲形式

3.4.2 钢板展开长度的计算

钢板弯曲时，中性层的位置随弯曲变形的程度而定，当弯曲的相对半径（弯曲内半径 R 与材料厚度 t 之比）大于 4 时，则中性层的位置就在板厚的中间，中性层与中心层重合。随着变形程度的增加，即 $R/t \leqslant 4$ 时，中性层位于材料的内侧，随变形程度而定。中性层的位置可用如下的经验公式计算：

$$R_0 = R + x_0 t$$

式中：R_0 为中性层的曲率半径，mm；R 为钢板内层的曲率半径，mm；t 为钢板的厚度，mm；x_0 为中性层位置的经验系数，可查表 3.4。

表 3.4 中性层位置的经验系数

R/t	0.1	0.25	0.5	1.0	2.0	3.0	4.0	>4.0
x_0	0.32	0.35	0.38	0.42	0.455	0.47	0.475	0.5

掌握了中性层的位置后,就可以进行展开计算。下面分别介绍几种不同情况下,展开长度的计算方法。

1. 弯曲半径 $R>0.5t$ 时的展开计算

图 3.31 所示的弯曲件,其展开长度 L 应为直线部分长度和圆弧部分长度之和。公式如下:

$$L = A + B + \frac{\pi \alpha}{180}(R + x_0 t)$$

式中:A、B 为构件直线部分长度,mm;α 为弯曲角度,(°);R 为内弯曲半径,mm;x_0 为中性层位置的经验系数,可查表 3.4。

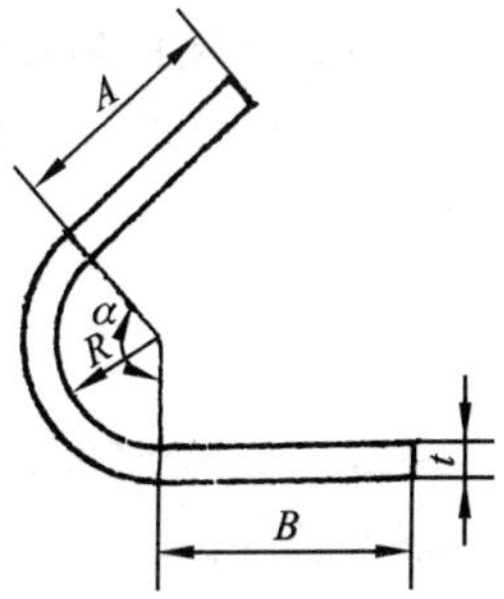

当 $\alpha = 90°$ 时,上式可化简为

$$L = A + B + \frac{\pi}{2}(R + x_0 t)$$

图 3.31 单弯曲件

例 1 设图 3.31 中 $A = 180$ mm,$B = 100$ mm,$t = 8$ mm,$R = 8$ mm,$\alpha = 180°$,求其展开长度。

解 $\dfrac{R}{t} = \dfrac{8}{8} = 1$,查表 3.4 得 $x_0 = 0.42$,则展开长度为

$$L = \left[180 + 100 + \frac{\pi \times 180}{180} \times (8 + 0.42 \times 8)\right] \text{mm} = (180 + 100 + 25.69) \text{mm} = 315.69 \text{ mm}$$

如果一个零件有几个弯曲角度,可仍按上述方法计算,把所有直线部分长度和所有圆弧部分长度相加,即可求得。其展开长度的一般公式为

$$L = \sum L_\text{直} + \sum L_\text{弯}$$

式中:L 为展开长度,mm;$\sum L_\text{直}$ 为弯曲件各直线段之和,mm;$\sum L_\text{弯}$ 为各弯曲部分中性层的展开长度之和,mm。

2. 折角或 $R < 0.3t$ 的展开计算

没有圆角半径或圆角半径很小的弯曲件(如图 3.32 所示),可以利用等体积法确定其展开长度。

毛坯的体积为

$$V = LCt$$

弯曲后工件的体积为

$$V_1 = (A + B)Ct + \frac{\pi t^2}{4}C$$

由于 $V = V_1$,所以展开长度为

$$L = A + B + \frac{\pi}{4}t = A + B + 0.785 t$$

由此公式求出的值并不很准确,因为板料在折角处及其附近均有变薄现象,因而材料会多出一部分。所以上述公式经修正后按下式计算:

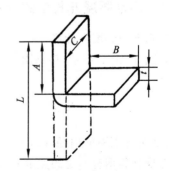

图 3.32 无圆角半径或圆角半径很小的弯曲件

$$L = A + B + \cdots + N + 0.5\,t(n-1)$$

式中:$A,B,\cdots,N$ 为各直边的内侧线段长度,mm;n 为直边的数目。

例 2 将板料弯成图 3.33(a)所示的形状和尺寸,求其展开长度。

解 展开长度为

$$L = [2(60-8) + 2(200-8) + 400 + 4 \times 0.5 \times 8]\text{ mm} = (104 + 384 + 400 + 16)\text{ mm} = 904\text{ mm}$$

3. 有圆角及折角的展开计算

图 3.33(b)所示为有圆角及折角的弯曲件,毛坯的长度应综合应用上面的算法,其计算长度为

$$L = A + B + C - R + \frac{\pi(R + x_0 t)}{2} + 0.5\,t$$

例 3 设 $A = 200$ mm, $B = 150$ mm, $C = 100$ mm, $R = 48$ mm, $t = 16$ mm,见图 3.33(b),求其展开长度。

解 根据 $R/t = 48/16 = 3$,查表 3.4 得 $x_0 = 0.47$,则展开长度为

$$L = \left[200 + 150 + 100 - 48 + \frac{\pi(48 + 0.47 \times 16)}{2} + 0.5 \times 16\right]\text{ mm} = 497\text{ mm}$$

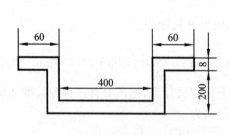
(a) 有折角的弯曲件

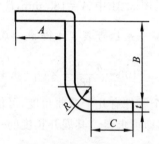
(b) 有圆角及折角的弯曲件

图 3.33 板料弯曲件的计算

用上述计算公式求得的毛坯长度只是近似值,还有许多因素没有考虑。如材料的塑性、变形速度、模具的结构、模具的表面粗糙度等,都可能影响其长度。所以,在大量制造形状复杂或精密的工件时,毛坯的长度经试验来确定。

3.4.3 扁钢圈展开长度的计算

1. 扁钢圈的展开计算

如图 3.34(a)所示,扁钢圈的展开长度为

$$L = \pi(D + b)$$

或

$$L = \pi(D_1 - b)$$

式中:D 为扁钢圈的内径,mm;D_1 为扁钢圈的外径,mm;b 为扁钢的宽度,mm。

考虑到扁钢有一定的宽度 b,为使弯曲后接缝能对齐,可按展开长度放长 30~50 mm,弯好后再切去,或在下料时,在两端预先切成斜口。斜口的作法如下:

① 作扁钢圈及相互垂直的中心线,中心为 O,顶点为 B;
② 取 $OA = b$;

③ 连接 A、B 两点与内圈交于 C 点；

④ BC 即为所求的扁钢两端切成的斜面上的斜线，如图 3.34(a)所示。

根据展开长度画线，然后在展开长度 πD_0 的两端 OO 处切出斜口后再弯曲成形，如图 3.34(b)所示。

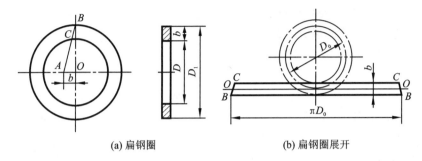

图 3.34　扁钢圈及其展开

2. 椭圆扁钢圈的展开计算

如图 3.35(a)所示，椭圆扁钢圈的展开长度为

$$L = \pi\left(\frac{D_1 + D_2}{2} - b\right)$$

式中：D_1 为椭圆扁钢圈的外长轴，mm；D_2 为椭圆扁钢圈的外短轴，mm；b 为扁钢的宽度，mm。

3. 扁钢混合弯曲的展开计算

如图 3.35(b)所示，扁钢混合弯曲的展开长度为

$$L = A + C + D - 2(r+t) + \frac{\pi}{2}\left(R + r + \frac{B+t}{2}\right)$$

式中：A、C、D 为直段长，mm；R 为平弯半径，mm；r 为立弯半径，mm；B 为扁钢宽，mm；t 为扁钢厚，mm。

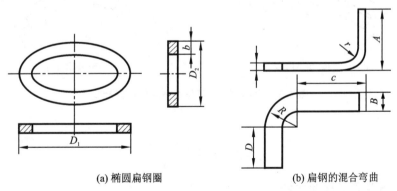

图 3.35　椭圆扁钢圈和扁钢的混合弯曲

3.4.4　角钢展开长度的计算

角钢的断面是不对称的，所以中性层的位置不在断面的中心，而是位于角钢根部的重心处，即中性层与重心重合。设中性层离开角钢根部的距离为 Z_0，Z_0 值与角钢断面尺寸有关，可从有关表中查得。

对于等边角钢,边宽 $b=25\sim100$ mm 时,$Z_0=(0.292\sim0.306)b$。一般可取 $Z_0\approx0.3b$。

对于不等边角钢,边宽 $B/b=5.6/3.6\sim10/6.3$ 时,

$$Z_0=(0.321\sim0.340)B \text{ 或 } Z_0=(0.227\sim0.250)b$$

式中:B 为长边宽度,mm;b 为短边宽度,mm。

当中性层位置确定后,便可计算展开长度。

1. 角钢内弯任意角度的展开计算

如图 3.36(a)所示,角钢内弯任意角度的展开长度为

$$L=A+B+\frac{\pi(R-Z_0)\alpha}{180}$$

式中:A、B 为直边长度,mm;R 为弯曲处外半径,mm;Z_0 为中性层离角钢根部距离,mm;α 为弯曲角,(°)。

当 $\alpha=90°$ 时,有

$$L=A+B+\frac{\pi(R-Z_0)}{2}$$

2. 角钢外弯任意角度的展开计算

如图 3.36(b)所示,角钢外弯任意角度的展开长度为

$$L=A+B+\frac{\pi(R+Z_0)(180°-\beta)}{180}$$

或

$$L=A+B+\frac{\pi(R+Z_0)\alpha}{180}$$

式中:A、B 为直边长度,mm;R 为弯曲处内半径,mm;Z_0 为中性层离角钢根部距离,mm;α 为角钢弯曲中心角,(°);β 为角钢两直边的夹角,(°)。

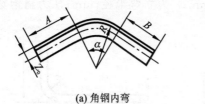

(a) 角钢内弯 (b) 角钢外弯

图 3.36 角钢内、外弯任意角度的展开计算

当 $\beta=90°$ 时,有

$$L=A+B+\frac{\pi(R+Z_0)}{2}$$

3. 角钢内弯框架的展开计算

如图 3.37(a)所示,因角钢弯曲时无圆角,所以展开长度近似按内层长度计算,即

$$L=A+B+C-4d$$

式中:d 为角钢边厚度,mm。

角钢在弯曲前,需将角钢一边切成 90°的切口,切口尺寸如图 3.37(b)所示。

4. 角钢内弯三角形框架的展开计算

如图 3.38 所示,角钢内弯三角形框架的展开长度为

(a) 角钢内弯　　(b) 角钢切口

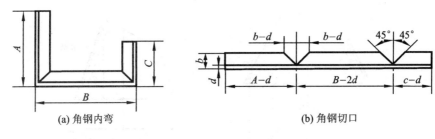

图 3.37　角钢内弯框架的展开计算

$$L=A+B+C-7d$$

式中：A、B、C 为直边长度，mm；d 为角钢边厚，mm。

角钢的切口尺寸 m、f、n、a 可由作图法（或计算法）求得。

作图时，只要过接缝的端点向角钢的边引一垂线，便可求得 m、f、n、α 值。

5. 角钢内弯圆角切口框架的展开计算

如图 3.39 所示，角钢内弯圆角切口框架的展开长度为

$$L=2(A+B)-8b+2\pi\left(b-\frac{d}{2}\right)$$

角钢在弯曲前，需切成如图 3.39(b)所示的切口，每个切口圆角的展开长度 s 为

$$s=\frac{(b-d/2)\pi}{2}$$

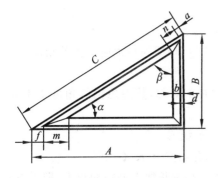

图 3.38　角钢内弯三角形框架

(a) 角钢内弯圆角　　(b) 角钢内弯圆角切口

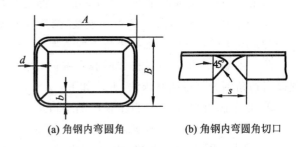

图 3.39　角钢内弯圆角框架

6. 角钢圈的展开长度

如图 3.40 所示，角钢圈的展开长度为

$$L=\pi(D+2Z_0)$$

或

$$L\approx\pi(D+0.6b)$$

接缝处的斜口作法与扁钢相同。

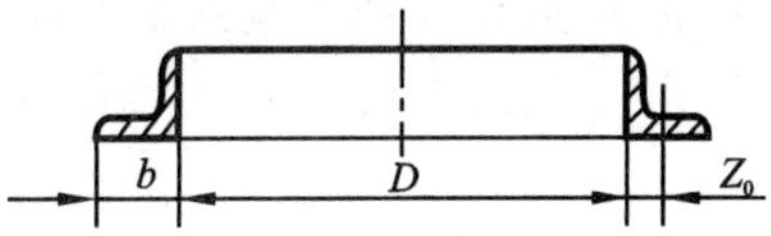

图 3.40　角钢圈

7. 角钢角度辟大的求法

用角钢作为正方锥筒的骨架时，常将角钢布置在锥筒的 4 个角上，如图 3.41 所示。为使角钢的两面贴紧在正方形截头锥筒体上，必须根据所需角度把角钢原来的角度辟大（大于 90°），才能符合角度的要求。角钢辟大的角度通常用作图法求得。

(1) 正方截头锥筒内角钢的角度求法

正方截头锥筒内角钢如图 3.41(a)所示，具体方法如下：

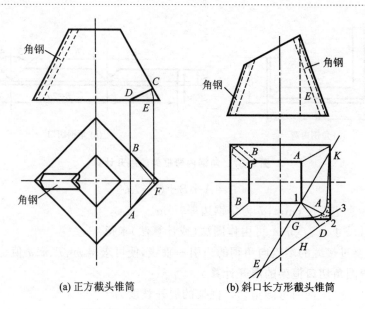

(a) 正方截头锥筒　　(b) 斜口长方形截头锥筒

图 3.41　方截头锥圆筒内角钢角度求法

① 画出正方截头锥筒的主视图和俯视图。
② 在主视图一侧斜线上,任意画与侧斜线成 90°的垂直线,得 C、D 两点。
③ 以 D 点为圆心,DC 为半径,由 C 点向底线作弧得 E 点。
④ 由 D 点向俯视图作垂线得 A、B 两点。
⑤ 由 E 点向俯视图作垂线于中心线上得交点 F。
⑥ 分别由 A、B 两点与 F 点作连线,两连线的夹角($\angle AFB$)即为角钢应辟大的角度。

(2) 斜口长方形截头锥筒内角钢的角度求法

图 3.41(b)所示为斜口长方形截头锥筒,由于锥筒左右不对称,其内角钢的角度也不同,现以右边角钢为例说明其求法,方法如下:

① 画主视图和俯视图,自主视图的小口边至大口边作垂线 E。
② 自俯视图的 A 线内端点 1 作与 A 线成 90°的直线,并得交点 K、G。
③ 用主视图 E 线的长度,由 A 线内端点 1 向 KG 线下端延长线上截得交点 E,即 1 点到 E 点的线段长度等于 E 线长。
④ 把 E 点和 A 线外端点 2 连接,得 H 线。
⑤ 由 A 线内端点 1 向 H 线作垂线,得点 D;以点 1 为圆心,$1-D$ 为半径,在 A 线上画弧得点 3。
⑥ 由点 3 分别向左右筒边的点 K、G 画直线,这两直线所夹的角度,就是所求角钢的角度。

3.4.5　槽钢展开长度的计算

1. 槽钢圈的展开长度计算

如图 3.42 所示,槽钢圈的展开长度为

$$L = \pi(D + 2Z_0)$$

式中:D 为槽钢圈内径,mm;Z_0 为槽钢的重心距,查相关手册可得。

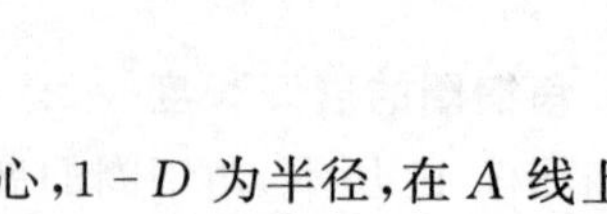

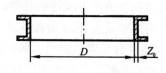

图 3.42　槽钢圈

2. 槽钢内直角切口弯头的展开长度计算

如图 3.43(a)所示,槽钢内直角切口弯头的展开长度为

$$L = A + B + \frac{\pi}{2}\left(R + \frac{t}{2}\right)$$

式中:A、B 为直段长度,mm;R 为弯曲半径,mm;t 为槽钢翼板厚,mm。

槽钢在弯曲前,必须作成如图 3.43(b)、(c)所示形状的切口,图中

$$C = \frac{\pi}{2}\left(R + \frac{t}{2}\right)$$

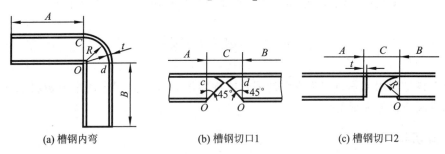

(a) 槽钢内弯　　(b) 槽钢切口1　　(c) 槽钢切口2

图 3.43　槽钢内直角切口弯头

3.4.6　工字钢圈展开长度的计算

如图 3.44 所示,工字钢圈的展开长度为

$$L = \pi(D + b)$$

式中:D 为内直径,mm;b 为工字钢翼板宽度,mm。

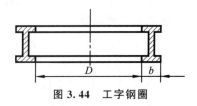

图 3.44　工字钢圈

习题与思考题

1. 放样、号料常用的工具有哪些?
2. 放样、号料常用的量具有哪些? 这些量具在使用中应注意哪些问题?
3. 何谓放样? 放样图与施工图有何区别?
4. 放样工作的任务主要有哪些?
5. 何谓实尺放样? 实尺放样的基本程序有哪些?
6. 线型放样、结构放样、展开放样各包含哪些内容? 三者之间有何关系?
7. 当构件结构形式与工艺要求有矛盾,放样时应如何处理?
8. 线型放样要注意哪些问题?
9. 零件的工艺余量主要考虑哪些因素?
10. 放样画线基准一般应如何选择?
11. 叙述样板、样杆的的种类和用途。
12. 号料的一般技术要求有哪些?
13. 为什么有时要进行二次号料? 二次号料常用哪些方法?
14. 型钢展开长度的计算依据是什么? 中性层的位置如何确定?
15. 在什么情况下应用型钢的切口下料? 切口的尺寸如何确定?

第 4 章 下料方法

下料是将原材料按需要切成毛坯。钣金下料的方法很多，按机床的类型和工作原理，可分为剪切、铣切、冲切、氧气切割及激光切割等。在生产中可根据零件形状、尺寸、精度要求、材料类型、生产数量以及现场设备条件情况来选择下料方法。

下料工作必须贯彻勤俭办企业的原则，要提高材料利用率，注意合理排料。

4.1 剪切下料

剪切下料是利用上下刀刃为直线的刀片或旋转滚刀片的剪切运动来剪板料毛坯，通常是在剪切机或滚剪机上完成的。

4.1.1 剪切机下料

剪切机常用来剪裁直线边缘的板料毛坯。对被剪板料，剪切工艺应能保证剪切表面的直线性和平行度要求，并尽量减少板材扭曲，以获得高质量的控件。

1. 剪切机工作原理

如图 4.1 所示，上刀片 1 固定在刀架 2 上，下刀片 3 固定在下床面 4 下，床面上安装有托球 5，以便于板料 6 的送进移动，后挡料板 7 用于板料定位，位置由调位销 8 进行调节。液压压料筒 9 用于压紧板料，防止板料在剪切时翻转。棚板 10 是安全装置，以防工伤事故。

挡料板的调整可用手动或机动的方法。按样板手动调节的方法如下(见图 4.2)：

① 调整前挡板。把后挡板靠紧下刀口，再把样板靠紧后挡板，将前挡板靠紧样板并固定住。松开后挡板，去掉样板，装上板料，进行剪切。

② 调整后挡板。将样板托平对齐下刀口，再把后挡板靠紧样板并固定住，去掉样板，装上板料进行剪切。

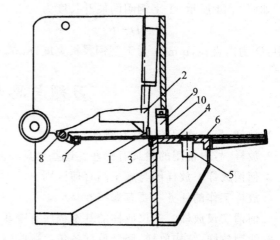

1—上刀片；2—刀架；3—下刀片；4—下床面；5—托球；6—板料；
7—后挡板；8—调位销；9—压料筒；10—棚板
图 4.1 剪切机工作原理

③ 调整角挡板。先将样板放在台面上对齐下刀口，调整角挡板并固定。再根据样板调整后挡板，剪切时同时利用角挡板和后挡板。

2. 剪切机

根据刀架的运动轨迹基本上可分 4 种：

① 刀架沿着垂线运动，如图 4.3(a)所示，由于没有前倾角，因此上刀片断面必须做成菱形，只

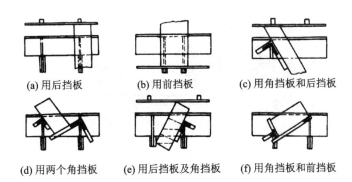

(a) 用后挡板　(b) 用前挡板　(c) 用角挡板和后挡板
(d) 用两个角挡板　(e) 用后挡板及角挡板　(f) 用角挡板和前挡板

图 4.2　利用挡板剪料

有两个刃(4个刃的矩形刀片也可用,但剪切质量差),这种刀架剪切的断口与板面不成直角。

② 刀架沿着前倾线(与垂线夹角为1°30′～2°)运动,如图4.3(b)所示,上刀片断面可做成矩形,具有4个刀刃,剪切的断口基本上与板面成直角。

③ 刀架沿着圆弧线摆动,如图4.3(c)所示,剪切刀片断面宜做成菱形,只有两个刀刃,由于上刀片在剪切过程中略有前倾,因此剪切质量与上面的一种相仿。

④ 刀架沿着圆弧线摆动,但前倾角可达30°,因此可以剪出焊接坡口,如图4.3(d)所示。

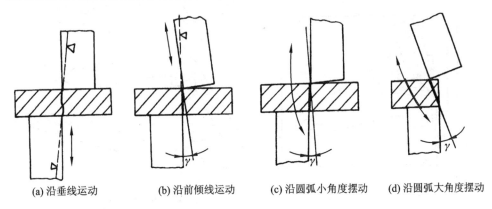

(a) 沿垂线运动　(b) 沿前倾线运动　(c) 沿圆弧小角度摆动　(d) 沿圆弧大角度摆动

图 4.3　刀架的运动轨迹

中小规格的机械传动剪切机的维护简便、行程次数高,成本较低。国产 Q11-12×2000 剪切机如图4.4所示。机架为钢板焊接整体结构,刀架沿圆弧摆动,因此刀片间隙通过刀架摆动支点的偏心轴得到调整,结构简单,调节方便。压料装置采用液压结构。

液压传动剪切机有较多的优点:

① 工作安全、可以防止因超载而引起的机器事故;

② 操作方便,可以实现单次行程、连续行程、点动和中途停止并返程等动作,因此易于实现单机自动和用于流水线上工作;

③ 机器的体积小、质量轻、制动容易;

④ 机器振动小,工作平稳,刀具寿命长。

随着液压元件质量的改善,今后液压剪切机将会增加。

液压-机械传动剪切机采用摆动式刀架,如图4.5所示。由于采用摆动支点,省去了导轨,便于调整刀片间隙,剪切时刀架运动略有前倾,使刀片磨损减少并使后挡料板得到微小的后让。由于刀片必须安装成弧面,安装时必须注意使刀片间隙全长均匀,以免接头不齐使刀片过

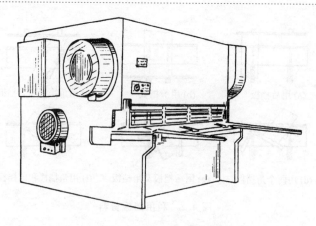

图 4.4　Q11-12×2000 剪切机

早磨钝。

为在板料上剪出如图 4.6 所示的角形,需采用角形剪切机,机器如图 4.7 所示。两个上刀片按角度固定安装在上刀架上,如图 4.8 所示,下刀片固定在工作台板上。由液压驱动上刀架,使其做上下剪切运动,在工作台上有两个可移动调节的坐标挡块,用于板料定位,以便切出所需角形。

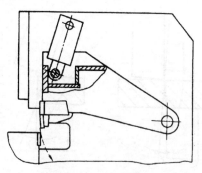

图 4.5　摆动式刀架

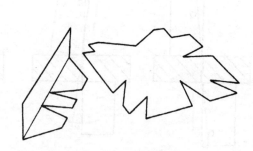

图 4.6　角形剪口

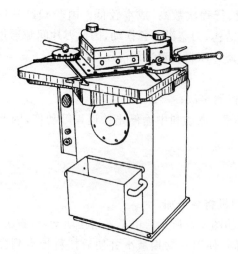

图 4.7　角形剪切机

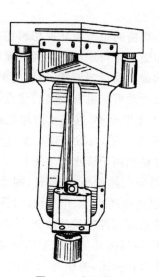

图 4.8　上刀架

4.1.2 滚剪机下料

滚剪机如图 4.9 所示,利用一堆倾斜安装的上下剪刀片进行剪切,能剪切曲线形、圆环形的板料。

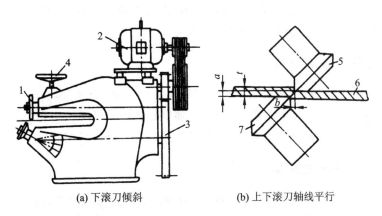

(a) 下滚刀倾斜　　(b) 上下滚刀轴线平行

1—圆盘剪刀;2—电动机;3—齿轮;4—手轮;5—上剪刀;6—工件;7—下剪刀

图 4.9　滚剪机

滚剪机机座上装有 C 型的滚剪机架。工件支承机架根据需要配置。滚剪机架有上下剪刀座,刀座上安装有剪刀,分别由电机经减速装置直接驱动,作同速反向转动。上剪刀座安装在导轨上,手轮可控制其上下移动。工件支承机架其下支承台可自由移动,上压头与活塞杆相连,液压缸带动其上下移动,起压紧板料的作用,在进行滚剪时,上压头可与板料一起,绕活塞杆中心自由转动。活动挡块可沿导杆调整,剪切圆料时,挡块靠在剪切面的边缘上,起平衡自动送料力的作用。滚剪机架和工件支承机架的相对位置可根据滚剪板料的大小进行调整。

在大规模生产的条件下滚剪机下料可以组织成流水生产线,如图 4.10 所示。

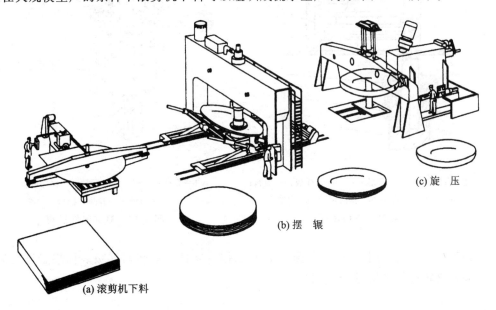

(a) 滚剪机下料　　(b) 摆　辊　　(c) 旋　压

图 4.10　封头生产线

4.2 铣切下料

铣切下料是利用高速旋转的铣刀对成叠的板料进行铣切,其工艺方法简单,生产效率高,是制造零件的首要工序。目前在航空工业生产中,许多飞机的蒙皮,中型结构零件的展开件,某些套裁的零件都是采用铣切的下料方法。

4.2.1 铣切过程及钣金铣床

如图 4.11 所示,把板料 5 和铣切样板 4 用弓形夹 3 夹紧,形成"料夹"。当铣刀 1 高速转动后,推动料夹,靠弓形夹底座在台面 6 上移动,使铣切样板紧靠靠柱 2 移动,板料则被铣刀铣切。因铣刀直径和靠柱直径相等,所以铣出的零件外形与铣切样板相同。

4.2.2 在回臂铣钻床上铣切

回臂铣钻床的床身固定在地基上,床身上装有两个回臂,每个回臂各由 3 节组成,由于用转动轴连接,可以伸曲,最大外伸量为 2 900 mm,最小外伸量为 350 mm。回臂可用手牵动,摆动最大角度为 210°。两个回臂的端部分别装有钻削头和铣切头,转速为 12 000 r/min。

装夹靠柱机构如图 4.12 所示。靠柱 1 与套筒 2 靠锥面配合,摆动手柄 6 可使套筒升降。用固定圆箍 4 固定套筒在适当位置,使靠柱 1 的高度适应铣切不同厚度时的需要,拆卸时定位横销 5 经圆柱 3 将靠柱顶出。

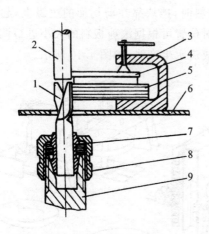

1—铣刀;2—靠柱;3—弓形夹;4—铣切样板;5—板料;
6—台面;7—夹头;8—紧固螺母;9—主轴

图 4.11 铣切过程

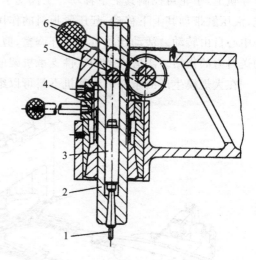

1—靠柱;2—套筒;3—圆柱;4—固定圆箍;
5—定位横销;6—升降手柄;7—齿轮

图 4.12 装夹靠柱机构

铣刀和靠柱安装在同一方向(见图 4.13),工作时靠柱不旋转与样板表面接触进行导向,铣刀做高速旋转进行铣切(见图 4.14)

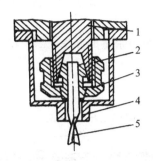

1—电动机轴；2—固定螺母；
3—夹头；4—靠柱；5—铣刀

图 4.13 铣刀的装夹

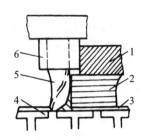

1—铣切样板；2—毛料；3—层板；
4—工作台；5—铣刀；6—靠柱

图 4.14 铣切过程示意图

4.2.3 铣切样板

1. 钣金铣床用铣切样板

按照零件的展开样板或展开件制造。平板零件的铣切样板，按照外形样板制造。

其制造要求如下：

① 铣切样板用 2～4 mm 厚的硬铝板和 10 mm 厚的层板铆接而成，铝板面为铣切样板的正面。

② 正面铝板外形允许比所依据的展开样板大 0.2 mm，层板外形允许比铝板外形小 0.2 mm。

③ 铆钉直径为 4～5 mm，铆接边距为 15 mm，间距为 50 mm。样板的正反两面均不允许铆钉头凸出。

④ 样板正面打上标记符号。

2. 回臂铣钻床用铣切样板

按照展开样板或展开件制造，平板零件的铣切样板按照外形制造。但在外形尺寸上要考虑靠柱与铣刀尺寸的差值。铣切样板按材料不同可分为两种：一种是用整块精制层板制造；一种是用厚度为 3～5 mm 的硬铝板与航空层板铆接而成。

制造要求如下：

① 正面厚 2 mm 的钢板按样板的外形均匀缩小 $5.5_{-0.2}^{0}$ mm，内孔则放大 $5.5_{-0.2}^{0}$ mm，如图 4.15 所示。

② 中间层板比正面钢板周边允许小 0.2 mm。

③ 反面厚 1.5 mm 的钢板比正面钢板周边允许小 0.5 mm。

④ 铝铆钉直径为 5 mm，铆接边距为 15 mm，间距为 50 mm。样板正面铆钉头允许凸出表面不大于 1 mm，样板反面铆钉头不允许凸出表面，见图 4.16。

⑤ 大型样板可在保证边距 100～150 mm 处适当开出减轻孔，并醒目地注明"减轻孔"标记。

⑥ 样板正面打上标记符号。

⑦ 样板边缘必须保证较低的粗糙度和直线度，样板磨损后，为继续使用，可修整周边均匀缩小 1 mm 或 2 mm，并醒目地注明均匀缩小的数据。

⑧ 当展开样板凹入部分转角 $R<4$ mm 时,一律按 $R=4$ mm 制造。铣切样板上的 $R=(4+5.5)$ mm$=9.5$ mm,见图 4.17。

⑨ 当展开样板上凸出尖角 $R<6$ mm 时,可以采取留出余量的办法(见图 4.18)或采用配制销棒、棒孔,安装辅助导板的方法(见图 4.19)。

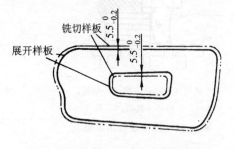

图 4.15　依据展开样板制造铣切样板

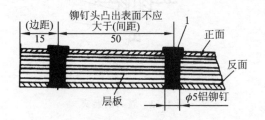

图 4.16　铆接样板

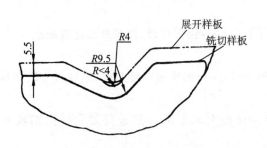

图 4.17　样板凹入部分的制造

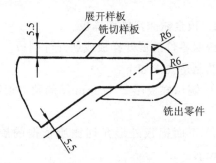

图 4.18　留出余量

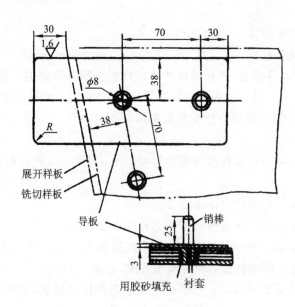

图 4.19　安装导板

4.3 冲切下料

冲压主要是利用安装在压力机上的冲模对板料实现塑性变形加工。从板料冲下所需形状的零件(或毛坯)称落料。冲压加工生产率高、材料消耗少、零件尺寸稳定、成本低,是一种先进的加工工艺。

4.3.1 基本原理

冲切工序是利用凸模与凹模组成上、下刃口,将材料置于凹模上,凸模下降使材料变形,直至全部分离。因凸模与凹模之间存在间隙 z,使凸、凹模作用于材料的力呈不均匀分布,主要集中于凸、凹模刃口。

冲切件质量是指切断面质量、尺寸精度及形状误差。影响冲切件质量的因素有:凸、凹模间隙大小及分布的均匀性,模具刃口状态,模具结构与制造精度,材料性质等,其中间隙值大小与均匀程度是主要因素。通常按使用要求分类选用间隙值,如表 4.1 所列。

表 4.1 冲裁模初始双面间隙 z mm

材料厚度	软 铝		纯铜、黄铜、含碳量为 0.08%~0.2%的软钢		杜拉铝、含碳量为 0.3%~0.4%的中等硬钢		含碳量为 0.5%~0.6%的硬钢	
	z_{min}	z_{max}	z_{min}	z_{max}	z_{min}	z_{max}	z_{min}	z_{max}
0.2	0.008	0.012	0.010	0.014	0.012	0.016	0.014	0.018
0.3	0.012	0.018	0.015	0.021	0.018	0.024	0.021	0.027
0.4	0.016	0.024	0.020	0.028	0.024	0.032	0.028	0.036
0.5	0.020	0.030	0.025	0.035	0.030	0.040	0.035	0.045
0.6	0.024	0.036	0.030	0.042	0.036	0.048	0.042	0.054
0.7	0.028	0.042	0.035	0.049	0.042	0.056	0.049	0.063
0.8	0.032	0.048	0.040	0.056	0.048	0.064	0.056	0.072
0.9	0.036	0.054	0.045	0.063	0.054	0.072	0.063	0.081
1.0	0.040	0.060	0.050	0.070	0.060	0.080	0.070	0.090
1.2	0.050	0.084	0.072	0.096	0.084	0.108	0.096	0.120
1.5	0.075	0.105	0.090	0.120	0.105	0.135	0.120	0.150
1.8	0.090	0.126	0.108	0.144	0.126	0.162	0.144	0.180
2.0	0.100	0.140	0.120	0.160	0.140	0.180	0.160	0.200
2.2	0.132	0.176	0.154	0.198	0.176	0.220	0.198	0.242
2.5	0.150	0.200	0.175	0.225	0.200	0.250	0.225	0.275
2.8	0.168	0.224	0.196	0.252	0.224	0.280	0.252	0.308
3.0	0.180	0.240	0.210	0.270	0.240	0.300	0.270	0.330
3.5	0.245	0.315	0.280	0.350	0.315	0.385	0.350	0.420
4.0	0.280	0.360	0.320	0.400	0.360	0.440	0.400	0.480
4.5	0.315	0.405	0.360	0.450	0.405	0.490	0.450	0.540
5.0	0.350	0.450	0.400	0.500	0.450	0.550	0.500	0.600
6.0	0.480	0.600	0.540	0.660	0.600	0.720	0.660	0.780
7.0	0.560	0.700	0.630	0.770	0.700	0.840	0.770	0.910
8.0	0.720	0.880	0.800	0.960	0.880	1.040	0.960	1.120
9.0	0.870	0.990	0.900	1.080	0.990	1.170	1.080	1.260
10.0	0.900	1.100	1.000	1.200	1.100	1.300	1.200	1.400

注:1 初始间隙的最小值相当于间隙的公称数值。
 2 初始间隙的最大值是考虑到凸模和凹模的制造公差所增加的数值。

计算冲裁力的目的是合理选用压力机和设计模具。压力机的吨位必须大于所计算的冲裁力,以适应冲裁的要求。

平刃口模具冲裁时,其冲裁力可按下式计算:

$$P_0 = Lt\tau$$

式中:P_0 为冲裁力,N;t 为材料厚度,mm;τ 为材料抗剪强度,MPa;L 为冲裁件周长,mm。

实际上冲裁时的抗剪强度不仅与材料性质有关,还与材料硬化程度、材料相对厚度、凸凹模相对间隙(z/t)以及冲裁速度有关。一般为简化计算,值按表 4.2 选用。m 为与相对速度有关的系数。σ_b 为材料抗拉强度(MPa)。

表 4.2 材料的抗剪强度 τ

不同的落料、冲孔情况		τ	
		$z=1.5t(m=1.2)$	$z=0.005t(m=3.0)$
落 料	大零件 $d \geqslant 1000t$	$0.6\sigma_b$	$0.65\sigma_b$
	中等零件 $d \geqslant 50t$	$0.7\sigma_b$	$0.8\sigma_b$
	小零件 $d=(5\sim10)t$	$0.8\sigma_b$	$(1.0\sim1.2)\sigma_b$
冲 孔	孔径 $d \leqslant (5\sim2.5)t$	σ_b	$(1.5\sim1.8)\sigma_b$
	孔径 $d \leqslant (2\sim1.5)t$	$(1.2\sim1.4)\sigma_b$	$(2.0\sim2.6)\sigma_b$
	孔径 $d=t$	$1.8\sigma_b$	$3.6\sigma_b$

考虑到模具刃口的磨损、凸、凹模间隙的波动,材料机械性能的变化,材料厚度及偏差等因素,实际所需冲裁力还需增加 30%,即

$$P = 1.3P_0 = 1.3Lt\tau$$

4.3.2 单工序落料模的典型结构和特点

1. 无导向落料模

无导向落料模又称敞开式落料模,如图 4.20 所示,上模由上模板 1、模柄 2 和凸模 3 组成,下模由卸料板 4、凹模 5、套圈 6 和底板 7 等零件组成。无导向落料模的特点是上、下模无导向,结构简单,容易制造,可以用边角料冲裁,有利于降低冲压件成本。但是凸、凹模间隙配合件精度差,模具安装比较困难,容易发生刃口啃切,因此模具寿命和生产率低,操作也不安全。所以仅适于精度要求不高、外形简单和批量不大的冲压件生产。

2. 导板式落料模

图 4.21 为导板式落料模,上模由凸模 11、固定板 12、垫板 13、上模板 14 和模柄 15 等零件组成,下模主要由下模板 5、凹模 7 和导板 8 等零件组成。导板式落料模的结构与无导向模基本相似,但它的导板 8 与凸模 11 之间的配合较好,可起凸模的导向作用,凸模回程时,导板又起卸料作用。与无导向模相比,具有精度较高,使用寿命较长,容易安装和使用安全等优点。但模具制造比较复杂,一般仅适于料厚大于 0.3 mm 的小件或形状简单、尺寸不大的零件冲压。

3. 导柱式落料模

图 4.22 所示为最简单的导柱式落料模。上、下模采用导柱和导套导向。导柱和导套都是

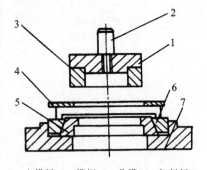

1—上模板;2—模柄;3—凸模;4—卸料板;
5—凹模;6—套圈;7—底板

图 4.20 无导向落料模

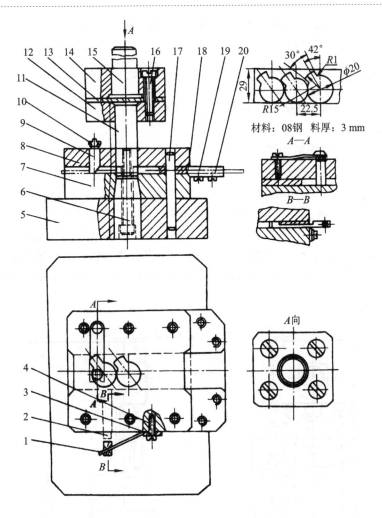

1—弹簧；2—始冲挡料销；3—垫圈；4、16、20—螺钉；5—下模板；6—内六角螺钉；
7—凹模；8—导板；9—挡料销；10—弹簧片；11—凸模；12—固定板；13—垫板；
14—上模板；15—模柄；17—销钉；18—导尺；19—支承板

图 4.21 导板式落料模

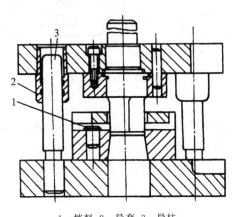

1—挡料；2—导套；3—导柱

图 4.22 导柱式落料模

圆形的,加工比较方便,凸凹模的间隙容易保证,且不会改变。模具寿命长,安装方便,冲压件精度高,已在冲压生产中得到广泛应用。

4.3.3 冲切设备

用于冲切零件的机床主要有曲柄压力机及步切机等。

1. 曲柄压力机

曲柄压力机按机身的结构特点分有开式压力机和闭式压力机。前者工作台面在前、左、右、三面敞开,便于安装调整模具和操作,吨位在 25 kN～4 MN;后者为框架式结构,前后敞开,吨位为 1.6 MN 以上,开式压力机如图 4.23 所示。其主要部件有传动系统、机身、滑块、自动送料装置及控制系统等。主轴安装在机身的上部,主轴后端装有飞轮。飞轮的结构如图 4.24 所示,由电机上的小带轮经皮带带动旋转,飞轮经离合器与主轴连接,当压缩空气进入气缸,使离合器与飞轮结合时,可以带动主轴旋转。离合器与制动器是组合结构。当离合器与飞轮脱开时(即气缸排气),由于弹簧作用,制动器制动,此时主轴停止运动,滑块停在上死点位置。

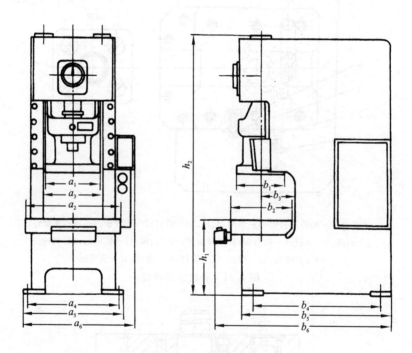

图 4.23 开式压力机

2. 步切机

步切机具有弓形机身,其传动可以是机械或液压的,如果采用机械传动,就是开式曲柄压力机。它工作时是采用简单模具逐步进行冲切的。模具在步切机上的安装结构如图 4.25 所示。工作灵活方便,可以用手工操作,也可以由机床上自动送料装置进行连续加工。

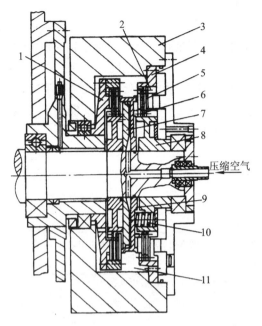

1—制动器;2—离合器;3—飞轮;4—外支座;5—弹簧片;
6—隔片;7—活塞;8—支座;9—气缸;10—弹簧;11—油腔

图 4.24 飞轮及组合离合器-制动器

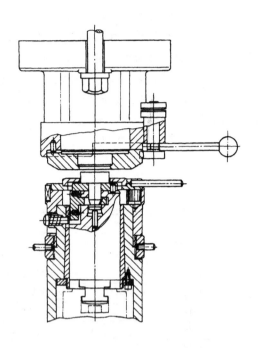

图 4.25 步切机上的模具安装结构

4.4 氧气自动切割

金属的氧气切割（简称气割），由于气割设备简单，操作方便，生产率较高，切割质量较好，成本较低等一系列优点，特别是可以切割厚度大、形状复杂的零件，所以成为金属加工中一种极为重要和有效的工艺方法，而被广泛地应用。

4.4.1 气割的原理和条件

1. 气割的原理

气割是利用氧-乙炔气体火焰将被切割的金属预热到燃点后，再向此处喷射高压氧气流，使达到燃点的金属在切割氧流中燃烧，从而形成熔渣，并借助切割氧的吹力将熔渣吹掉，所放出的热量又进一步加热切割缝边的金属，再次达到燃点。所以移动割嘴即又重复了预热—燃烧—吹渣的过程，割嘴沿着划线方向均匀地移动，就形成了一条割缝。气割过程如图 4.26 所示。

2. 进行气割的必要条件

① 燃点要低于熔点。这样才能保证金属在固体状态下燃烧掉，形成切口和割缝。如低碳钢的燃点约 1 350 ℃，而熔点约为 1 500 ℃，所以具备良好的气割条件。而铜、铝以及铸铁的燃点比熔点高，所以不能用普通氧气切割的方法。

② 金属氧化物的熔点要低于金属熔点。否则表面上的高熔

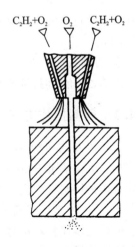

图 4.26 氧气切割示意图

点金属氧化物就会阻碍下层金属的连续燃烧,使气割发生困难。

③ 燃烧应是放热反应。也就是说,是一个完全的燃烧过程,这样才能对下层金属起预热作用。放热量越多,预热作用越大,越有利于气割过程的顺利进行。在气割低碳钢时所需要的热量,其中金属燃烧所产生的热量约占 70%;而由预热火焰所供给的热量仅为 30%。

④ 导热性能不应太高。铜和铝等金属具有较好的导热性,使气割处的温度急剧下降。

⑤ 阻碍切割过程的杂质要少。如碳、铬及硅等元素阻碍气割的正常进行。能满足气割条件的通常是含碳量在 0.3%~0.6%(质量分数)以下的低中碳钢。

不同金属的气割性能见表 4.3。

表 4.3　不同金属的气割性质

金属	性　能
钢:含碳量在 0.4%以下	切割良好
钢:含碳量在 0.4%~0.5%	切割良好,为防止发生裂纹,应预热到 200 ℃,并且在切割之后要缓冷退火,退火温度应为 650 ℃
钢:含碳量在 0.5%~0.7%	切割良好,切割前必须预热至 700 ℃,切割后应退火
钢:含碳量在 0.7%以上	不易切割
铸铁	不易切割
高锰钢	切割良好,预热后更好
硅钢	切割不良
低铬合金钢	切割良好
低铬及低铬镍不锈钢	切割良好
18—8 铬镍不锈钢	可以切割,但要有相应的作业技术
铜及铜合金	不能切割
铝	不能切割

3. 影响气割质量的因素

① 切割氧气的纯度。切割时应使用氧气,如果纯度低于 98%,氧气中的杂质如氮气等在切割时就会吸收热量,并在切口表面形成其他化合物薄膜,阻碍金属燃烧,使气割速度降低,氧气消耗量增加。

② 切割氧气的压力。压力过低会引起金属燃烧不完全,降低了切割速度,且割缝之间有粘渣现象。过高的压力反而使过剩的氧气起冷却作用,使切口表面高低不平。一般为 0.45~0.5 MPa。

③ 切割氧气射流。最佳的射流长度可达 500 mm 左右且有明晰的轮廓,此时吹渣流畅,切口光洁,棱角分明,否则粘渣严重,切口上下宽窄不一。

4.4.2　气割操作方式

按操作方式可分为手工切割和机械切割。手工切割时使用可更换割嘴的万能割炬(见图 4.27)。割炬中预热部分与切割部分结合在一起。预热部分的结构与焊炬相似。切割部分由送进切割氧气流的附加金属管 4 组成。在割嘴上有两种孔:一种是预热火焰 1 的圆形喷出孔,另一种是切割氧气流 2 的环形或多个圆形喷出孔。割嘴 3 与割炬主体成直角。使用其他可燃气体代替乙炔时,要增加喷嘴通道和混合室的截面面积。

被切割材料的厚度和种类决定着割嘴的尺寸。控制切割氧压力、切割速度、割嘴尺寸和预

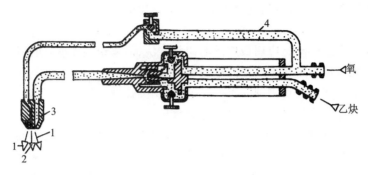

1—预热火焰；2—切割氧气气流；3—割嘴；4—金属管

图 4.27 万能割炬

热火焰，使之切出窄的、整洁的切口时，表明已获得最好的结果。切割不当的切口，其切割面参差不齐且非常不规则，在钢板底面粘有熔渣。切割速度合适与否，可以从后拖线上看出。切割后拖量是切割氧流入金属顶面的点与切口底面上熔渣排出点之间的距离，见图4.28。切割氧进口点和出口点之间的关系可用后拖比或后拖百分数来表示：

$$后拖比 = d/t$$

$$后拖百分数 = \left(\frac{d}{t}\right) \times 100\%$$

式中：d 为水平后拖量；t 为被切割金属厚度。

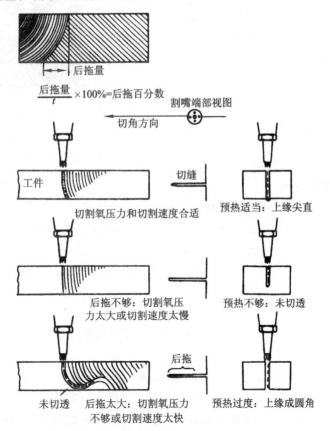

图 4.28 后拖量合适表明切割规范正确

在切割最小圆角时,能满足精度要求的最大后拖比即为经济的后拖比。一般情况,10%后拖比是它的上限,但是,某些直线切割可达20%。

虽然在修配中手工切割是应用最广泛的切割方法,但是切割速度、切割精度和经济性上都比自动切割差。把割炬固定在可变速的电动机驱动装置上,此装置又安装在导向轨道上,这样就能切出非常精确的切口。切割圆形工件时,要使用圆弧形附件。

割炬导向的其他方法是:靠模、光电跟踪和数控。

为了提高生产率,可把薄板叠在一起同时进行切割。但是这些薄板必须严密夹紧,使它们之间不能通过空气,否则会导致切割失败。夹紧也能防止在切割过程中薄件的翘曲变形。

当切割件的含碳量和合金元素含量增加时,由于邻近金属和空气的淬火作用,切口表面要产生一定的硬化。硬的表层给机械加工带来困难。避免这种情况的最好办法是把金属预热。中碳钢应该预热到177~371 ℃;低合金高强度钢要求预热到316~482 ℃。

4.4.3 等离子弧切割

1. 等离子弧切割原理

等离子弧切割是一种新工艺,它利用气体介质通过电弧产生"等离子体"。等离子弧可以通过极大的电流,具有极高的温度,因其截面很小,能量高度集中,在喷嘴出口的温度可达20 000 ℃,可以进行高速切割。等离子弧发生装置如图4.29所示。由于等离子弧中的正离子和电子等各种带电粒子所带正、负电荷的数量相等,所以整个等离子弧呈中性。常用等离子弧的工作气体是氮、氩、氢,以及它们的混合气体,用得最多的、最广泛的是氮气。因为氮的成本低,化学性能不十分活跃。但氮气的纯度应不低于99.5%。若其中的含氧或水气量较多时,会使钨极严重烧损。

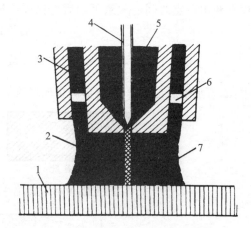

1—工件;2—弧芯;3—保护气体;4—电极;
5—等离子气体;6—气体透镜;7—外部冷气层

图4.29 等离子弧割嘴

2. 等离子弧切割应用

目前等离子弧焊炬的基本结构有转移型和非转移型两种。

切割金属用的等离子弧是转移型,可以切割各种高熔点金属及用其他切割方式不能切割的金属,如不锈钢、耐热钢、钛、钨、铜、铝、铸铁及其合金等。还可以切割各种非金属材料。在采用非转移型电弧时,由于工件不通电,所以还能切割各种非导电材料,如耐火砖、混凝土、花岗石等。

4.5 激光自动切割

激光——Laster,这个词是英文Light amplification by stimulated emission of radiation(光受激辐射放大)的首字母缩写词。由于有了用专门技术对其分子或原子进行激励,而激励所产生的光是单色的(单波长)和相干的,所以它们可以用透镜或反射镜高度聚集,以提供焊接、切割和热处理所需的高能量密度。

4.5.1 激光切割的应用

图4.30表示激光在振荡器外面被反射镜反射,再经透镜聚焦在切割头上。激光束可以像等离子弧或氧-燃料气体割炬那样作为直线或曲线切割板料的热源,组成激光切割机。也可以把激光切割机与步切机组合在一台机床上,如图4.31所示。该机可以用模具进行冲切,又可以用激光进行切割。被加工的板料由送料装置的夹钳定位并夹紧。送料装置可沿xy坐标精确地做送进运动,整个加工过程可用计算机进行控制。激光功率曲线(见图4.32)表明切割复杂轮廓形状时用于降低功率的脉冲(见图4.32(a)),而用于改善优质钢切割质量的脉冲图形如图4.32(b)所示。

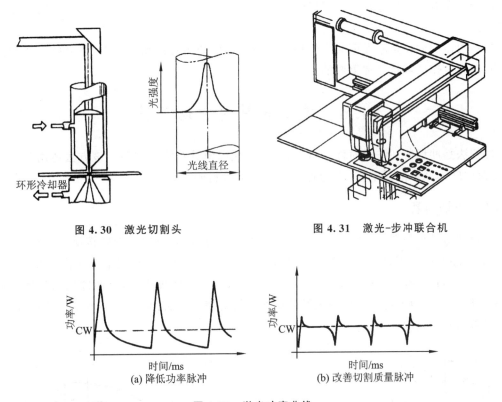

图4.30 激光切割头　　　　图4.31 激光-步冲联合机

图4.32 激光功率曲线

由于连续激光系统可得到的功率密度不足以通过蒸发和排出液态金属的过程来进行切割。因此,通常要采用一股辅助气流将熔融金属从切口中吹走。对于低功率连续激光系统,一般用氧气作辅助气体,以便在能进行氧切割的金属中利用其放热反应。高功率切割可用类似的方法,但也可有效地采用许多其他辅助气体,如压缩空气、氦(He)、氩(Ar)、二氧化碳(CO_2)、氮(N_2)等。用惰性气体作辅助气体时切口边缘干净、无氧化,但有时在下缘有坚韧的挂渣。用氧气辅助切割时,挂渣通常很脆,因而容易除去。

4.5.2 安全保护

激光操作中的不安全因素是:
① 眼睛损伤,包括角膜烧伤或视网膜烧伤;

② 皮肤灼伤；
③ 在激光与工件相互作用时，由于析出有害气体，损伤呼吸系统；
④ 触电；
⑤ 被化学物质损伤；
⑥ 由低温冷却剂造成的损伤。

在上述危害中，眼睛损伤普遍与激光有关。因为激光以可见光或接近红外的波长工作，甚至只要 5 mW 的激光束就会引起视网膜损伤。要确保使用适于特定激光系统的眼镜。

激光灼伤可能会很深并很难愈合。可见激光束应封罩起来以防暴露。这对于没有外在迹象、除非被固体拦截否则察觉不出其存在的不可见光特别重要。

由于激光器与高压电及大电容储能装置等相连，电气系统外罩的所有维修门应有适当的互锁装置。

最不明显的危害是激光束与工件相互作用过程中的潜在产物。因而，适当的通风和排气措施对激光工作区域是非常重要的。

4.6 薄壁管料的冲切下料

冲切法是冲切剪切法的简称，即在压力机上利用模具对管料切断。该方法适用于管料相对厚度 $(t/D)<0.1$ 的薄壁管（D 为管料外径，t 为管料壁厚）。

4.6.1 冲切过程

管料冲切过程如图 4.33 所示。当压力机滑块下行，切刀刃尖与管壁接触，压力达到一定值时，刃尖随之进入管腔。然后切到侧刃与凹模侧刃剪切管壁，直至完全切断管料为止。

为了减小管料被压扁的现象，通常将凹模（见图 4.34）做成桃形，以便冲切前先使管料在左、右半凹模的强力夹持下产生一定量的反变形使管壁上部突出，然后再由切刀冲切，即可减少管料被切刀压扁的缺陷。

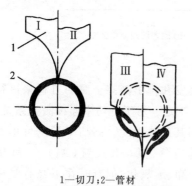

1—切刀；2—管材
图 4.33 管料冲切过程示意图

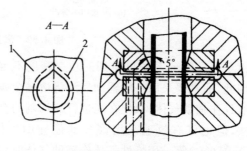

1—左半凹模；2—右半凹模
图 4.34 冲切凹模

4.6.2 切刀形状及尺寸

切刀形式如图 4.35 所示，切刀刃尖做成宽度为 b 并呈 30° 的尖劈，尖劈后面做成带一定形状的曲线。目前生产中采用的切刀曲线多为圆弧形，这不仅易于磨削加工，而且也能较好地满足冲切要求。实践证明,双圆弧切刀要比单圆弧的好,这是由于双圆弧切刀冲切时,管料上部约 1/4 的废料先被切断并掉入管内,因此有利于后续的冲切工作。下面分别介绍单、双圆弧切刀尺寸参数的确定方法。

1. 单圆弧切刀

为减少冲切过程中管壁的压扁、畸变现象,应使切刀的圆弧半径 $r \geqslant 4R$。当然,圆弧半径 r 也不能无限制地增大,因为 r 过大时,切刀刀刃形状细而长,不仅强度不易折断,而且要求压力机的行程大。因此,只要满足 $r = 4R$ 这个必要条件即可。

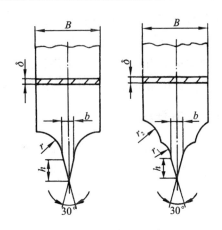

图 4.35 切刀形式

单圆弧切刀尺寸参数可按表 4.4 确定。

表 4.4 单圆弧切刀尺寸参数

	$r = 4R$ 切刀	$r = 4R, r' = 2.5R$ 切刀
尺寸参数示意图		
圆弧半径 r, r'	$r = 4R$	$r = 4R, r' = 2.5R$
圆弧半径中心至切刀中心的距离 L, L'	$L = 4R$	$L = 4R, L' = 2.5R$
圆弧半径 r 与 r' 的中心距 C	—	$C = 0.483R$
刀刃尖劈宽度 b	$b = (0.5 \sim 2)t$ 薄壁取大值,厚壁取小值	
刀刃顶角 α	$\alpha = 30°$	
切刀厚度 δ	$\delta = (1 \sim 3)t$ ($\delta \geqslant 0.5$ mm) 薄壁取大值,厚壁取小值	
切刀宽度 B	$B \geqslant 1.5D$	
压力机工作行程 H	$H \geqslant 6R$	$H \geqslant 5.5R$

2. 双圆弧切刀

双圆弧切刀曲线可用作图法求出,如图 4.36 所示。首先按选定的比例绘出管料的横截面图,在管料中线上任一点作法线,又过该点作另一线与法线的交角(为 θ)。取若干点(点越多越精确)作这样的线,这些线的包络线便是刀刃的理论曲线形状。θ 越大切屑越向内形成,但作出的刀刃形状宽而短,强度好;θ 越小甚至是负值(β 角)则切屑向外形成,此时刀刃形状细而长,但强度差、易折断。按该法求出刀刃的理论包络曲线后,分别选用 r_1 和 r_2 圆弧半径光滑连接包络线,即得双圆弧切刀的形状,r_1 和 r_2 分别是双圆弧半径。双圆弧切刀的其他尺寸参数,如刀刃尖劈宽度、顶角及切刀厚度和宽度,则可按表4.4确定。

冲切法适用于薄壁管。采用该法切断管材时,管壁易被压扁,而使管料切断面的圆度降低。管壁被压扁的程度与切刀刀刃顶角有关。生产中常用的刀刃顶角为30°。

4.6.3 模具结构

图4.37所示为一副带有双斜楔的管料切断模,供切断一定直径而长度不同的管坯。该模具采用单圆弧切刀,凹模由左右两半组成,在斜楔作用下两半凹模可左右移动,以便送进或夹紧管料。

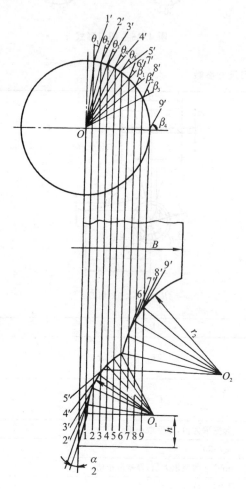

图4.36 双圆弧切刀曲线作图

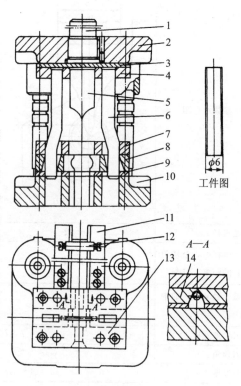

1—模柄;2—上模座;3、9—垫板;4—切刀固定板;
5—切刀;6—斜楔;7—卸料板;8—凹模;10—下模座;
11—角铁;12—定位块;13、14—侧导板

图4.37 管料切断模

模具工作原理如下:先将管料穿过侧导板13、14的定位孔,送至定位块12,当压力机滑块下行时,两斜楔6推动两半凹模8夹紧管料,使管壁上部突出形成桃形,随着压力机滑块继续下行,切刀5开始切入管壁,直至管料被完全切断为止。切下的管坯掉在下模座上的两角铁11之间,随第二次管料送进时将它推出去。定位块12在角铁11上可前后调整,以适应切断

不同长度的管坯。

图 4.38 是管料切断模的另一典型结构。在该模具中,凹模由左右两半组成,左半凹模为固定凹模 3,右半凹模为活动凹模 4,活动凹模在斜楔 2 与滚轮 5 作用下,可在导轨 7 上左右移动,达到夹紧或松开管料的目的。

图 4.39 所示的管料切断模,则采用双圆弧切刀 16 和左右组合凹模 23 切断管料(20 钢,无缝钢管,外径 19 mm,壁厚 1 mm)。右半凹模由螺钉 18 紧固在固定板 17 上,左半凹模紧固在滑块 8 上,滑块能在下模板上左右滑动,靠两导板 27 导向。平时滑块在弹簧 6 作用下使凹模张开少许(由套筒限位)便

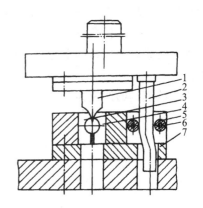

1—切刀;2—斜楔;3—固定凹模;
4—活动凹模;5—滚轮;6—芯轴;7—导轨

图 4.38 管料切断模

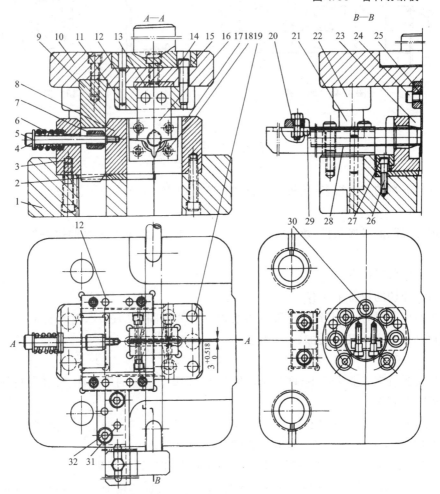

1—下模板;2—下垫板;3—反侧压块;4—卸料螺钉;5—垫圈;6—弹簧;7—套筒;8—滑块;9—斜楔;10—上模板;
11—切刀固定板;12、19、31—圆柱销;13—上垫板;14、18、24、26、30、32—螺钉;15—模柄;16—切刀;17—凹模固定板;
20—螺母;21—导柱;22—导套;23—组合凹模;25—压板;27—导板;28—支架;29—挡料板

图 4.39 管料切断模

于管料送进。切刀 16 由螺钉 24、压板 25 紧固在固定板 11 上。该模具的工作原理如下:先将管料送进并穿过凹模孔,由可调挡料板 29 定位。上模下行,斜楔 9 将滑块 8 向右推进,两半凹模将管料夹紧。上模继续下行,切刀 16 便将管料逐渐切割,直至完全切断为止,废料则从孔中漏下。

用于该模具的凹模如图 4.40 所示,切刀如图 4.41 所示。

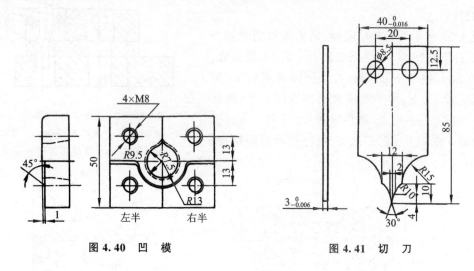

图 4.40 凹 模　　　　　　图 4.41 切 刀

习题与思考题

1. 钣金下料的方法很多,按机床的类型和工作原理,可分为冲切、铣切、_____、氧气切割及_____切割等。

2. 进行气割的必要条件:燃点必须_____熔点,金属氧化物的熔点要_____金属熔点。

3. 单工序落料模有_____、_____和_____。

4. 用于冲切的设备主要有_____及_____等。

5. 在冲切下料时,考虑到模具刃口的磨损、凸、凹模间隙的波动,材料机械性能的变化等因素,实际所需冲裁力还需增加( )。
   A. 30%　　　　B. 130%　　　　C. 60%　　　　D. 40%

6. 目前在航空工业生产中,许多飞机的蒙皮、中型结构件的展开件、某些套裁件都是采用( )的下料方法。
   A. 剪切　　　　B. 铣切　　　　C. 冲切　　　　D. 氧气切割

7. 剪切机有哪些类型?斜口剪切机由哪几个主要部分组成?

8. 在斜口剪切机上剪下的条料为什么会发生弯曲和扭转的现象?

9. 某台平口剪床剪切 A3 钢($\tau=340$ MPa)的最大剪板厚度为 20 mm。试问能否剪切抗剪强度 $\tau=240$ MPa、厚度为 22 mm 的黄铜板。其中 $K=1.2$。

10. 已知钢板($\tau=300$ MPa)厚度为 $t=6$ mm,求斜口($\varphi=2°30'$)剪切时的剪切力。

11. 什么是铣切下料?铣刀有哪两种?

12. 试述在钣金铣床上铣切样板的制造要求。

13. 什么是冲切工序？冲切件质量有哪些？
14. 试述进行气割的必要条件和影响质量的主要因素有哪些？
15. 气割的操作方式有哪些？割炬导向的方法有哪些？
16. 激光操作中的不安全因素有哪些？
17. 薄壁管料的冲切下料方法适用于什么场合？切刀的形状有哪两种？

第 5 章　手工成形

钣金零件起初都是用手工制造的,随着生产的发展和技术的进步,钣金零件的制造逐步采用现代制造中的机械成形方法。到目前为止,在各种机械成形后,仍离不开手工补充加工或修整等工作,特别是对单件生产和一些形状比较复杂的零件,有时还得用手工成形的方法来制造。手工成形也需要一些简单的胎型、靠模和各种各样的工夹具,这些工夹具一般是通用的、万能的。手工成形件的质量如何,主要取决于操作程序的合理安排,以及所选用的工、夹、胎具是否合适,但最重要的是取决于操作工人的实践经验与熟练的操作技巧。这种方法虽然劳动强度大,但由于使用的工具简单,操作比较灵活,至今仍被广泛采用。因此有必要将钣金工艺的手工成形基本要领及方法,如弯曲、放边、收边、拔缘、拱曲、卷边、咬缝、矫正等作一介绍。

5.1　弯　曲

手工弯曲是通过手工操作来弯曲板料,用于单件少量生产或机床难以成形的零件。手工弯曲的零件,一般是中小型的。

手工弯曲工具如图 5.1 所示。还可使用专用弯边器(或称扳边钳),比纯手工操作更整齐、快捷。

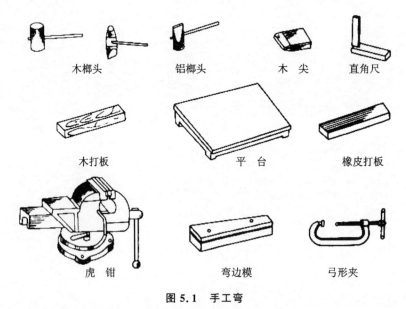

图 5.1　手工弯

现以下面几例介绍手工弯曲操作。

例 1　角形件的弯曲。

弯曲角形零件是最简单的一种,首先下好展开料,划出弯曲线,弯曲时如图 5.2 所示,将弯曲线对准规铁的角,左手压住板料,右手用木锤先把两端敲弯成一定角度,以便定位,然后再全部弯曲成形。

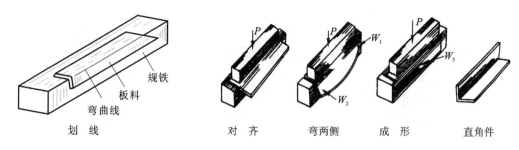

图 5.2　直角件的手工弯曲

例 2　Ⅱ 形零件的弯曲。

图 5.3 所示的 Ⅱ 形零件,如果先下好展开料、开好孔后再进行弯曲,当尺寸 a 和 c 很接近时,在 a 尺寸范围内弯边很小,用机床很难弯出,多用手工弯曲。弯曲时首先在展开料上画好弯曲线,然后以方孔定位,用模具夹在虎钳上,如图 5.4 所示,弯曲两边,弯曲时力要均匀,并要有向下压的分力,以免把弯边小的 a 段拉出。

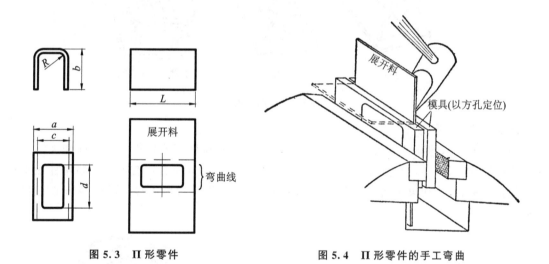

图 5.3　Ⅱ 形零件　　　　　图 5.4　Ⅱ 形零件的手工弯曲

例 3　弯制封闭的角形件。

如弯制图 5.5 所示的口字形零件,由于是封闭的,所以用机床可以弯成 U 形,但不能封闭,另一个边或两个边仍需手工。弯制过程如图 5.6 所示:装夹时要使规铁高出垫板 2～3 mm,弯曲线对准规铁的角,如图 5.6(a)所示;然后按图 5.6(b)弯曲两边成 U 形;最后使口朝上如图 5.6(c),弯曲成形。

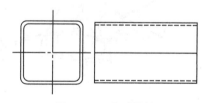

图 5.5　口字形零件

例 4　弯制圆筒。

无论是用薄板还是用厚板弯制圆筒,都应先把端头弯制好。在用圆金刚钻打直头时,应使板边与圆钢平行放置,再锤打,见图 5.7(a)。然后对于薄板可用木块或木锤逐步向内锤击,当接口重合,即施点固焊,焊后再修圆,见图 5.7(b)。对于厚板可用弧锤和大锤在两根圆钢间从两端头向内锤打,基本成圆后焊接,再修圆,见图 5.7(c)。

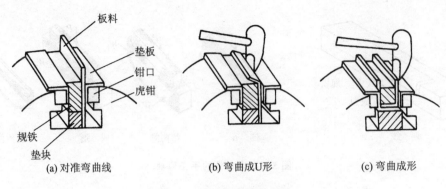

图 5.6 口字形零件的弯曲

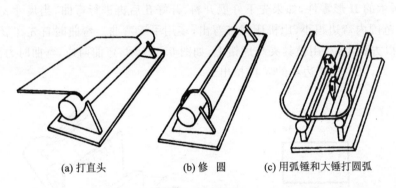

图 5.7 弯制圆筒

例5 弯制锥形工件。

如图 5.8 所示的圆方接头。首先要把弯曲素线画好，做好弯曲样板。用弧锤和大锤按弯曲素线锤击，先弯两边，后弯中间，如图 5.8(a)所示锤击的力量应有轻有重并不断用样板来检查。待接口重合后(如果歪扭，用工具找正，如图 5.8(b)所示)，再固焊、修圆、找方直至尺寸合格。

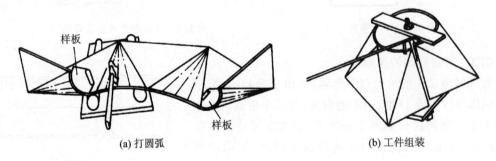

图 5.8 弯制圆方接头

5.2 放 边

放边是指使零件某一边变薄伸长的方法来制造曲线弯边的零件，如图 5.9 所示。

放边的方法，目前在实际生产中较常见的有两种：一是把零件的某一边(或某一部分)打薄；二是把零件某一边(或某一部分)拉薄。前一种放边效果显著，但表面不光滑，厚度不均匀。

后一种虽表面光滑,厚度均匀,但易拉裂。

1. "打薄"捶放

制造凹曲线弯边的零件,生产数量较小时,可用直角材料在铁砧或平台上捶放角材边缘,如图 5.10 所示,使边缘材料厚度变薄、面积增大、弯边伸长,越靠近角材边缘伸长越大,越靠近内缘伸长越小,这样直线角材,逐渐被捶放成曲线弯边的零件。

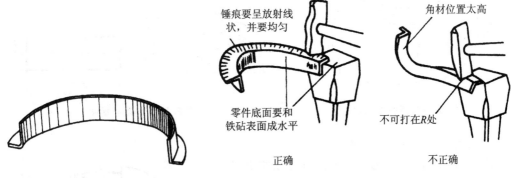

图 5.9 放边零件　　　　图 5.10 "打薄"锤放

"打薄"捶放的操作过程:首先是计算出零件的展开尺寸,然后划线并剪切出展开毛料。划出弯曲线,在翻板机或其他设备上弯成角材后,进行捶放。放边时,角材底面必须与铁砧表面保持水平,不能太高或太低,否则在放边过程中角材要产生翘曲。锤痕要均匀并呈放射线状,捶击的面积占弯边宽度的 3/4,不能沿角材的 R 处敲打,捶击的位置要在弯曲部分,有直线段的角形零件,在直线段内不能敲打。

在放边过程中,材料会产生冷作硬化,发现材料变硬后,要退火消除,否则继续捶放易打裂。另外,在放边过程中,随时用样板或量具等检查外形,达到要求后进行修整、矫正和精加工,最后再按尺寸要求划线、切割并锉光。

2. "拉薄"捶放

"拉薄"捶放是用木锤在厚橡皮或木墩上捶放,利用橡皮或木墩既软又有弹性的特点,使材料伸展拉长,一般在制造凹曲线弯曲零件时,为防止裂纹,可事先用此法放展毛料,后弯制弯边,这样交替进行,来成形凹曲线弯边零件。

3. 型胎上放边

用木锤通过顶木在型胎上顶放,如图 5.11 所示。木锤打击顶木,顶木顶毛料伸展。

4. 放边零件展开尺寸的计算

(1) 半圆形零件的展开宽度

如图 5.12 所示,半圆形零件的展开宽度可用弯曲型材展开长度的计算公式来计算。公式如下:

$$B = a + b - \left(\frac{r}{2} + \delta\right)$$

式中:B 为展开料宽度;a、b 为弯边宽度;r 为圆角半径;δ 为材料厚度。

展开长度由于在放边的平面中各处材料伸展程度的不同,外缘变薄量大、伸展的多,内缘变薄量小、伸展的少,所以展开长度取放边一边的宽度 b 一半处的弧长来计算。公式如下:

$$L = \pi\left(R + \frac{b}{2}\right)$$

式中：L 为展开料长度；R 为零件弯曲半径；b 为放边一边的宽度。

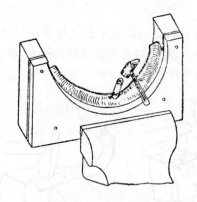

图 5.11　型胎上放边

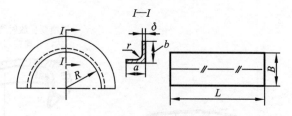

图 5.12　半圆形零件

(2) 直角形零件的展开宽度

如图 5.13 所示，直角形零件的展开宽度与上式相同；展开长度 L 等于直线部分和曲线部分之和，即

$$L = L_1 + L_2 + \frac{\pi}{2}\left(R + \frac{b}{2}\right)$$

式中：L_1，L_2 为直线部分长度；R 为弯曲半径；b 为放边一边的宽度。

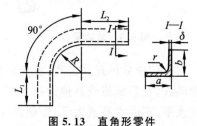

图 5.13　直角形零件

5.3　收　边

1. 基本概念

收边是指角形件某一边材料被收缩，长度减小、厚度增大的方法来制造曲线弯边的零件（见图 5.14）。

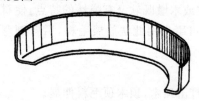

图 5.14　收边零件

收边的基本原理是：先使毛料起皱，再把起皱处在防止伸展恢复的情况下压平。这样材料被收缩，长度减小，使厚度增大。

用收边的方法可以把直角材收成一个凸曲线弯边或直角形弯边零件。收边还广泛地用来修整零件靠胎或手工弯边成形等方面。

2. 收边零件的展开计算

(1) 角材收边成半圆形零件

如图 5.15 所示，角材收边成半圆形零件时，展开料按下式计算：

宽度　　　　　　　　$B = a + b - \left(\dfrac{r}{2} + \delta\right)$

长度　　　　　　　　$L = \pi(R + b)$

式中：B 为宽度；L 为长度；a，b 为弯边宽度；r 为圆角半径；R 为弯曲半径；δ 为材料厚度。

(2) 角材收边成直角形零件

如图 5.16 所示，角材收边成直角形零件时，展开料按下式计算：

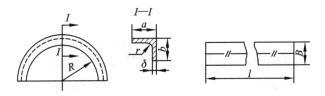

图 5.15 半圆形零件

宽度 $$B = a + b - \left(\frac{r}{2} + \delta\right)$$

长度 $$L = L_1 + L_2 + \frac{\pi}{2}(R + b)$$

式中：a, b 为弯边宽度；L_1, L_2 为直线部分长度；r 为圆角半径；R 为弯曲半径；δ 为材料厚度。

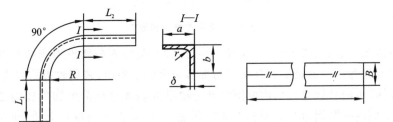

图 5.16 直角形零件

3. 收边方法

收边有以下几种方法：

① 用折皱钳起皱，在规铁上用木锤敲平，见图 5.17。折皱钳用 8～10 mm 的钢丝弯曲后焊成，表面要光滑，以免划伤工件表面。

② 用橡皮打板收边，在修整零件时，对板料"松动"部分，用橡皮抽打，使材料收缩。橡皮打板用中等硬度、宽 60～70 mm、厚 15～40 mm 的橡皮板制造，长度可根据需要确定。

③ "搂"弯边（即敲制凸曲线弯边），在手工弯凸曲线弯边时，收边方法是用木锤"搂"，如图 5.18 所示，毛料夹在型胎上，用铝锤顶住毛料，用木锤敲打顶住部分，这样毛料逐渐收缩靠胎。

图 5.17 皱 缩   图 5.18 "搂"边

5.4 拔 缘

1. 基本概念

拔缘是利用放边和收边的方法，把板料的边缘弯曲成弯边。其种类和形式如图 5.19

所示。

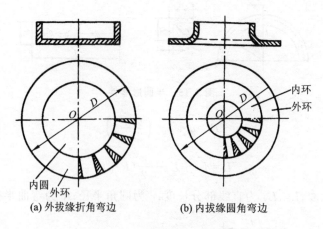

图 5.19　拔缘的种类和形式

拔缘分内拔缘(也叫孔拔缘)和外拔缘。外拔缘时,圆环部分要沿中间圆形部分的圆周径向改变位置而成为弯边。但是受到其中三角形多余金属的阻碍,采用收边的方法,使外拔缘弯边增厚。内拔缘(也叫孔拔缘)时,内侧圆环部分要沿外侧圆环部分的圆周径向变换位置而成为弯边,由于受到内孔圆周边缘的牵制不能顺利地延伸,所以采用放边方法,使内拔缘弯边变薄。拔缘可以采用自由拔缘和胎型拔缘两种方法。自由拔缘一般用于塑性好的薄板料,在常温状态下的弯边零件,外拔缘主要是增加刚性(一般无配合关系部位,多采用外拔缘);胎型拔缘多用于厚板料、孔拔缘及加温状态下进行弯边的零件;孔拔缘是为了增加刚性,同时又减轻重量,如框板、肋骨等零件的腹板上,常常采用拔缘孔。

2. 拔缘方法

(1) 自由拔缘

自由拔缘是用一般的通用拔缘工具,在板材上拔缘,基本程序如下:

① 计算出坯料直径 D,划出加工的外缘宽度线(即分出环形部分和圆形部分),进行一次拔缘时的弯边变形系数(指拔缘前直径 D 和拔缘后直径 D 之比),不应超过规定数值,铝合金一般在 0.80～0.85 之间。随后手工剪切毛料,锉光边缘毛刺。

② 在铁砧上,按照零件外缘宽度线,用锤子敲打进行拔缘,如图 5.20 所示为外拔缘,先弯、后在弯边上打出波折,再打平波折,使弯边收缩成凸边。

图 5.20　外拔缘

薄板拔缘时,需经多次反复打出皱折、打平皱折,才能制成零件。因此在每次打平皱折后,可在弯边的边缘上先制出 10 mm 宽的向内折角圆环,以加强弯边的稳定性,操作过程可参见图 5.21。

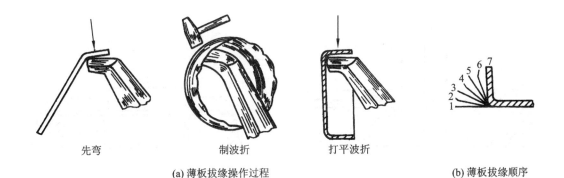

(a) 薄板拔缘操作过程　　　　　　　　　(b) 薄板拔缘顺序

图 5.21　外拔缘操作过程

孔拔缘与外拔缘相同,但在拔缘时因材料延伸,易产生裂纹,在拔缘前要用砂纸砂光边缘,在拔缘过程中产生裂纹时,要用剪刀剪切裂纹,用砂纸砂光再拔缘。

③ 拔缘时,锤击点的分布和锤击力的大小要稠密、均匀,不能操之过急,如锤击力量不均,可能使弯边形成细纹皱折而最后发生裂纹。

(2) 胎型拔缘

胎型拔缘是指将毛料用销钉在型胎上定位,按胎型的拔缘孔进行拔缘。外拔缘相当于按型胎"搂边",材料要变厚。

① 利用胎型外拔缘时,一般采用加温拔缘的方法。拔缘前,先在坯料的中心焊上一个钢套,以便在胎型上固定坯料拔缘的位置,如图 5.22(a)所示。坯料加热温度为 750～780 ℃,每次加热线不宜过长,加热面略大于坯料边缘的宽度线,按照前述外拔缘过程分段依次进行,一次弯边成形。

② 内拔缘也叫孔拔缘,利用胎型内拔缘时(见图 5.22(b)),弯边比较困难,常见的内孔拔缘可分 3 种不同的情况采取不同的方法:对大孔用木锤和顶木手工拔缘,在敲打时,不能敲打弯边边缘,这样容易变薄撕裂,应从根部向外拔缘。对于局部弯边,不易拔缘,在拔缘过程中,经常在厚橡皮上放边后再拔缘。有时也可以采取放余量的方法(见图 5.23),在敲弯边时,使余量部分的毛料拉至弯边处,使弯边处材料有外来补充,防止材料变薄。对于直径不超过 80 mm 的内孔拔缘,可以用木锤一次冲出弯边,如图 5.24 所示。对于较大的圆孔或椭圆孔进行拔缘时,可用塑料板或精制层板等做一个凸块进行拔缘,如图 5.25 所示。

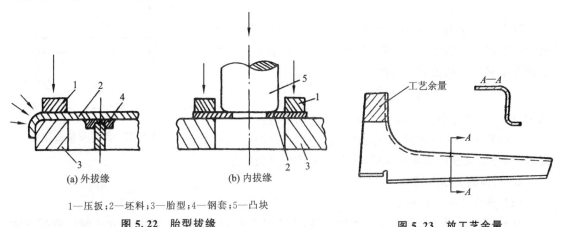

(a) 外拔缘　　　　　　　　(b) 内拔缘

1—压扳;2—坯料;3—胎型;4—钢套;5—凸块

图 5.22　胎型拔缘　　　　　　　　图 5.23　放工艺余量

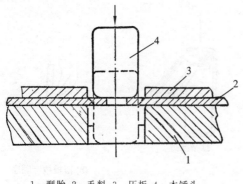
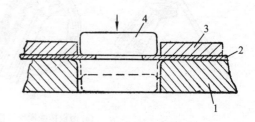

1—型胎；2—毛料；3—压板；4—木锤头

图 5.24 一次拔成

1—型胎；2—毛料；3—压板；4—凸块

图 5.25 用凸块拔缘

5.5 拱 曲

拱曲是指将较薄板料用手工锤击成凸凹曲面形状的零件。通过板料周边起皱向里收,中间打薄向外拉,这样反复进行,使板料逐渐变形得到所需的形状,所以拱曲零件一般底部都变薄,如图 5.26 所示。拱曲可以分为冷拱曲和热拱曲。

5.5.1 冷拱曲

1. 拱曲零件展开尺寸的确定

在常温下进行的拱曲叫冷拱曲。拱曲零件的展开尺寸,常采用实际比量和计算两种方法确定。

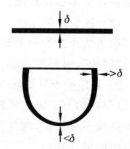

图 5.26 拱曲件厚度计算

(1) 实际比量法

用纸按实物或模胎的形状压成皱褶包在实物或模胎上,沿实物或模胎的边缘把纸剪下来,再按纸的展开尺寸加上适当的余量便可得到拱曲零件的展开料。如果产品的数量较多,可将所得的尺寸经试做修改后,作出毛料样板,进行成批下料,这种方法不十分准确,公差较大。

(2) 计算法

这种方法是按零件的展开形状进行计算的。例如图 5.27 所示的半球形拱曲零件,其展开形状是圆形,只要求出毛料的直径便可下料。毛料的直径可按下列公式计算：

$$D = \sqrt{2d^2} = 1.414\,d$$

式中：D 为所求毛料直径；d 为半球形零件的直径。

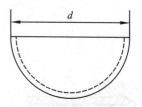

图 5.27 半球形拱曲零件

这种算法是取近似值,未考虑拱曲时材料有伸展,因在拱曲好以后,还必须进行边缘的修剪,多余部分作为修边余量。

2. 拱曲的方法及操作

(1) 用顶杆手工拱曲法

这种方法应用于拱曲深度较大的零件,主要是利用顶杆和手工锤击的方法制成圆弧形零件,可在顶杆上用收缩和排展交错的方法来进行。为使拱曲顺利进行,毛料应是焖火状态,在加工过程中,发现毛料因冷作硬化变硬时,应立即进行退火,否则容易裂。

在拱曲时,首先把毛料的边缘作出皱褶,然后在顶杆上将边缘的皱褶打平,使边缘的毛料因皱缩向内弯曲,如图 5.28 所示。这时可用木锤轻轻而均匀地捶击中部,使中间的毛料伸展拱曲。捶击的位置要稍过支承点,木锤要握紧,否则敲打时木锤易摆动打不准,容易打出凹痕,甚至打破。

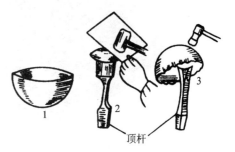

1—零件;2—皱缩;3—伸展中部或修光

图 5.28 半球形零件的拱曲

捶击时不但要轻而均匀,而且打击点要稠密,边捶击边旋转毛料。根据目测随时调整捶击部位,使表面光滑、均匀。凸出的部位不应再捶击,否则越打越凸起。捶击到毛料中心时,要沿圆周不断转动进行,不能集中到一处捶击,以免中心毛料伸展过多而凸起。依次收边捶击中部,并配合中间检查,直到达到要求为止。为考虑最后修光时要产生回弹变形,一般拱曲度要稍大些。最后用平头锤圆面在顶杆上把拱曲成形好的零件进行修光。再按要求划线并切割,锉光边缘。

(2) 在胎模上手工拱曲法

一般尺寸较大、深度较浅的零件,可直接在胎模上进行拱曲。

拱曲时,先将毛料压紧在模胎上,手锤从边缘开始逐渐向中心部分捶击,如图 5.29 所示。图中 1、2、3 是拱曲过程,4 是利用橡皮伸展毛料;手锤由边缘逐渐向中心的拱曲过程。

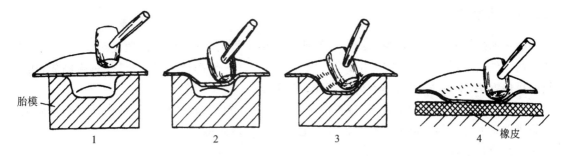

图 5.29 在胎模上拱曲

在拱曲时,捶击应轻而均匀,使整个加工表面均匀地伸展,形成凸起的形状,并可以防止拉裂。为使毛料伸展得快,又不易拉裂,在拱曲过程中,可垫橡皮、软木、砂袋等进行伸展毛料,这样表面质量较好。

在拱曲过程中,不能过急,应分几次,使逐渐下凹,直到毛料全部贴合胎模,成为所需形状的零件。最后用平头锤在顶杆上打光锤击时打出的凸痕。

(3) 在步冲机上进行手工拱曲

下模固定在工作台上,上模与滑块联结,工作时,将坯料压靠在下模上,开动机器,上模作锤击运动,如图 5.30(a)所示,从边缘开始逐渐向中心部分锤击直至成形,图 5.30(b)所示为步进机上拱曲的零件。图 5.30(c)所示为拱曲所需的模具。其中:① 能拱曲半径 $R=90$ mm,盘形零件直径 250 mm 以下的零件;② 能拱曲盘形零件直径 250 mm 以下任何曲率半径的零件;③ 能拱曲曲率半径 $R=200$ mm,盘形零件直径 250 mm 以上的零件。

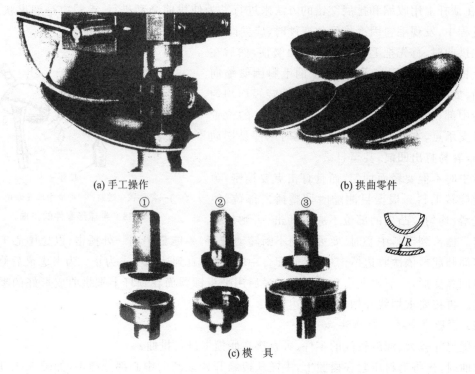

(a) 手工操作　　(b) 拱曲零件

(c) 模　具

图 5.30　在步冲机上进行拱曲

5.5.2　热拱曲

通过加热使板料拱曲叫热拱曲。热拱曲一般用于板料较厚、形状比较复杂以及尺寸较大的拱曲零件，在造船等工业中应用较广。因为这些零件一般都很大，用很厚的钢板制成，用一般的拱曲方法，不但非常费劲，有时还不能收到效果。

热拱曲与冷拱曲的区别在于，冷拱曲是通过收缩坯料的边缘、伸展坯件中部材料得到的，而热拱曲是通过坯料的局部加热后冷却使毛料收缩变形而得到。

1. 热拱曲的原理

热拱曲是利用金属的热胀冷缩性质，有时再加以外力来进行拱曲。如图 5.31(a)所示，即如果在毛料 A 处沿三角形 abc 进行加热，三角形内的毛料因受热向外胀，但由于加热后机械性能降低，向周围未被加热的毛料胀不出去，反而被压回缩小；又当加热后冷却时本身又往里收，所以冷却后的三角形由原来的 abc 缩小为 a_1bc_1，A 处的毛料被收缩。如果沿毛料的四周对称而均匀地进行分区加热，便可收缩成图 5.31(b)所示的拱曲零件，当然不可能一下就收成。拱曲的程度与加热点的多少和每一点的加热范围有关。加热点越多，也就是越密，拱曲得越厉害。加热的温度根据材料确定，毛料达到的温度，一般凭加热后的火色判定。

2. 热拱曲加热的方法

加热的方法有两种，一种是用普通的焊枪加热，另一种是用炉子加热。炉子加热虽然没有前一种方法简便和有较好的劳动条件，但当加热面积超过 300 mm² 时，用焊枪加热就比较困难，或者不能加热，必须放入炉内来加热。在拱曲时，如果拱曲得不大，则可由平板料直接加热拱曲成所需要的零件，如图 5.32 所示。

由于热加工的劳动条件一般较差，劳动强度又较高，几乎都是手工操作，为尽量减少热加

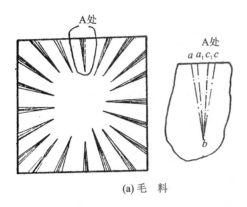 

(a) 毛 料　　　　　　　　　　　　(b) 经过热拱曲的零件

图 5.31　热拱曲原理

工的劳动量,一般都把弯曲度较大的一个方向的曲度(一般是横向),在常温下利用三轴滚床或压弯机弯曲好;弯曲度较小的方向的曲度,或者在常温下用机床或手工都加工不了的零件,才利用热加工来弯曲。例如要拱曲图 5.33 所示的零件时,一般先在压弯机上弯好横向曲度,拿到热加工场地,按样板确定好两边的加热点和范围,并作好标记,两头用木头垫好,防止摆动。中间用"马铁"借平台上的孔压紧或压以重物,目的是使在热拱曲前中间就有下垂的趋势,加热时可提高效果。按做好的标记,从一端向另一端进行,一边加热后,再加热另一边,并配合手工修整。两边缘的毛料因被加热而收缩,使两端翘起。待冷却后按样板检查,如两端翘起得不够,再按上述办法加热收缩,但加热的地方不应与前次重复,这样直到符合样板为止。如果比样板翘得多时,再加热中间,就可使两端翘起的程度减小。这样反复加以修整达到符合要求,最后再修整边缘。

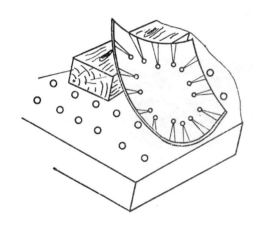 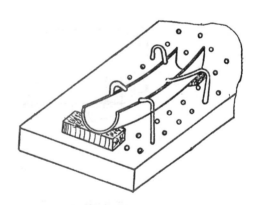

图 5.32　由平料直接加热拱曲　　　　　　图 5.33　拱曲件

用加热的方法,不仅能拱曲零件,也可以用来加工或矫正在常温下很难加工或矫正的零件,如弯制和矫正肋骨、角钢等。现在采取在加热后用水冷却,使收缩的效果更为显著,改善了劳动条件,提高了生产效率。要取得热拱曲各种零件的预定效果,还应在实际工作中摸索规律和积累经验。

5.6 卷 边

1. 卷边的应用

为增加零件边缘的刚性和强度,将零件的边缘卷过来,这种工作称为卷边。通常是在折边或拔缘的基础上进行的。需要卷边的零件如各种整流罩、机罩等,日常生活中用的锅、盆、壶、桶等的边缘一般都需要卷边加强,见图 5.34～图 5.37。

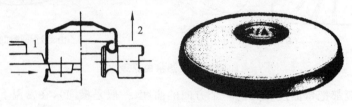

1—切边；2—卷边

图 5.34 罩 盖

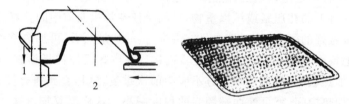

1—预卷边；2—初卷边

图 5.35 盘

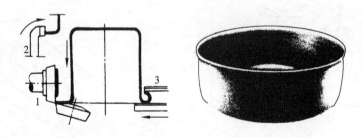

1、2—切边；3—卷边

图 5.36 盆

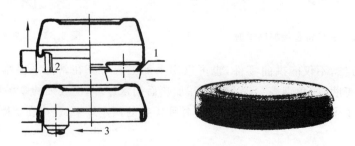

1—预卷边；2—初卷边；3—终卷边

图 5.37 预、初、终卷边罩盖

卷边分夹丝卷边和空心卷边两种(见图5.38)。

夹丝卷边,在卷过来的边缘内嵌入一根铁丝,以加强边缘的刚性,使边缘更刚强。铁丝的粗细根据零件的尺寸和所受的力来确定,一般铁丝的直径为板料厚度的3倍以上。包卷铁丝的边缘,应不大于铁丝直径的2.5倍。

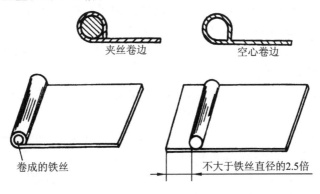

图 5.38 卷 边

2. 卷边零件展开尺寸的计算

卷边零件是由直线和卷曲两部分组成,因此计算展开长度(见图5.39)时,不卷曲的直线部分,长度是不变的,主要是算出卷曲部分的长度,然后再加上直线部分,便得出总的展开尺寸。

图 5.39 所示零件的展开长度 L 为

$$L = L_1 + \frac{d}{2} + L_2$$

式中:L_1 为板料的直线部分长度;L_2 为板料 270°卷曲部分的长度;d 为铁丝的直径;δ 为材料的厚度。

$$L_2 = \frac{3\pi}{4}(d+\delta) = 2.35(d+\delta)$$

将 L_2 值代入上式,得

$$L = L_1 + \frac{d}{2} + 2.35(d+\delta)$$

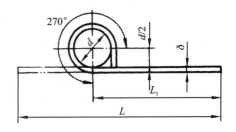

图 5.39 卷边展开尺寸的计算

3. 手工卷边操作

图 5.40 所示为手工夹丝卷边,其操作过程如下:

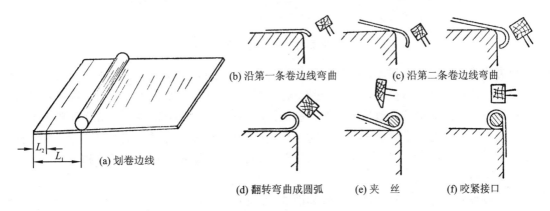

图 5.40 夹丝卷边过程

① 在毛料上划出两条卷边线(见图5.40(a)),图中:

$$L_1 = 2.5d, \quad L_2 = \left(\frac{1}{4} \sim \frac{1}{3}\right)L_1$$

式中:d 为铁丝的直径。

② 将毛料放在平台(或方铁、轨道等)上,使其露出平台的尺寸等于 L_2。左手压住毛料,右手用锤敲打露出平台部分的边缘,使向下弯曲成 85°~90°,如图 5.40(b)所示。

③ 再将毛料向外伸并弯曲,直至平台边缘对准第二条卷边线为止,也就是使露出平台部分等于 L_1 为止,并使第一次敲打的边缘靠上平台,如图 5.40(c)所示。

④ 将毛料翻转,使卷边朝上,轻而均匀地敲打卷边向里扣,使卷曲部分逐渐成圆弧形,如图 5.40(d)所示。

⑤ 将铁丝放入卷边内,放时先从一端开始,以防铁丝弹出,先将一端扣好,然后放一段扣一段,全扣完后,轻轻敲打,使卷边紧靠铁丝,如图 5.40(e)所示。

⑥ 翻转毛料,使接口靠住平台的缘角,轻轻敲打,使接口咬紧,如图 5.40(f)所示。

手工空心卷边的操作过程和夹丝的一样,就是最后把铁丝抽拉出来。抽拉时,只要把铁丝的一端夹住,将零件一边转,一边向外拉即可。

5.7 咬 缝

1. 咬缝的种类和应用

把两块板料的边缘(或一块板料的两边)折转扣合,并彼此压紧,这种连接叫咬缝。由于咬缝比较牢固,所以在许多结构中用来代替钎焊。

咬缝根据需要可咬成各种各样的结构形式,就结构来说,有挂扣、单扣、双扣等,就形式而言有站扣和卧扣,就位置有纵扣和横扣,如图 5.41 所示和如表 5.1 所列。

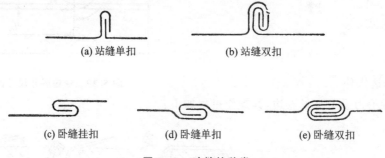

图 5.41 咬缝的种类

因为咬缝既有一定的强度,又平滑,所以用的也最多,如日常用的盆、桶、水壶、茶杯等都是这种咬缝。挂扣和卧扣缝整咬,一般在建造房盖时采用。卧缝整咬由于强度高又牢靠,屋顶的水沟都采用这种。而房盖一般地方或铁板制的门均采用挂扣,因为这些地方对强度要求不高,只求不漏水。站缝在要求具有大的刚性时采用,其中站缝整咬由于难以弯制而且实际应用的必要性不大,所以一般很少采用,而多用站缝单扣,如房盖的纵扣大多是站缝单扣。

2. 手工咬缝

手工咬缝所使用的工具和操作过程如图 5.42 所示。

手工咬缝使用的工具有锤、弯嘴钳子、拍板、角钢、规铁等。

咬缝零件的毛料必须留出咬缝余量,否则制成的零件尺寸小将成为废品。如是卧缝单扣,在一块板料上留出等于咬缝宽度的余量,而在另一块板料上须留出咬缝宽度两倍的余量,所以制单扣缝的余量是缝宽的3倍。

表 5.1　咬缝的结构形式

咬缝名称	缝扣	适用板厚/mm	咬缝名称	缝扣	适用板厚/mm
 匹茨堡缝	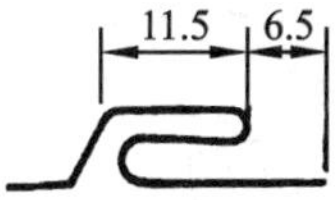 11.5　6.5	0.6～1.0 1.0～1.25	 槽缝	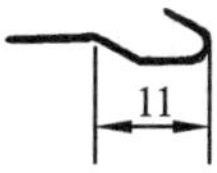 11	0.8～1.25 1.25～1.5
	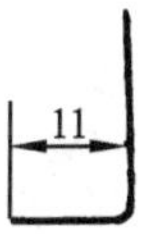 11	0.6～1.0 1.0～1.5			
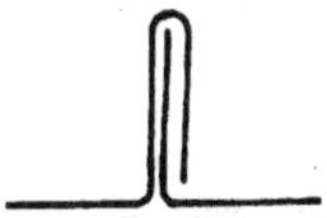 立缝	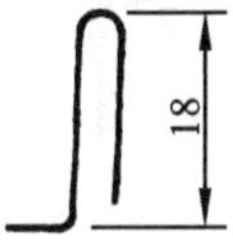 18	0.9～1.25	 双褶底缝	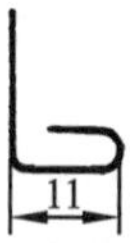 11	0.5～1.0
	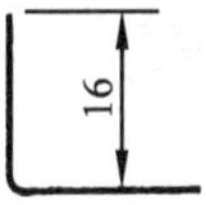 16	0.9～1.5		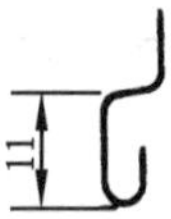 11	0.5～1.0
 卡扣缝	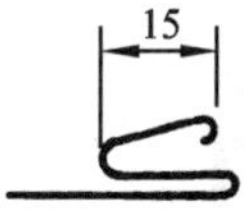 15	0.6～1.0	 套扣缝	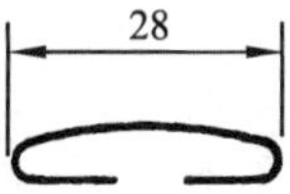 28	0.5～1.25
	 11.1	0.6～1.0		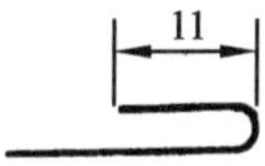 11	0.6～1.25 1.25～1.5

弯制卧缝单扣的过程如图 5.42(a)、(b)、(c)所示。在板料上划出扣缝的弯折线,把板料放在角钢(或规铁)上,使弯折线对准角钢(或规铁)的边缘,弯折伸出部分成 90°角,然后朝上翻转板料,再把弯折边向里扣,不要扣死,留出适当的间隙。用同样的方法弯折另一块板料的边缘,然后相互扣上,捶击压合。缝的边部敲凹,以防松脱,最后压紧即成。

弯制卧缝双扣的操作过程如图 5.42(d)所示。先在板料上做出卧缝单扣,再向里弯,翻转板料使弯边朝上,再向里扣;在第二块板料上同样弯出双扣,然后把弯成的扣缝彼此扣合并压紧即成。

站缝单扣的弯制过程如图 5.42(e)所示,在一块板料上做成站缝单扣,而把另一块板料的边缘弯成 90°角,然后相互压紧即成。

站缝双扣是在一块板料上做双扣缝,如图 5.42(f)所示,另一板料做单扣缝,然后互相扣合压紧。

3. 匹茨堡缝的制作

匹茨堡缝又称锤扣,是用在各种不同形状管件的纵长方向折角缝。此缝包含两部分,如

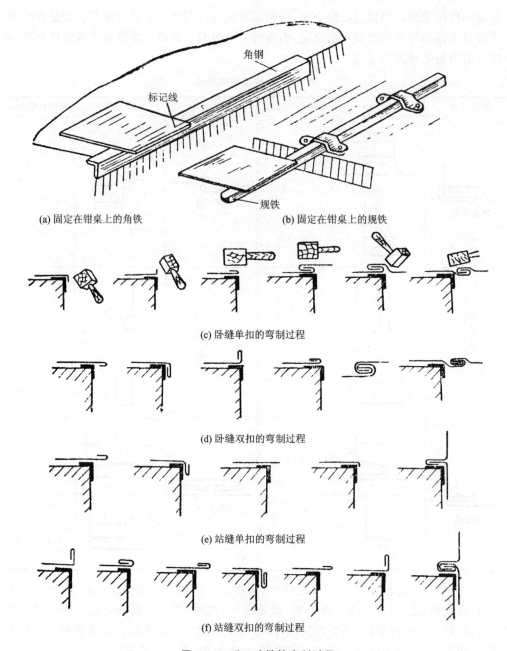

图 5.42 手工咬缝的弯制过程

图 5.43(a)所示的单扣和图 5.43(b)的袋扣；把单扣放入袋扣中，如图 5.43(c)所示；然后把凸缘槌平，如图 5.43(d)所示。

匹茨堡缝的优点之一是单扣可以做成圆弧，可在平板上制妥后再配合单扣辗成圆弧，如图 5.44 所示。

在钣金工场中，匹茨堡缝是所有接缝中最常用的一种，有称为辗型机的机器专做匹茨堡缝。板片从一头插入，即通过一连串辗轮辗成袋扣，从另一头输出。没有辗型机的工场，可按图 5.45 所示的步骤在折板机上做匹茨堡缝。材料的放宽尺寸是 32 mm，见图 5.45(a)。折弯步骤(见图 5.45(b))如下：

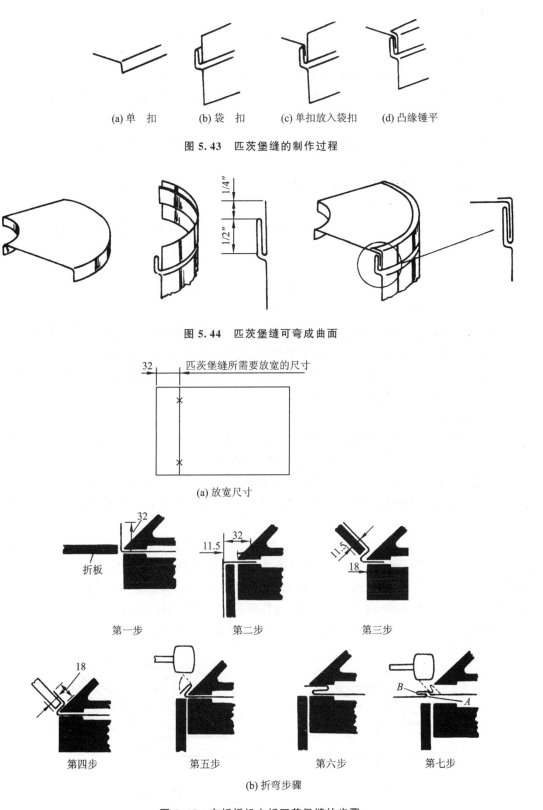

(a) 单 扣　　(b) 袋 扣　　(c) 单扣放入袋扣　　(d) 凸缘锤平

图 5.43　匹茨堡缝的制作过程

图 5.44　匹茨堡缝可弯成曲面

(a) 放宽尺寸

第一步　　　　第二步　　　　第三步

第四步　　　第五步　　　第六步　　　第七步

(b) 折弯步骤

图 5.45　在折板机上折匹茨堡缝的步骤

① 沿 32 线弯 90°角。

② 取出板片,将 32 边插入折板机,板片本身则靠紧折板。离第一次折线 13 mm 处准备做第二个弯头。

③ 板片在第二步位置时,尽最大限度弯折板片。

④ 取出板片,并按第一步方法将板片放入折板机,随后弯折 32 mm 线(此位在第一步中已折成 90°)。

⑤ 板缝此时在图中的虚线位置。在本步骤中用木槌打扁如图中实线位置。

⑥ 把板片插入折板机,用上折板压平折缝。

⑦ 取出板片,并翻转板片插入折板机,使上折板正好夹在折缝 A 点的背面。此位置可由图中 B 点位置恰好对准折板的外边来决定。因为折板的厚度是 11.5 mm,故可说明板片的位置正确。将板片夹住后,再按图中虚线方式轻弯板片(约为 15°角)。而后用木槌打平到图中实线位置。

5.8 矫 正

由金属板料制造的平板零件或各种立体形状的零件,在加工过程中,都会产生不同程度的变形。为了达到零件质量要求,就必须修整变形,这种修整的方法称为矫正。

钣金零件的形状繁多,在加工过程中产生的变形也是多种多样的,为了掌握矫正的基本原理,这里通过典型零件的矫正加以介绍。

1. 平板的矫正

金属板料或者通过热处理后的板料,一般产生的变形有两种:一种是四周扭曲,另一种是中间鼓动。在一块板料上(俗称大平板)这两种变形同时存在。

在矫正之前,应检查钢板的变形情况。钢板的"松"或"紧"可以凭经验判断:看上去有凸起或凹下,并随着按压力的移动能起伏的区域是"松"的现象,而看上去较平的区域就是"紧"的现象。

矫正的方法(见图 5.46),就是应用收边和放边的基本原理。图 5.46(a)所示为中间鼓动凸起、四周平整,能贴合平台。鼓动原因是周边纤维长度比中间纤维长度短一些,即通常所说的中间松四周紧。因此,消除鼓动可采用铝锤(对铝板而言),放四周,捶击方向由内向外,捶击点要均匀并越往外越稠密,捶击力也越重,这样就可使四周材料放松,鼓动消除。图 5.46(b)所示为周边扭动成波浪式,中间贴合平台。扭动原因是中间纤维长度比四周纤维长度短一些,

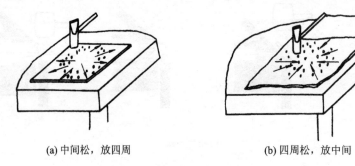

(a) 中间松,放四周　　　　　　(b) 四周松,放中间

图 5.46　平板件的矫正

即通常所说的中间紧四周松。消除扭动的方法：先用橡皮带抽打周边，使材料收缩，如果零件周边有余量，可用收边机收缩周边，修整后将余量切割掉，而后用铝锤，放中间，捶击方向由外向内，捶击点要均匀而且越向内越稠密，捶击力也越重。

扭动变形可以直接看出。而鼓动变形则不易看出。检查一个平板是否有鼓动，可用双手反复掰动平板，松动处就会有"咯吧、咯吧"的响声，要沿平板几个方向反复检查，就能准确地找到松动处，同时也能发现板料较紧部位。

有的钢板变形，松紧处一时难辨，可以从边缘内部的适当部位环状锤击，使其由无规律的变形变成有规律的变形，然后再把紧的部位放松。如遇有局部严重凸起而不便放松四周时，可先对严重凸起处进行局部加热，使凸起处收缩到基本平整后，再进行冷作矫正。在矫正时，应翻动工件，两面进行锤击。

一个平板零件，松紧变形往往同时存在，而且不止一处，各处的变形程度也不一样。因此在校平时，要根据具体情况灵活运用上述矫正方法。

铝合金平板件淬火后变形较大，为了减少校平工作量，采取减小变形的办法，如图 5.47 所示。

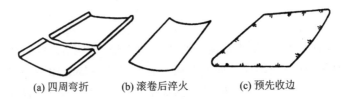

(a) 四周弯折　　(b) 滚卷后淬火　　(c) 预先收边

图 5.47　平板件防止淬火变形方法

① 四周弯折：增加边缘的刚性，防止松动，如图 5.47(a)所示。
② 滚卷后淬火：板材滚成弧形，淬火后再反滚校平，如图 5.47(b)所示。
③ 预先收边：零件四周放余量，在收边机上收缩，消除松紧不一现象，如图 5.47(c)所示。其可防止淬火后四周松动。平板件淬火后，先用橡皮带抽打，达到基本平整后，再用锤矫平。

2. 带孔零件的矫正

钣金零件腹板面上带减轻孔、减轻加强孔、加强孔、凸边孔、加强筋等。这些孔在零件加工过程中，一般在淬火前制出，淬火后变形较大，修整方法也略有不同。

① 不带加强边的减轻孔，淬火后在周边容易产生松动，矫正时一般用橡皮带抽打，使材料收缩，如图 5.48(a)所示。或者产生扭动后，可放在橡皮垫上，用锤敲修扭曲处，如图 5.48(b)所示。当上述办法不能消除时，可沿孔的四周捶放。

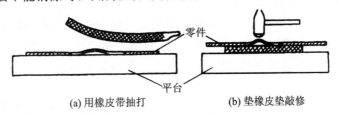

(a) 用橡皮带抽打　　(b) 垫橡皮垫敲修

图 5.48　不带加强边减轻孔零件的矫正

② 带加强边减轻孔、凸边孔零件的矫正，这类零件淬火后，孔周围相对其他部分发"紧"，原因是在成形时，孔周围材料受压，以及淬火时，因有加强边强度较大，孔不易变形，但在零件其他部位就可能引起较大变形，产生扭动或松动。所以矫正时把零件放在胎模上，在孔周围用

铝锤(用于铝合金板料)均匀捶击,即通常所说的"放一放",如图5.49所示。"放"上面或背面要看零件变形凸凹情况,图中所示是零件上凸时的情况,如果下凹则要在平台上"放"孔周围。

③ 带加强盲孔和加强筋零件的矫正,这类零件同上述情况基本一样,如图5.50所示。只需注意矫正时锤头不要打在孔面上或加强筋上,否则会引起材料的松动,给矫正工作增加困难。

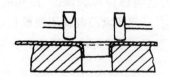 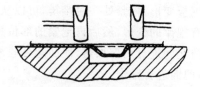

图5.49 带加强边减轻孔零件的矫正　　　　图5.50 带加强盲孔零件的矫正

3. 框板外形矫正

框板是内凹外凸的弯边零件,淬火后零件的曲度变大或变小,弯边角度不贴胎,腹板面产生扭动。

(1) 腹板曲度的矫正

如果淬火后两端向里弯,可用铝锤捶击腹板面的内缘,如图5.51(a)所示,由中间向两端捶放,捶击处材料伸展,而使两端向外伸展贴胎。有时可能一端靠胎另一端不靠胎,捶放也只能捶放一端。如果淬火后向外弯,两端靠胎,内缘不靠胎,如图5.51(b)所示,可用铝锤捶放腹板面的外缘中间,使捶击处板料伸展,两端向里伸展弯曲,而使内缘中间逐渐靠胎。

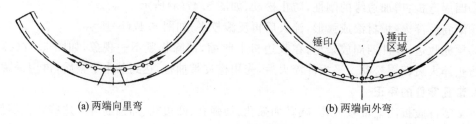

(a) 两端向里弯　　　　　　　　　　　(b) 两端向外弯

图5.51 腹板曲度的矫正

(2) 腹板面扭动的矫正

腹板面产生扭动后形成板面不平,矫正扭动就是将板面修平。运用弯边收放的原理,如图5.52所示,捶放板面靠胎处弯边的边缘,材料因捶击伸展,此时弯边角度可能增大,要用铝锤向里靠一靠角度,使两端下弯靠胎。这种方法仅在弯边角度基本靠胎时采用。对于腹板面悬空部位可用铝锤向下敲弯边,即通常所说的向里"墩一墩"弯边,使板面靠胎。在生产实践中,用这样的基本方法,根据零件的具体变形情况,进行矫正工作,直至校平为止。

(3) 弯边角度的矫正

一般在矫正曲度和校平之后,将零件夹在型胎上,按型胎修靠角度,零件夹紧后用木锤锤平贴合型,用顶板顶靠弯边,或者用橡皮带抽打靠胎处,如图5.53所示。

框板淬火后矫正顺序如下:① 按胎打一遍;② 矫正曲度;③ 校平;④ 按胎矫正角度。

这4步不是死板的规律,要根据零件的变形情况灵活运用。

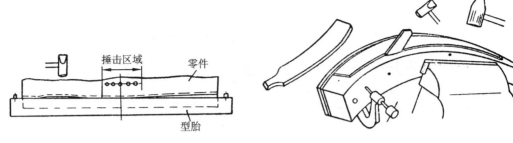

图 5.52 腹板面扭动的矫正　　　　图 5.53 弯边角度的矫正

4. 蒙皮零件的矫正

蒙皮零件的矫正要领与其他零件一样,也是把"紧"处放"松"。由于这类零件表面质量一般要求很高,除划伤等缺陷有规定外,还不应留用较明显的痕迹,否则影响表面质量。为此,矫正用的工具,如硬木槌、铝锤、滚轮及平台等表面要光滑,一般 Ra 在 $1.6\sim0.8$ 之间。矫正时尽可能使用硬木槌,当用铝锤时,可涂油进行捶击,使平台与零件表面和锤头与零件表面之间都有一油层,打击后基本没有锤印。油可用一般的汽油、稀释了的滑油,油层尽量薄,避免因油层厚而出现小凹坑。矫正用的手锤的直径要大些,一般在 60 mm 以上。

较厚的单曲度蒙皮,当有小的凸起或边缘有波浪不直时,垫硬橡皮往里墩。

双曲度蒙皮,一般都用滚轮来放展"紧"的部位,仅在区域很小或无法滚展时才用锤击。

滚展时,首先按模胎检查"松""紧"的部位,并用手指圈出滚展区域范围。一般的规律是,若中间空则说明边"紧",应滚边使中间下去贴胎;若两头翘则说明边"松",应滚中间使两头不翘,如图 5.54 所示。

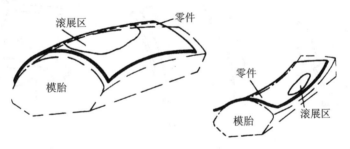

图 5.54 蒙皮零件的矫正

滚展要均匀,带孔的零件,孔的周围应尽量不滚或少滚,否则容易"松";若滚"松"后再进行矫正,则整个表面几乎都得动。如果遇到变形大,最好在矫正好以后再开孔。在靠近滚展区的周围,也应滚展几下,以巩固已有的曲度,也就是消除滚展部位对周围的影响。这样反复检查滚展并及时配合橡皮带的抽打,直至把零件校好。

滚展技术不易掌握,必须认真领会操作要领,不但确定滚展部位需要有较丰富的经验,就是在滚展过程中,滚轮滚压的轻重,下滚轮的选择(用较尖的还是较平的),以及在滚展时两人的相互配合是否协调一致,操作的姿势是否正确等,对矫正质量也都有很大关系。

滚展时所使用的滚轮,一般上滚轮是平的,下滚轮则须根据所滚展的零件确定。当零件曲度较大或需往里卷时,应使用尖滚轮,如图 5.55(a)所示;当零件曲度较小或向外张时,应使用平滚轮,如图 5.55(b)所示。滚轮滚压的程度:一般在伸展量大或材料较硬的情况下,滚轮应该压得紧些,放展得也快些(但易出棱子);相反,当放展量小或材料较软时,滚轮应该压得轻些。

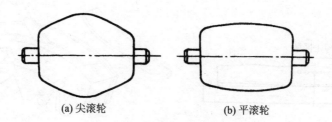

图 5.55 滚展用的下滚轮

滚展时两人一定要把零件端平,决不可一高一低,或一个往上抬一个往下压,这样不但滚展不好,有时甚至越滚越坏。

5. 角钢的变形与矫正

经过挤压加工的角钢,一般都不很平直,长度越长变形越大,或因运输堆落不当,造成角钢变形。角钢的变形有弯曲、扭曲,或者二者兼有,如图 5.56 所示。

(1) 角钢弯曲的矫正

弯曲的矫正方法如图 5.57 所示,将角钢放在圆筒铁砧上或带孔的平台上,变形的凸出部分朝上放在铁砧圆孔中间,捶击凸出部分,使角钢伸直。当角钢较短,不可能置于铁砧的圆孔中间时,可放在平台上,将角钢的一端垫起,使凸出部分朝上,捶击凸出部分,如图 5.58 所示。外弯矫正时,应捶击两直角边的边缘,也就是从边缘往里墩,如图 5.57 所示;内弯矫正时捶击两直角边的根部,如图 5.59 所示。

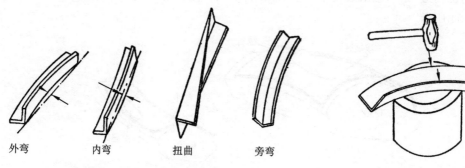

图 5.56 角钢的几种变形情况　　　　图 5.57 角钢外弯的矫正

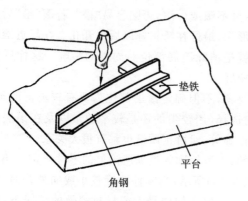

图 5.58 短角钢的矫正

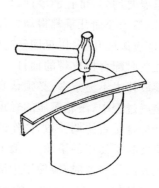

图 5.59 角钢内弯的矫正

(2) 角钢扭曲的矫正

扭曲矫正如图 5.60 所示,一般是把角钢的一端夹紧在虎钳上,用扳手夹住角钢另一端的直角边,用力使角钢沿变形相反的方向扭曲,并稍微超过角钢正常状态,这样反复几次就可消除扭曲。

由于角钢是由两个边组合而成,所以其中一个边受力变形时,另一个边也随之变形。因此,在矫正时要注意这一特点,不能孤立地把两个边分开来进行矫正,即校直一个边后,再校另一个边,这样始终不能校直。一般在矫正变形的角钢时,首先应用直尺或目视检查变形情况,先矫正变形大的一边,再矫正小的一边,反复进行矫正并检查,直至校直为止。

此外,一根角钢可能有几种弯曲,就找到主要变形,一处一处地矫正。当弯曲和扭曲同时存在时,应先把扭曲校好后再矫正弯曲,方法同上。

6. 焊接件的矫正

用各种截面形状的型钢经焊接而成的焊接件,因受热胀冷缩的影响,都有不同程度的变形,尤其是无焊接夹具的情况下,变形就更大。因此,为了使焊接件达到质量要求,必须进行手工矫正工作。

(1) L 形焊接件角度的矫正

如图 5.61 所示,由两根角钢垂直地焊在一起,构成 L 形焊接件,冷却后焊接角度会发生变小或变大。当角度变小,即小于 90°时,可用顶铁(厚口錾子)沿焊缝 OB_1 段阴影区捶击,使受捶击处的材料伸展,两边角钢向外扩张,角度增大,直至达到 90°为止。在捶击过程中,要用直尺和角尺检查。如果角度变大,即大于 90°时,可用顶铁捶击 OB 段,使角度缩小。

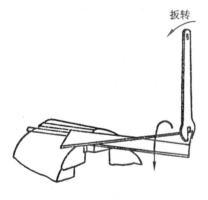

图 5.60 扭曲的矫正

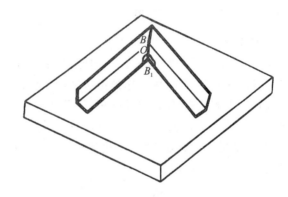

图 5.61 L 形焊接件的矫正

(2) ⊥形与 L 形焊接成⊥形焊接件的矫正

如图 5.62 所示,在大部分情况下,这类焊接件是将⊥形铁的端头焊在 L 形铁的横向,并相互垂直。∠B 与∠B_1 互为补角。焊后如果∠B 小于 90°,可捶击∠B 的阴影区,使∠B 增大,∠B_1 相应减小,直至两角相等为止。

(3) 矩形框架的矫正

如图 5.63 所示,矩形框架是由 4 根以上角钢和板条焊接而成,现按其工艺性分别叙述矫正方法。

1) 双边弯曲的矫正

如图 5.64 所示,焊接后框架 AD 与 BC 边出现双边弯曲现象。可将框架立于平台上,外弯边 AD 边朝上,BC 边两端垫上两块垫板,左手握紧一边,右手拿铁锤向下敲凸起点 E,则

A、E、D 三点可捶击成一直线，从而 BC 相应也成一直线。但是，如果 AE、ED、BF、FC 各边略有弯曲，可用铁锤分别向外或向内捶击凸起处，直至 AD 和 BC 边成两条直线为止。如图 5.65 所示，有时也可以用顶铁捶击 7、8、3、4、b、c 各处阴影区域，使角度增大，各对应边校直。

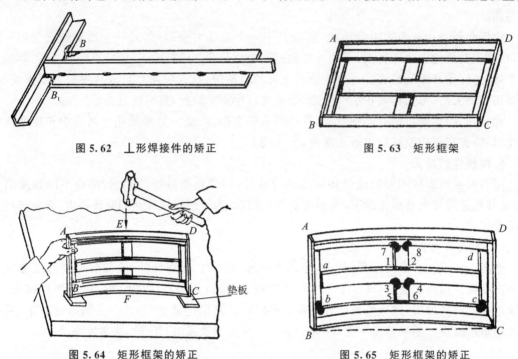

图 5.62 ⊥形焊接件的矫正　　　　图 5.63 矩形框架

图 5.64 矩形框架的矫正　　　　图 5.65 矩形框架的矫正

2) 校对尺寸

如图 5.66 所示，AD 边长、BC 边短，如果尺寸误差太大，说明装夹具不正确，应锯开重新焊接。若尺寸误差较小，则采用捶击法把尺寸捶击相等。把框架竖起来，垂直地立于平台上，捶击较长一边的端头，使其总长缩短，如压缩不够，可调头捶击该长边的另一端。反复几次就能将对应边尺寸矫正相等。如果焊接后收缩量较大，边长小于规定尺寸（见图 5.67），比如 $AD<BC$，则捶击阴影处，使 AD 边伸长。当然由此而带来受力边产生弯曲现象，可用分别向内或向外捶击使弯边伸直。

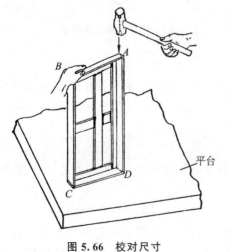
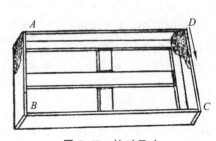

图 5.66 校对尺寸　　　　图 5.67 校对尺寸

3) 角度矫正

框架焊接后变形成平行四边形,如图 5.68 所示,平行四边形两对角相等,两邻角互补。∠B 与 ∠D 小于 90°,可将框架对角竖起,使 BD 对角线垂直于平台上,左手紧握一边或一角,右手用力捶击 B 角处,则 B 角和 D 角处的材料局部胀大变形,使 ∠B、∠D 的两边向外扩展,使 ∠A 和 ∠C 收缩变小,这样就使两相邻角相等,即 ∠A = ∠B = 90°。这时平行四边形就校成为矩形。

图 5.69 为中间有构件的矩形框架的正投影图。矫正角度除用上述方法外,还要用厚口錾子捶击 ∠B 和 ∠D 的同位角和对顶角,即 ∠B_1、∠D_1、∠9、∠8、∠12、∠5、∠1、∠4 焊接周围阴影处,使 ∠B 和 ∠D 增大,∠A 和 ∠C 收缩变小。必须防止只捶击 ∠B 和 ∠D,而不捶击其他各角,因为框架角钢之间相互牵制,影响 ∠B 和 ∠D 的增大。如果该两角多次捶击,则该两角会产生裂纹和变薄。

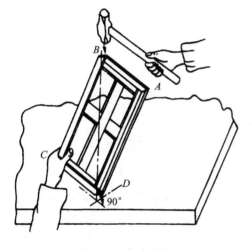

图 5.68 角度矫正

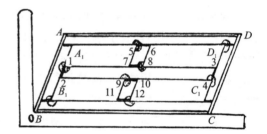

图 5.69 中间有构件的矩形框架角度的矫正

4) 框架不平的矫正

将框架放在平台上,如果发现框架其中一角悬空(设 A 点悬空),则手按 A 角时其对角(C 角)翘起,这说明该框架扭曲,可把框架的一半放在平板上压紧 A 角,而另一半露在平台上,捶击 C 角,则框架可以敲平。也可以用铁锤分别捶击翘起的两角。再把框架翻身,分别捶击翘起的另外两角,这样反复几次可校平整;并配合直尺、角尺的检查,适当捶击直至完全达到要求为止。

5) 型架矫正

型架是由框架组合焊接而成。焊后的型架变形很大,双边弯曲和扭曲角度不对等同时存在。在矫正型架时,是一个面一个面地进行矫正。型架的 6 个面的角钢和内部隔层角钢之间都互相牵制,在矫正一个面时,会影响其他面的角度。在型架矫正中,要注意两点,首先是先矫正正面,其次是从刚度大的地方开始,校到刚度差的地方。

如果有一个面不平,不外乎有几个原因,即该面上角钢扭曲(翻边),或者竖直面角度不对。如图 5.70 所示,把型架放在平台上,若发现 ∠A 和 ∠C 压在平台上,∠B 和 ∠D 悬空,就说明该面不平。首先检查组成该面的 4 根角钢有无向外翻边现象,尤其在 A、C 两角近区,若有则应用扳手扳或用锤捶击,把翻边消除。如果不平现象还没有消除,可用角尺检查,组成 ∠A、∠C 竖直面的角度,即检查 ∠BAE、∠DAE、∠BCH、∠DCH 是否都等于 90°,如果其中有一

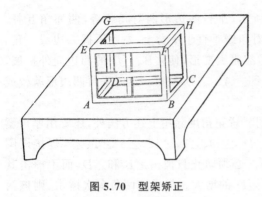

图 5.70 型架矫正

个角小于 90°，应按上述矫正法把此角敲大变为 90°。再把 ABCD 面放在平台上检查，则不平现象肯定要减少。如果还有不平现象，可用角尺检查组成 $\angle B$、$\angle D$ 竖直面的角度，即检查 $\angle FBA$、$\angle FBC$、$\angle GDA$、$\angle GDC$ 的角度是否都等于 90°，如果有一个角大于 90°，应按上述矫正方法把该角敲小变为 90°。再把 ABCD 面放在平台上，则不平现象肯定又要减少，甚至消失。这时如仍有微小不平，可用锉刀锉修，使该面完全平整。在用顶铁借助锤子的捶击力进行矫正时，要注意角钢间的相互牵制。

5.9 手工弯管

5.9.1 管子弯曲的特点

管子在外力矩作用下弯曲时，靠中性层外侧的材料受到拉应力作用，使管壁减薄，内侧的材料受到压应力作用，使管壁增厚，而且外侧拉应力的合力 N_1 和内侧压应力 N_2 的作用方向，都是沿弯曲半径指向管子截面中心，使管子弯曲时还在径向受压，如图 5.71(a) 所示。由于管子横截面为圆环形，刚度不足，因此在自由状态下弯曲时很容易发生压扁变形，如图 5.71(b) 所示。

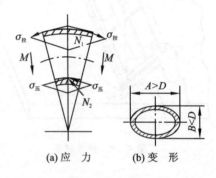

图 5.71 管子弯曲时的应力与变形

管子弯曲时横截面变形的程度，取决于相对弯曲半径和相对壁厚的值。管子弯曲时的相对弯曲半径是指管子中心层的弯曲半径与管子外径之比；相对壁厚是指管子壁厚与管子外径之比。如果相对弯曲半径和相对壁厚值越小，那么变形越大，严重时会引起弯管的内侧起皱、压扁或管壁破裂。

管子横截面的变形程度常用椭圆度衡量，其椭圆度值用下式计算：

$$椭圆度 = \frac{D_{\max} - D_{\min}}{D} \times 100\%$$

式中：D 为管子外径的名义尺寸，mm；$D_{\min}$、$D_{\max}$ 为管子同一横截面上，外径的两个极限尺寸，mm。

为了尽可能地减小管子横截面的椭圆度，以保证弯管质量，生产中常常采用下列方法：

① 在管子内加以填充物后进行弯曲，如在管内装砂、松簧、松香（只用于有色金属小径管子）或弹簧（只用于大弯曲半径时）等。

② 用有圆形槽的滚轮压在管子外面进行弯曲。

③ 用芯棒穿入管子内部进行弯曲。

5.9.2 手工弯管方法

手工弯管是利用简单的弯管装置对管坯进行弯曲加工。根据弯管时加热与否,又可分为冷弯和热弯两种。一般小直径管坯(管坯外径 $D \leqslant 25$ mm),由于弯曲力矩较小采用冷弯;而较大直径的管坯,多采用热弯。手工弯管不需专用的弯管设备,弯管装置制造成本低,调节使用方便,但缺点是劳动量大,生产率低。因此,它仅适用于没有弯管设备的单件小批量生产场合。

手工弯管装置如图 5.72 所示,主要由平台 1、定模 3、滚轮 5 和杠杆 4 组成。定模固定在平台上,具有与管坯外径相适应和半圆形凹槽。弯曲前,先将管坯 2 一端置于定模凹槽中,并用压板固紧。然后扳动杠杆,则固定在杠杆上的滚轮(也具有与管坯外径相适应的半圆形凹槽)便压紧管坯,迫使管坯绕定模弯曲变形。当达到管件所要求的弯曲角时即停止弯曲,从而完成绕弯过程,管件的弯曲半径不同,定模的直径则相应不同。

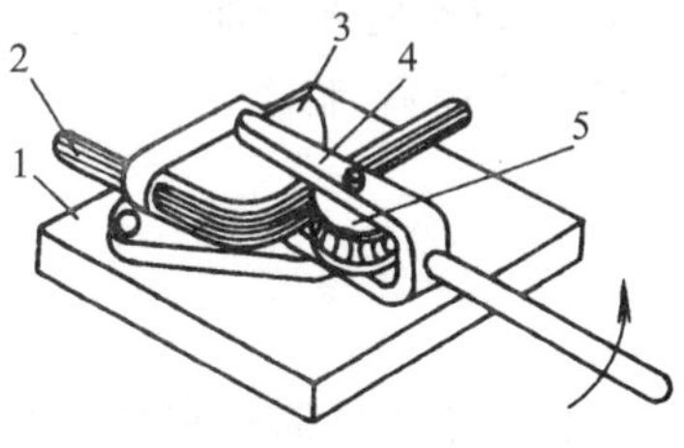

1—平台;2—管子;3—定模;
4—杠杆;5—滚轮

图 5.72 手工弯管装置

手工弯管一般采用装砂加热进行弯曲,其主要工序有灌砂、划线、加热和弯曲。

1. 灌 砂

手工弯管时,为了防止管件断面畸变,通常要在管坯内装入填料。常用的填料有石英砂、松香和低熔点合金等。对于直径较大的管坯,一般使用砂子。灌砂前用锥形木塞将管子的一端塞住,并在木塞上开出气孔,以使管内空气受热膨胀时自由泄出,灌砂后管子的另一端也用木塞塞住。装入管中的砂子应该清洁干燥,使用前必须经过水冲洗、干燥和过筛。因为砂子中含有杂质和水分,加热时杂质的分解物将沾污管壁,同时水分变成气体时体积膨胀,使压力增大,甚至将端头木塞顶出。砂子的颗粒度一般在 2 mm 以下。若颗粒度过大,就不容易填充紧密,管坯弯曲时易使断面畸变;若颗粒度过小,填充过于紧密,弯曲时不易变形,甚至使管件破裂。

为了灌入管内的砂子紧密,需一面灌砂一面用手锤锤击管子产生振动,使管内的砂子填紧。

2. 划 线

划线的目的是确定管子在炉中加热的长度及位置。首先按图样尺寸定出弯曲部分中点位置,并由此向管子两边量出弯曲的长度,然后再加上管子的直径,这样便确定了管子的加热长度。生产实践表明,按该方法确定的加热长度较为合理。

3. 加 热

管子经灌砂、划线后,便可进行加热。加热可用木炭、焦炭、煤气或重油作燃料。普通锅炉用的煤,不适宜用于加热管子,因为煤中含有较多的硫,而硫在高温时会渗入钢的内部,使钢的质量变差。加热应缓慢均匀,加热不当会影响弯管的质量。加热温度随钢的性质而定,普通碳素钢的加热温度一般在 1 050 ℃ 左右。当管子加热到该温度后应保温一定时间,以使管内的砂也达到相同的温度,这样可避免管子冷却过快。管子的弯曲应尽可能在加热后一次完成,若增加加热次数,不仅会使钢管质量变差,而且增加了氧化层的厚度,导致管壁变薄。

4. 弯 曲

管子在炉中加热完毕后可取出弯曲。若管子的加热部分过长,可将不必要的受热部分浇水冷却,然后把管子置于弯管装置上进行弯曲。管子弯曲后,若弯曲曲率稍小,可在弯曲内侧用水冷却,使外层金属收缩。采用上述方法。一般可使管件调整到所需的弯曲半径。

手工弯管时,还应注意以下几点:

① 对于大直径管子,也可在平台上用卷扬机弯曲。

② 如果几个弯头的弯曲方向不在管子的同一平面上,则在平台上弯好一个弯头后,管子的一端必须翘起定位,才能接着弯第二个弯头。

③ 有缝钢管在弯曲时,应将管缝置于弯曲的中性层位置,不然管缝容易裂开。

管子弯曲后,将木塞取出,然后将管内填砂倒出,并清理干净。

习题与思考题

1. 何谓手工弯曲？它在何种情况下采用？
2. 试述手工弯制柱面和锥面的方法,并指出其技术要点。
3. 什么是放边和收边？试述其方法要领。
4. 试述自由拔缘和胎型拔缘的操作过程。
5. 试述用顶杆和胎模手工拱曲法。
6. 卷边分哪两种？试述其操作过程。
7. 咬缝的结构形式有哪些？试述匹茨堡缝在折板机上的折弯步骤。
8. 弯曲加工后的零件,为什么要进行矫正？矫正的依据是什么？
9. 管子弯曲时横截面产生椭圆形畸变的原因何在？防止横截面变形的办法通常有哪些？
10. 手工弯管时,对装入管内的砂子和装砂方法有何要求？为什么？

第6章 机械弯曲成形

把平板毛料、型材或管材等弯曲成一定的曲率、一定的角度,从而形成一定形状的零件,这样的加工方法称为弯曲成形。弯曲成形在金属结构中应用很多。弯曲时根据材料的温度分冷弯和热弯;根据弯曲的方法分手工弯曲和机械弯曲。本章介绍机械弯曲成形方法。

机械弯曲成形是钣金加工的主要工艺方法之一,是将金属板材、条料、型材等,用各种机械弯曲成一定角度或一定的形状。目前采取的办法很多,本章重点介绍通过工模具压弯和滚弯两种机械弯曲的方法。

6.1 弯曲的基本原理及弯曲过程

6.1.1 弯曲过程

为了说明板料弯曲时产生的变形情况,弯曲前在板料弯曲部分画出弯曲始线、弯曲中线和弯曲终线,然后弯曲成形,如图 6.1 所示。

弯曲前,板料断面上 3 条线相等,如图 6.1(a)所示,即 $ab=a'b'=a''b''$。弯曲后,内层缩短,外层伸长,如图 6.1(b)所示,即 $\stackrel{\frown}{ab}<\stackrel{\frown}{a'b'}<\stackrel{\frown}{a''b''}$。这说明板料在弯曲时,内层的材料因受压而缩短,外层的材料因受拉而伸长。在拉伸与压缩之间,有一层材料长度不发生变化,这层称中性层。中性层很重要,因为弯曲的前后材料长度不变,所以在下料展开时,按此层的长度来确定。中性层的位置与弯曲半径有关,在一般情况下,变化不大,通常近似取在材料厚度的 1/2 位置。

在弯曲时,对窄的板料(宽度小于板厚的 3 倍时),在弯曲区的外层,因受拉伸宽度要缩小,内层因压缩要增加,如图 6.2 所示。对宽的板料(宽度大于板厚的 3 倍时),由于横向变形受到宽度方向大量材料的阻碍,所以宽度基本不变。

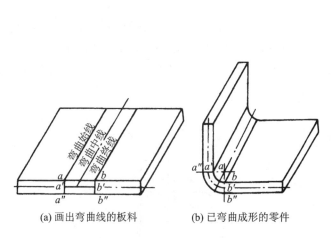

(a) 画出弯曲线的板料　　(b) 已弯曲成形的零件

图 6.1 板料弯曲时的变形

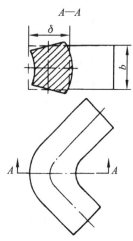

图 6.2 窄板料弯曲时宽度变化

板料弯曲后,在弯曲区内厚度一般要变薄,并产生冷作硬化,因此刚度增加,弯曲区内的材料显得又硬又脆。所以如果反复弯曲,或弯曲圆角太小时,由于拉压及冷作硬化很易断裂。因此弯曲时,对弯曲次数和圆角要加以限制。

6.1.2 最小弯曲半径

最小弯曲半径一般是指用压弯方法可以得到的零件内边半径的最小值。弯曲时,最小弯曲受到板料外层最大许可拉伸变形程度的限制,超过这个变形程度,板料将产生裂纹。因此,材料的最小弯曲半径是设计弯曲、制订工艺规程所必须考虑的一个重要问题,弯曲时也应注意。

最小弯曲半径除受材料机械性能的限制外,还与下列因素有关。

(1) 弯曲角度

随着弯曲角度增大,由于变形增大,外表面拉伸加剧,最小弯曲半径也应增大。

(2) 材料的纤维方向

经轧制的板材各方向的性能不一样。所以当弯曲线与材料纤维方向垂直时,可用较小的弯曲半径,如图6.3(a)所示。如果弯曲线与纤维方向平行时,弯曲半径应增大,否则容易破裂,如图6.3(b)所示。对于沿几个方向弯曲时,应使弯曲线与纤维方向成一定的角度,一般为30°,如图6.3(c)所示。在实际生产中,为提高材料利用率,加快下料速度,除对个别材料或特殊要求外,一般采用增大弯曲半径来弥补这一影响。

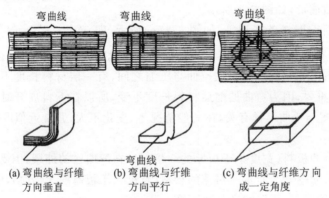

(a) 弯曲线与纤维
方向垂直

(b) 弯曲线与纤维
方向平行

(c) 弯曲线与纤维方向
成一定角度

图 6.3 纤维方向对弯曲半径的影响

(3) 板料边缘的毛刺

毛刺会引起应力集中。如果毛刺在弯角的外侧,往往引起过大的拉应力,而将工件拉裂,因此必须增大弯曲半径。反之,若毛刺处于内侧,由于内层是压应力,不致引起开裂,因此,相应的最小弯曲半径就可减小一些。为了防止开裂,弯曲前应清除边缘毛刺,在弯边的交接处钻止裂孔(卸荷孔或卸荷槽),如图6.4所示。

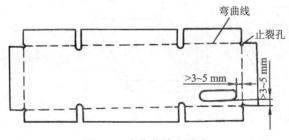

图 6.4 弯曲前钻止裂孔

部分材料最小弯曲半径值如表 6.1 所列。

表 6.1 材料的最小弯曲半径值

材料	退火或正火		冷作硬化	
	弯曲线位置			
	垂直于纤维	平行于纤维	垂直于纤维	平行于纤维
08、10	$0.1t$	$0.4t$	$0.4t$	$0.8t$
15、20	$0.1t$	$0.5t$	$0.5t$	t
25、30	$0.2t$	$0.6t$	$0.6t$	$1.2t$
35、40	$0.3t$	$0.8t$	$0.8t$	$1.5t$
45、50	$0.5t$	t	t	$1.7t$
55、60	$0.7t$	$1.3t$	$1.3t_2$	t
磷铜	—	—	t	$3t$
半硬黄铜	$0.1t$	$0.35t$	$0.5t$	$1.2t$
软黄铜	$0.1t$	$0.35t$	$0.35t$	$0.8t$
纯铜	$0.1t$	$0.35t$	t	$2t$
铝	$0.1t$	$0.35t$	$0.5t$	t

注：t 为材料厚度。

6.1.3 弯曲回弹

材料的弯曲和其他变形方式一样，在塑性变形的同时，存在有弹性变形。由于弯曲时，板料外表面受拉，内表面受压，所以当外力去掉后，弯曲件要产生角度和半径的弹性回跳（简称回弹，又称回跳）。回弹的角度称为回弹角（或回跳角）。

影响回弹角的主要因素有：

① 材料的力学性能。材料的屈服点 σ_s 越高，回弹越大。

② 变形程度。在弯曲中变形程度用相对弯曲半径，也就是弯曲半径 R 和材料厚度 t 的比值 $\dfrac{R}{t}$ 来表示。$\dfrac{R}{t}$ 越大，回弹也越大。

③ 弯曲角度。弯曲角度越大，表明变形区域越大，所以回弹也越大。

④ 零件形状。回弹没有一规律，一般地说，V 形零件的回弹比 U 形零件的略大。这是因为 U 形件在弯曲过程中，模具对毛坯的摩擦作用较大，使毛坯受到一定程度的拉伸，从而改变了断面上的应力分布状态。

⑤ 模具结构。对于 U 形件，凸凹模间隙越小，回弹越小；V 形件凹模槽口的宽度对回弹影响很大。

⑥ 弯曲方式及校正力的大小。校正弯曲时，由于材料受凸凹模的压缩作用，不仅使弯曲变形区毛坯外侧的拉应力有所减小，而且在外侧中性层附近的纵向也出现压缩应力，随着校正力的增加，纵向压应力区向毛坯的外表面扩展，致使毛坯全部断面或大部分断面出现纵向压应力，于是内外层回弹方向取得一致，故其回弹比自由弯曲时大幅减少，且校正力越大，则回弹越小。

其他如板料宽度、厚度等，对回弹也有影响。

到目前为止，还无法用公式计算出适合于各种具体条件的回弹值，因而在制造模具时，一般都需要进行试压，反复修正模具的工作部分，以消除回弹。

6.2 弯曲件的展开方法

弯曲件毛坯展开尺寸的确定,是弯曲工艺中不可缺少的工序。对于弯曲件的展开方法,根据弯曲的特征介绍理论算法和经验算法。

6.2.1 理论计算法

1. 圆角很小的弯曲件展开计算

对于圆角小($R<0.5t$)的板料弯曲件,如图 6.5 所示,其毛坯展开长度的计算采用体积不变的定理。

单角弯曲时,展开长度为
$$L=L_1+L_2+Kt$$
式中:$K=0.48\sim 5$,软料取下限,硬料取上限。

多弯曲时,展开长度为
$$L=L_1+L_2+\cdots+L_n+K_1t(n-1)$$
式中:$L_1,L_2,\cdots,L_n$ 为各直边的内线长度,mm;n 为直边的数目;K_1 为双弯时取 0.48～0.5,多弯时取 0.25(对于塑性好的材料可减至 0.125)。

例 1 计算图 6.6 所示零件的毛坯展开长度 L。

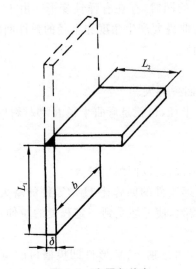

图 6.5 小圆角单弯

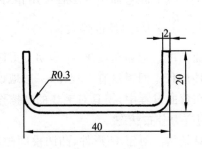

图 6.6 小圆角双弯曲件

解 K_1 值取 0.45,则
$$L=L_1+L_2+L_3+K_1t(n-1)=$$
$$[(40-4)+(20-2)+(20-2)+0.45\times 2\times 2]\ \text{mm}=73.8\ \text{mm}$$

例 2 计算图 6.7 所示小圆角多弯曲件的毛坯展开长度 L。

解 K_1 值取 0.25,则
$$L=L_1+L_2+\cdots+L_n+K_1t(n-1)=$$
$$(15+25+6+30+8+10+18+0.25\times 2.5\times 6)\ \text{mm}=115.75\ \text{mm}$$

2. 中性层展开计算

对弯曲零件 $R>0.5t$ 时,毛坯展开尺寸是零件直线部分长度和圆弧部分长度的叠加,当弯曲角度为 α 时,毛坯展开长度 L(见图 6.8)可用下式计算:

$$L = L_1 + L_2 + \frac{\pi \varphi}{180°}(R + x_0 t) =$$
$$L_1 + L_2 + 0.017\ 5(180° - \alpha)(R + x_0 t)$$

式中:L_1、L_2 为零件直线部分长度,mm;α 为弯曲角度,(°);x_0 为中性层系数,通常小于 0.5,查表 6.2。

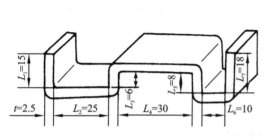

图 6.7 小圆角多弯曲件

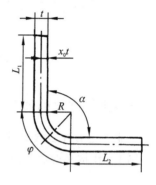

图 6.8 弯曲零件

直线部分的长度从零件图中所注尺寸直接得到,圆弧部分的尺寸按照中性层展开尺寸计算,中性层在弯曲过程中长度不发生变化,其位置是随 $\dfrac{R}{t}$ 比值的减小而逐渐向里移动。

当 $\dfrac{R}{t}>4$ 时,其中性层的位置就是在板厚的中间;当 $\dfrac{R}{t}\leqslant 4$ 时,其中性层的位置向内表面移动,其值可查表 6.2。

表 6.2 中性层位置系数

R/t	0.1	0.25	0.5	1.0	2.0	3.0	4.0	>4.0
x_0	0.32	0.35	0.38	0.42	0.46	0.47	0.48	0.50

如果一个零件有几个弯角,同样按上述方法,把几个长度相加即得到毛坯展开长度。

6.2.2 经验计算法

在生产实践中,对于如图 6.9 所示的薄铝板弯曲件,其弯角近似直角,可采用下式计算毛坯展开长度:

$$L = a + b - \left(t + \frac{R}{2}\right)$$

对于如图 6.10 所示弯曲件,其毛坯展开长度可采用下面的简单公式计算:

$$L = a + b - \frac{t}{2}$$

经实际计算表明,经验公式适合于计算单角弯曲的零件,对于多角弯曲误差较大。

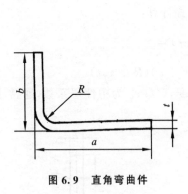

图 6.9 直角弯曲件

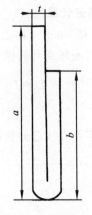

图 6.10 180°单角弯曲件

6.2.3 典型零件的展开

工业上还有许多盒形、箱形等零件,其展开方法通过下例介绍。

例 1 作框夹的展开图(见图 6.11)。

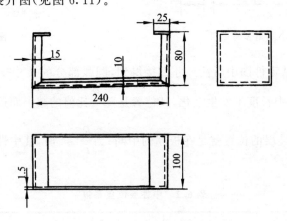

图 6.11 框夹投影图

这类零件展开方法较灵活,展开后切去弯曲成形处的多余材料,如图 6.12 所示。展开计算时,如果没有特殊的要求,一般采用弯曲半径等于材料厚度,零件可用负公差。将零件外形(长与宽)的尺寸叠加起来再减去材料厚度,求得展开尺寸。这种方法简便且实用。

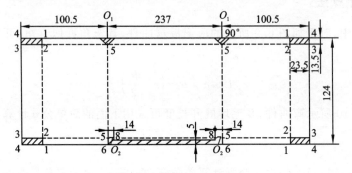

图 6.12 框夹展开图

框夹零件具体展开尺寸如下：

长度尺寸＝(80×2+25×2-1.5×8) mm＝438 mm(4个折角,8个厚度)

宽度尺寸＝(100+15+15-1.5×4) mm＝124 mm(2个折角,4个厚度)

切口画法：

① 用 90°角尺的一边靠在材料的纵向,离横向 13.5 mm,用划针紧靠角尺另一边划直线；再把角尺的一边靠在材料的横向,离纵向 23.5 mm,用划针紧靠角尺另一边划直线,两条直线相交,则四角点 1、2、3、4 所围成的矩形是多余的材料。

② 用划线尺在材料的横向和纵向分别以尺寸 100.5 mm 和 13.5 mm 划弯曲线交于 5、5、5、5 各点,用角尺按图划出缺口位置线。

③ 距离 O_1O_2 线 14 mm 处划平行线,与底边线相距 5 mm 处所划的水平线相交于点 7、7,则点 6、5、8、7、7、8、5、6 所围成的平面图形是多余材料。

例 2 作大圆角盒形零件(见图 6.13)的展开图。

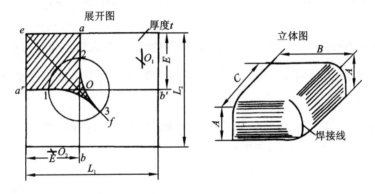

图 6.13 大圆角盒形零件

展开尺寸：

$$L_1 = A - (R+t) + B - (R+t) + \frac{\pi(R+t/2)}{2}$$

$$L_2 = C - (R+t) + A - (R+t) + \frac{\pi(R+t/2)}{2}$$

$$E = A - (R+t) + \frac{\pi(R+t/2)}{2}$$

辅助圆
$$d = \frac{\pi(R+t/2)}{2}$$

展开方法：

① 分别以 E 长画两条互相垂直线 aO 和 $a'O$,相交于 O 点,该点就是球体中心。

② 作角平分线 ef。

③ 以 O 点为圆心,以 $d = \frac{\pi(R+t/2)}{2}$ 为直径作辅助圆,与 $a'b'$、ab、ef 线相交于 1、2、3 三点。

④ 以点 3 为圆心,以 $2R$ 为半径画弧,与 ab、$a'b'$ 两线距离均为 $2R$ 的平行线相交于 O_1、O_2 两点。

⑤ 以 O_1、O_2 为圆心,$2R$ 为半径画弧(即 $\overset{\frown}{13}$ 和 $\overset{\frown}{23}$),与 ab 及 $a'b'$ 线相切,且又相交于点 3,

则 $a'—1—3—2—a—e$ 所围成的平面图形是多余材料。

例 3 作四角为大圆角、弯边为小圆角零件(见图 6.14(a))的展开图。

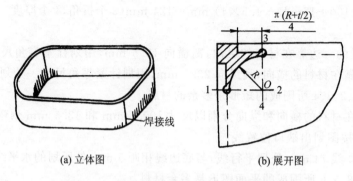

(a) 立体图　　(b) 展开图

图 6.14 四角为大圆角、弯边为小圆角零件

① 按零件图样分别画两条互相垂直的弯曲线(即展开图中之虚线);
② 以 R 的长度沿弯曲线画两条垂直线 1-2 和 3-4,相交于 O 点;
③ 以 O 点为圆心,以 R 为半径画弧,与两条弯曲线相切,在切点处开出止裂缺口;
④ 以 3-4 及 1-2 线为基准截取 $\dfrac{\pi(R+t/2)}{2}$ 长,则得出图中阴影部分即为待切除的多余材料。

如果球体半径 R 在 5 mm 以下,在其展开图球体中心钻一小孔即可。

例 4 两面弯曲结构的展开,如图 6.15 所示。

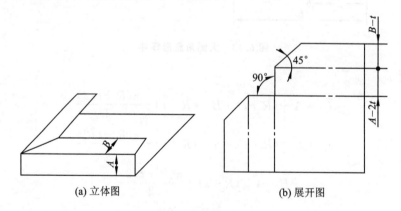

(a) 立体图　　(b) 展开图

图 6.15 两面弯曲结构

例 5 多面弯曲结构的展开,如图 6.16 所示。

例 6 作角钢内弯成 90°圆角的展开图,如图 6.17 所示。

展开尺寸:

$$长度尺寸 = A-(R+t)+B-(R+t)+\dfrac{\pi(R+t/2)}{2}$$

$$弧长尺寸 = \dfrac{\pi(R+t/2)}{2}$$

展开方法:

① 从两端开始以 1-2 和 7-8 线为基准,以 $A-(R+t)$ 和 $B-(R+t)$ 尺寸画出弯曲线 3-4 和 5-6 线;

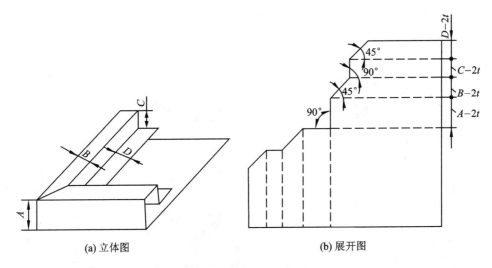

(a) 立体图　　　　　　　　　　(b) 展开图

图 6.16　多面弯曲结构

② 分别在 3-4 和 5-6 线上截取 $(R+t)$ 的长度,从而找到 4、6 两点;

③ 分别以 4、6 两点为圆心,以 R 为半径画弧,此弧与以 1-7 边为基准所作 45°角的线相交,则得展开图(见图 6.17)。

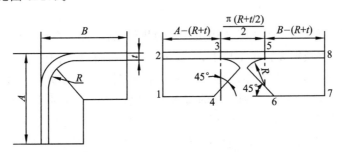

图 6.17　角钢内弯成 90°圆角的展开

例 7　角钢内弯成 90°折角的展开,如图 6.18 所示。

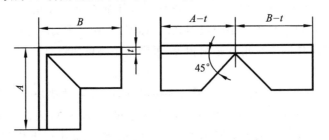

图 6.18　角钢内弯成 90°折角的展开

6.3　折弯设备

折弯设备主要是各种类型的折弯机,现代钣金工作人员利用折弯机弯折各种几何截面形状的金属板箱、柜、翼板、肋板、矩形管、U 形梁和屏板等薄板制件。总之,折弯是使金属板料沿直线进行弯曲(甚至折叠),以获得具有一定夹角或圆弧工件(如图 6.19 所示)的塑性成形工艺,它广泛用于钣金加工工业。利用折弯机进行折弯工艺时,常用的方法有自由折弯、强制折弯、三点式折弯3种,如图6.20所示。

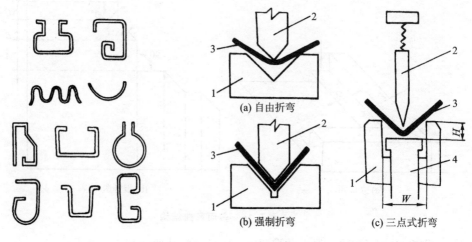

图 6.19　用折弯机弯曲的各种零件断面

1—下模;2—上模;3—板料;4—活动垫块

图 6.20　常用的折弯方法

1. 自由折弯

进行自由折弯工艺时,V形下模1固定于压力机的工作台上,楔形上模2随压力机的滑块作上、下往复运动。将板料3置于下模上,上模下行压弯板料,控制上模楔入下模的深度(即滑压运动的下死点),就能获得具有不同弯曲角的工件,如图6.20(a)所示。自由折弯的优点是,用一套简单的V形模可得到一系列不同的弯曲角。缺点是压力机的垂直变形、板材性能的差异和微小变化都会使弯曲角度发生明显的变化(一般来说,滑块行程变化0.04 mm会使弯曲角变化1°),因此要求精确控制滑块运动的下死点,并对压力机的弹性变形和工件本身的回弹等进行补偿。

2. 强制折弯

强制折弯是在折弯的最后阶段,上模2将板料3压靠在下模1的V形槽内,使其带有校正作用,可使工件的回弹限制在较小的范围之内,如图6.20(b)所示。但一套V形模仅能获得一定的弯曲角,所以工件的所有角度必须相等,否则就需要更换模具。

3. 三点式折弯

三点式折弯除了下模1上有两处与板料3接触外,底部活动垫块4的上平面处也和板料接触,故称为"三点式",如图6.20(c)所示。其滑块上设有液压垫,因此压力机的运动精度和变形,以及板料的性能变化等都不会影响工件的弯曲角,它仅取决于下模凹槽的深度 H(它由下模内腔与活动垫块构成)和宽度 W,且带有强制折弯的性质,所以可获得回弹小、精度高的工件。显然,调节并控制活动垫块的上、下位置,同样也可在一套模具上获得不同的工件弯曲角。

除此之外,还有一种"旋转折弯"的方法,即先将板料垂直压紧,然后借助一旋转机构使其外伸部分发生弯曲。这种方法仅能使板料的边缘弯曲,所以又称为"折边机"。该工艺所使用的压力机与上述3种方法所使用的压力机有很大区别。

在现代折弯机上,已很少采用强制折弯的方法,普遍采用的是自由折弯和三点式折弯。

按驱动方式分类,常用的折弯机有机械折弯机、液压折弯机和气动折弯机 3 种类型。下面对其基本结构及使用方法予以介绍。

6.3.1 机械折弯机

机械折弯机又分为机械式折弯机(简称折板机)和机械式板料折弯机(简称压弯机)。前者结构简单,适用于简单小型零件的生产;后者结构比较复杂,适用于大中型零件的生产。

1. 机械式折弯机

按传动方式,折板机有手动和机动两种,一般都使用机动的。

机动折板机主要由床架、传动丝杆、上台面、下台面和折板等组成。折板机结构简单,这里结合操作作用着重介绍其工作部分和操作过程。

折板机的工作部分是固定在台面和折板上的镶条,其安装情况如图 6.21 所示。上台面和折板的镶条,一般是成套,具有不同的角度和弯曲半径,可根据需要选用。

折板机的操作过程如下:

① 升起台面,将选好的镶条装在台面和折板上。如所弯制的弯曲半径比现有镶条稍大时,可加特种垫板,如图 6.22 所示。这样在工作时,垫板要垫在毛坯的下边。

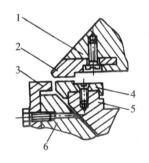
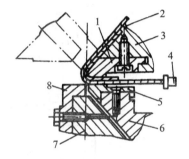

1—上台面;2—上台面镶条;3—折板镶条;
4—下台面镶条;5—下台面;6—折板

图 6.21 折板机上镶条的安装情况

1—上台面镶条;2—特种垫板;3—上台面;4—挡板;
5—下台面镶条;6—下台面;7—折板;8—折板镶条

图 6.22 镶条的使用情况

② 下降上台面,翻起折板至 90°角,调整折板与台面的间隙,以适应材料厚度和弯曲半径,为避免折弯时擦伤坯料,间隙应稍大些。

③ 退回折板,升起台面,放入的毛坯靠紧后挡板。若弯折较窄的零件,或不用挡板时,毛坯的弯折线应对准台面镶条的外缘线。

④ 下降上台面,压住毛坯。

⑤ 翻转折板,弯折至要求角度。为得到尺寸准确的零件,应注意回弹,必须很好地控制弯折角度。

⑥ 退回折板,升起上台面,取下零件。

手动折板机的结构及工作原理与机动的相似,只是台面的起落,靠人力摇手轮来实现;折板的转动是靠人力直接往上抬来弯折零件。

折板机所弯折的零件,一般精度和效率都较低,因此,小型折板机使用较广,当产品较大,要求较严时常用机械式板料折弯机。

2. 机械式板料折弯机

机械式板料折弯机采用曲柄连杆滑块机构,将电动机的旋转运动变为滑块的往复运动。只要保证传动系统和工作机构有足够的刚度与精度,就能使工件具有相当高的尺寸重复精度。机械式板料折弯机每分钟行程次数较高,维护简单,但机构庞大,制造成本较高,多半用于中、小件折弯。

机械式板料折弯机的结构类似于普通开式双柱双点压力机。图 6.23 所示为其常见的传动系统。工作时,拖板的起落和上下位置的调节,是两个独立传动系统。拖板位置的调整,是由电动机 21,通过齿轮 22、20、19、23 带动轴 25 转动,装在轴 25 上的蜗杆 24 使连杆螺丝 2 旋入连杆 3 内,通过电动机换向,便可上下调节托板位置。拖板起落是靠电动机 13,通过带轮 16、齿轮 8 带动传动轴 7 转动,借齿轮 6 和 5 带动曲轴 4 转动,使连杆 3 带动拖板起落,进行了折弯工作。

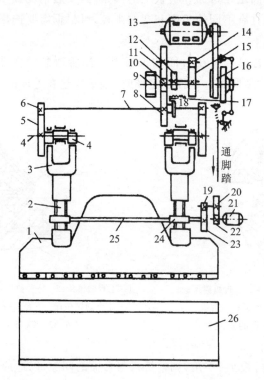

1—拖板;2—连杆螺丝;3—连杆;4—曲轴;5、6、8、10—齿轮;7—传动轴;9—止动器;
11、12、14、15—变速器齿轮;13—电动机;16—皮带轮;17—主轴;18—齿轮变速齿条;
19、20、22、23—齿轮;21—电动机;24—蜗杆;25—轴;26—工作台

图 6.23 机械式板料折弯机传动系统

机械式板料折弯机的操作过程如下:

① 将拖板下降至最低位置,调整拖板的最低点到工作台面的垂直距离即为闭合高度比上下。

② 升起拖板,安装上模和下模。一般是先把下模放在工作台上,然后下降拖板再装上模。在安装上模时,要保持两端平行,从拖板固定槽的一端,一边活动一边往里推至拖板中间位置,使机床受力均衡,并用螺钉紧固。

③ 开动拖板的调整机构,使上模进入下模槽口,并移动下模,使上模顶点的中心线对正下

模槽口的中心线,将下模固定。

④ 升起拖板,按弯曲尺寸调整挡板,如图 6.24 所示。

$$A = L + \frac{B}{2} + C$$

式中:A 为下模侧面至挡板距离,mm;B 为下模槽口宽度,mm;C 为下模侧面至下模槽口边缘的距离,mm;L 为弯曲线至坯料边缘的距离,mm。

⑤ 按要求调整弯曲角度。弯曲角度只须调整上模进入下模的深度,就很容易达到要求。一般先用废料调试,调好后再正式进行弯曲工作。

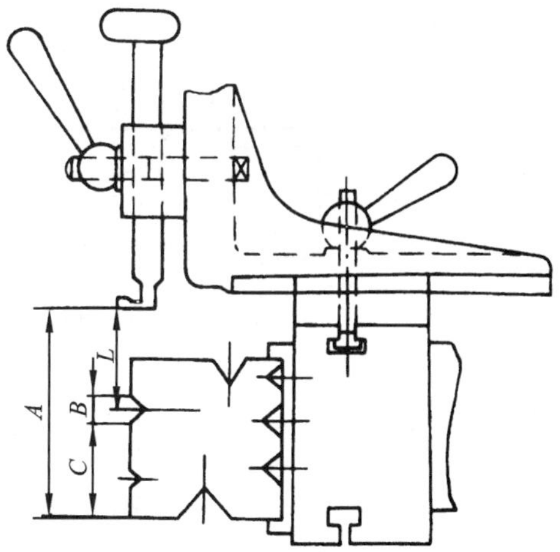

图 6.24 挡板位置的确定

6.3.2 液压式板料折弯机

液压式板料折弯机采用油泵直接驱动。由于液压系统能在整个行程中对板料施加全压力,过载时自动保护,易于实现自动控制,因此液压折弯机是现代最常见的折弯机。一般液压折弯机采用两个竖直油缸推动滑块运动。为防止滑块在运动过程中不产生过大的偏斜,还设有同步控制系统。

1. 传动原理

液压式板料折弯机的传动系统有多种形式,这里仅以黄石锻压机床厂生产的 W67Y-40 型液压板料折弯机(如图 6.25 所示)为例予以说明。

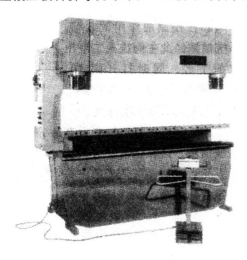

图 6.25 W67Y-40 型液压板料折弯机

图 6.26 所示为其液压系统原理图。电动机 1 起动后,油经液压过滤器 2 和手动变量柱塞泵 3 进入系统的主油路。当电磁换向阀 4 的线圈 CT1 通电时,油经溢流阀 5 和换向阀 4 流回油箱,系统处于卸荷状态。当 CT1 断电和电液换向阀 7 的线圈 CT2 通电时,其上部先导阀阀芯右移,在控制油作用下,下部主阀阀芯左移,从而油经换向阀 7 的主阀和节流器 15 进入左、右两液压缸 16、17 的上腔。同时,液控单向阀 14 在系统控制油压的作用下开启,液压缸的下腔经此阀,换向阀 7 的主阀和节流阀 6 与油箱连通。滑块在上腔油压和自重的作用下向下运动。由于此时滑块的运动速度大于进入液压缸上腔油液的流动速度,使液压缸上腔形成一定的负压,在大气压力的作用下,液控单向阀(又称充液阀)10 开启,油从上油箱 18 经此阀进入液压缸上腔,进行充液,滑块快速落下(其速度可由节流阀 6 调节)。当上模接触工件后,系统压力迅速升高,滑块速度明显降低,阀 10 关闭,液压缸上腔仅由液压泵供油,滑块获得工作行程速度。当系统压力达到压力继电器 11 的调定值时(根据需要,可在 4~10 MPa 之间调节),它发出信号,线圈 CT2 断电、CT3 通电,阀 7 的先导阀左移,其主阀阀芯在控制油作用下右移,系统油液经此主阀进入二液压缸的下腔,同时打开阀 10 液压缸上腔的油经此阀流回上油箱,滑块获得回程速度。

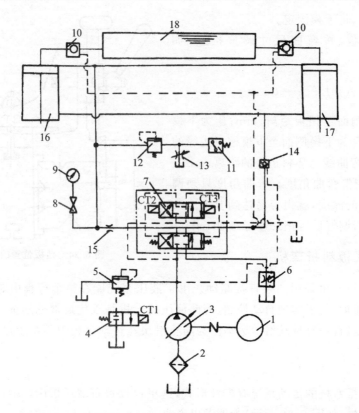

1—电动机;2—液压过滤器;3—泵;4—电磁换向阀;6、13—节流阀;7—电液换向阀;
8—压力表开关;9—压力表;10—液控单向阀;11—压力继电器;5、12—溢流阀;14—液控单向阀;
15—节流器;16—左液压缸;17—右液压缸;18—上液压箱

图 6.26　W67Y-40 型折弯机液压系统原理图

该折弯机的液压缸中设有机械挡块,以保证滑块有准确的下死点,从而可使工件获得确定的弯曲角。此液压系统与电气系统配合,可以实现点动、单次行程和连续行程等操作。

2. 滑块运动的同步控制

在液压折弯机上,由于滑块和工作台较长,大多采用双液压缸加压,为保证工作行程和回程时,不会因左、右端载荷和左、右端液压缸驱动油路阻力大小的差别,造成滑块相对工作台有过大的偏斜,从而影响工件成形质量和机床、模具的使用寿命,应设置滑块运动的同步控制系统。

性能较好的常用同步控制系统有机械式和液压式两类。下面将每大类中选择一种为代表来说明其同步原理:

(1) 扭轴式同步系统

图 6.27 是 W67Y-40 折弯机上采用的一种扭轴式同步控制系统。此机构的实质是双曲柄滑块机构。其高刚性扭轴 1 的两端支承在固于机身 6 和柱销 2 上,左、右两曲拐 3 焊接在扭轴上,左、右两连杆 4 的上端分别与左、右曲拐铰接,下端分别与滑块 7 上的左、右两凸缘 5 铰接。当滑块某一端的运动超前于另一端时,通过该端的连杆和曲拐的作用,使扭轴旋转,并通过另一端的曲拐和连杆的作用,强迫滑块的此端作同步运动。因而这种折弯机称为扭轴强制同步式液压折弯机。它能获得一定的同步精度,且机构较简单,但扭轴粗而长(例如 400 kN 的折弯机,其扭轴直径 110 mm,支承长度 1 460 mm)。较适合于中、小型液压折弯机。

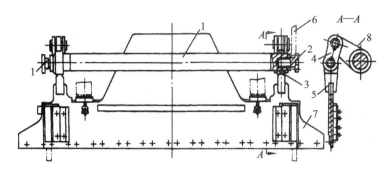

1—扭轴;2—柱销;3—曲拐;4—连杆;5—凸缘;6—机身;7—滑块;8—皮带

图 6.27 扭轴式同步控制系统

（2）流量控制式同步系统

图 6.28 是 LVD-HD 折弯机所采用的流量控制式分流阀。此阀与杠杆机构组成机液反馈流量控制式同步系统。当滑块 1 左、右两端所受阻力相同而作同步运动时，由于左拉杆 2 通过左液压缸 3 固定于机身 4，点 A 随滑块下行，致使支承在滑块轴承 10 中的横轴 5 沿顺时针方向转动（从右端观察），并通过与横轴固定连接的右拐臂 6 使 C 点向上移动同一数值 Δ；但在同时，右支点 B 也随滑块下行，通过右拐臂 6 使 C 点向下移动同一数值 Δ。这样以来，C 点保持原位，系统通过分流阀 7 继续均匀地向左液压缸 3 和右液压缸 8 的上腔供液压油。

滑块向上回程时，也有类似上述的同步过程，其差别仅在于，此时分流阀控制的是进入左、右两缸下腔的流量，而不是上腔的流量。

实际使用表明，上述同步系统可保证较高的同步精度。但是它的机构较庞大，不便用于台面较宽的大型折弯机。目前使用于大型液压折弯机上的同步系统，借助于分流阀控制速度同步，借助于伺服阀控制位置同步。这种两级同步系统，具有较高的同步精度，且结构紧凑，便于实现自动控制。

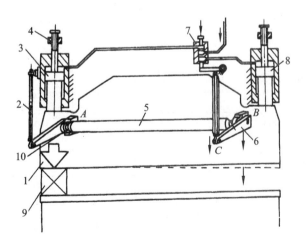

图 6.28 LVD-HD 折弯机采用的流量控制式同步系统

表 6.3 和表 6.4 列举了部分折弯机的型号和技术参数。

表 6.3　折弯机技术规格

技术参数		W62-2.5×1250K	W62-2.5×1500A	W62-2.5×2000	W62-4×2000	W62-6.3×2500A
折边最大厚度/mm		2.5	2.5	2.5	4	6.3
折边最大宽度/mm		1 250	1 500	2 000	2 000	2 500
折边最大厚度时最小折曲长度/mm		15	17	12	20	45
折边最大厚度时最小折曲内圆半径/mm		4	3.5	2.5	6	9
折边梁回转角/(°)		0~120	0~130	—	0~130	120
上梁最大升(行)程/mm		150	180	200	200	315
回转中心最大调整量/mm		30	100	—	—	—
上梁升降速度/(mm·min⁻¹)		16.6	186	221	—	—
下梁最大调整量/mm		—	100	100	160	—
折边梁最大调整量/mm		—	100	100	160	125
电动机功率/kW		3	3	4	5.5	15
外形尺寸	长/mm	1 760	2 590	3 245	3 540	1 705
	宽/mm	900	900	955	1 560	4 825
	高/mm	1 480	1 300	1 400	1 480	1 700
质量/t		—	1.6	3.5	4.2	7
生产厂家(锻压机床厂)		肇源	黑龙江	山西忻州	黄石	—

表 6.4　液压板料折弯机技术规格

技术参数		WA67Y-25	W67Y-40	W67Y-63	PPN90/30	WA67Y-25
公称压力/kN		250	400	630	900	1 000
工作台长度/mm		1 600	2 000	2 500	3 000	3 200
喉口深度/mm		200	200	250	200	400
滑块行程/mm		100	100	100	120	100
最大开启高度/mm		300	300	320	300	335
立柱间距离/mm		—	1 700	2 050	2 550	—
滑块行程调节量/mm		40	100	100	100	—
行程速度/(mm·s⁻¹)		—	9	8	8	8
电动机功/kW		3	4	7.5	5.5	11
外形尺寸	长/mm	1 600	2 050	2 520	3 133	3 256
	宽/mm	1 025	1 227	1 373	1 940	2 355
	高/mm	1 800	2 000	2 160	2 545	2 125
质量/t		2.5	2.5	4.5	7.3	6.5
生产厂家(锻压机床厂)		马鞍山	黄石	黄石	黄石	北锻

6.3.3　板料折弯机的附属机构及自动控制

为提高生产率、改善劳动条件和实现自动控制,在板料折弯机上还没有一些附属机构,包括后挡料、前挡料、托料架和上、下料等机构。本节着重介绍后挡料和上、下料机构。

1. 手动后挡料机构

图 6.29 所示为与机械式板料折弯机相配的后挡料支架。机构用固紧手柄 6 固定在工作台侧面的 T 型槽内,并可上下调节。滑块 2 沿支架 5 可前后移动,用以适应所需的位置。如调节量较小,挡料板 1 也可以借助微调螺母 4 作前后调节,并用手柄 3 固紧。这种后挡料机构只适合于小型机械式折弯机,而对于大、中型液压折弯机,使用最多是丝杆、链轮、链条结构的手动后挡料机构。

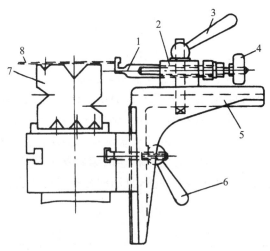

1—挡料板;2—滑块;3、6—固紧手柄;4—微调手柄;5—支架;7—下模;8—坯料

图 6.29 手动后挡料机构

2. 数控后挡料机构

手动后挡料机构的结构简单,但其定位精度不够高,不能进行自动控制。数控后挡料机构的挡料精度可达±0.1 mm 以上,且当工件具有多个不同弯曲角时,能进行连续快速折弯。图 6.30 所示为一种单轴数控后挡料机构。

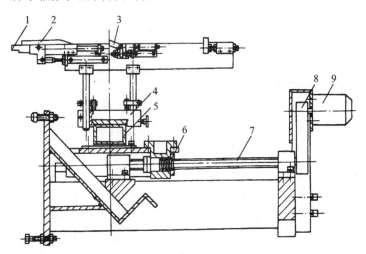

1、2、3—挡块;4—挡料架;5—拖板;6—螺母;7—滚珠丝杆;8—齿形带轮;9—直流伺服电机

图 6.30 单轴数控后挡料机构

图中,用直流伺服电机 9 驱动,其旋转运动经齿形带轮 8 传至滚珠丝杆 7,然后经螺母 6 变为直线运动,并带动拖板 5 和挡料架 4 沿导向杆(图中未注)前、后移动,在拖板的侧面还装有感应同步器(图中未注),其定尺与机身相连,动尺随拖板一起运动,以检测拖挡料架的位移,并构成闭环位置伺服控制系统。该机构的后挡料架共有 4 个;其高度和左、右位置可手动调整。每个挡料架上装有 4 个不同的挡块(1、2、3 等)。折弯时,可根据工件的要求,在控制软件中灵活地预先设定各挡料块的状态和位置,以便对多弯曲角的工件进行定位。

3. 上、下料机器人

为实现折弯生产中上、下料的机械化与自动化,现代折弯机上开始配备上、下料机构,其中最典型的一种是采用机器人。图 6.31 所示专用机器人属于多关节型,装于折弯机的正面,共有 4 运动自由度。它的手臂旋转运动 A 的范围为 75°,速度为 115(°)/s;手臂伸缩运动 B 的范围为 1.2 m,速度为 1.6 m/s,加速度为 2g;手腕旋转运动 C 的范围为 180°,速度为 286(°)/s;手爪旋转运动 D 用于板料翻面,它的转角固定为 180°。该机器人的的夹持质量为 35 kg。为能进行灵巧的示教,在其手臂中设有示教手臂。对机器人进行示教时,操作者用手推动示教臂,借助机器人的示教臂与手臂之间安装的差动式位移传感器和直接模拟控制电路,使机器人的手臂跟踪示教臂运动,并用与机器人各动作相连的编码器记录其运动轨迹。机器人转为自动工作规范时,它将根据原先所教步骤与轨迹,自动配合折弯机完成折弯工艺。

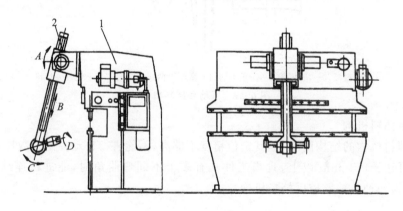

1—折弯机;2—折弯机器人
图 6.31 折弯机器人

4. 折弯机的计算控制原理

由于在折弯机上进行折弯工艺时,多半是多品种、小批量生产,因此,如何提高生产率和降低成本,具有十分重要的意义。据资料分析,采用计算机控制(CNC)后,与手动控制相比,在单件生产时可提高生产率一倍,在批量超过 10 件后可提高生产率 4 倍以上;另外,它还比手动控制和程序控制有更好的经济效益。

图 6.32 所示为华中理工大学与黄石锻压机床厂共同研制的 LVD-HD 液压折弯机的 CNC 控制框图。它可控制滑块的下死点和后挡料机构的位置,并有如下功能:

① 屏幕显示。在控制台上设有一小型屏幕,以显示程序、输入和输出数据、工件变形过程、查错信息等,便于计算机与操作者之间的信息交流。

② 人机对话。操作者与计算机之间,能通过键盘和屏幕进行直接通信联系,因此使操作大为简化。改变折弯工序时,操作者仅需回答几个特定的问题和数据,机器就能自动运行。

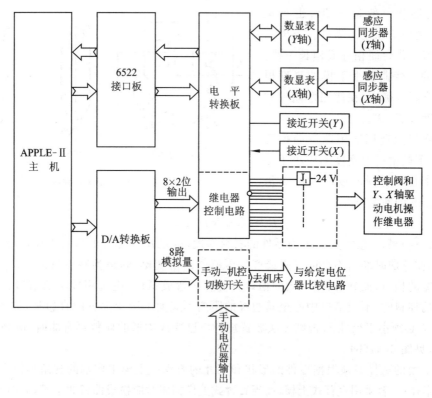

图 6.32 LVD-HD 液压折弯机 CNC 控制原理

③ 示教功能。操作者可按照折弯工艺的要求，先用手动控制，使每一"轴"移至指定的位置，并由存储系统将每一位置依次予以记忆，然后转入自动运行，机器便能按照先前所教的步骤和位置，自动完成折弯工作。

④ 能自动计算滑块的下死点位置。它根据输入有关的模具和工件信息，如 V 形模开口量和弯曲角等，能自动计算出滑块的下死点位置。在试弯过程中，它还能实测的弯曲角，自动修正由回弹所造成的偏差。

⑤ 具有诊断程序。启动此程序可以检查系统运行是否正常，并及时发现出错的原因和位置。

⑥ 可在线或离线编程。为提高折弯机的生产率，除可在该控制系统上进行编程外，还可在另一台 APPLE-Ⅱ-PLUS 微型计算机上或工控机编程。各种折弯工件所需的程序均可在此微机上事先加以编辑，然后装入 CNC 折弯机上使用，因而可大大减少机器的辅助工作时间。

6.4 弯曲模具

折弯机上用的弯曲模具可分为通用和专用模具两类。图 6.33 所示是通用弯曲模的端面形状。

上模一般是 V 形的，有直臂式和曲臂式两种，如图 6.33(b)、(c)所示，下端的圆角半径是作成几种固定尺寸组成一套，圆角较小的上模夹角制成 15°。

下模一般是在 4 个面上分别加工出适应机床弯制零件的几种固定槽口，如图 6.33(a)所示,槽口的形状一般是 V 形,也有矩形,都能弯制钝角和锐角零件。下模的长度一般与工作台面相等或稍长一些,也有较短的。弯曲模上下模的高度根据机床闭合高度确定,在使用弯曲模时其弯曲角度大于 18°。

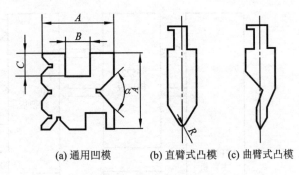

(a) 通用凹模　　(b) 直臂式凸模　(c) 曲臂式凸模

图 6.33　通用弯曲模

在折弯机上选用通用性弯曲模弯制零件时,下模槽口的宽度不应小于零件的弯曲半径与材料厚度之和的 2 倍再加上 2 mm 的间隙,即

$$B > 2(t+R) + 2 \text{ mm}$$

式中:B 为下模槽口宽度,mm;t 为零件的材料厚度,mm;R 为零件的弯曲半径,mm。

这样,在弯曲时坯料不会因受阻或产生压痕或刮伤现象,同是为减少弯曲力,对硬的材料应选用较宽的槽口;而软的材料,大的槽口会使直边弯成弧形,应选用较小的槽口。在弯曲已具有弯边的坯料时,下模槽口中心至其边缘的距离不应大于所弯部分的直边长,如图 6.34(a) 中的尺寸 d 必须小于尺寸 c,否则无法放置坯料。已弯成钩形的坯料再弯曲时,应采用带躲避槽的下模,见图 6.34(b)。

对于上模的选择必须根据零件的形状和尺寸的要求。上模工作端的圆角半径应略小于零件的弯曲半径;一般采用直臂式上模,而当直臂式上模挡碍时应换成曲臂式上模,见图 6.34(a)。

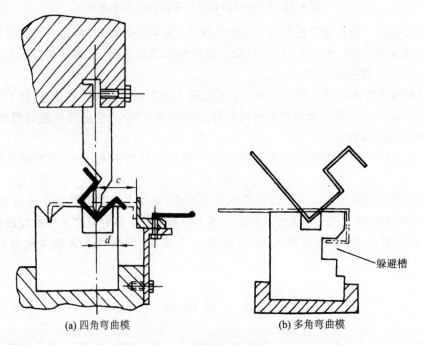

(a) 四角弯曲模　　　　　　　(b) 多角弯曲模

图 6.34　带弯边件的弯曲

1. 通用模具弯曲

采用通用弯曲模弯制多角的复杂零件时,根据弯角的数目、弯曲半径和零件的形状,须经多次调整挡板和更换上模及下模。弯制时先后的次序很重要,其原则是由外向内依次弯曲成形。

例1 如弯曲图 6.35(a)所示零件,由于弯曲半径相同而各部分尺寸不相等,所以弯曲时须多次调整挡板位置,下模可用同一槽口,在前 3 次弯曲时,可采用直臂式上模(见图 6.35(b)),最后一次采用曲臂式上模(见图 6.35(c))。

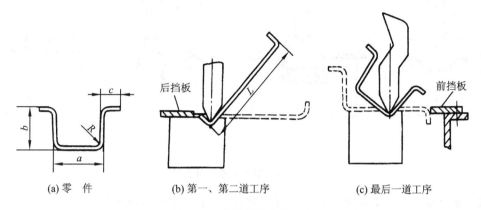

图 6.35 槽形零件弯曲工序

例2 如弯曲图 6.36 所示的复杂零件,由于各边尺寸不等,弯曲半径也不相同,所以在弯制该零件时,第一道工序可按零件的弯曲半径 R_1 和尺寸 a 确定上下模,并调整挡板。在进行第二道工序时,由于 R_2 与 R_1 不同,且直边 d 与 a 不同,因此必须更换上模和重新调整挡板。同样在第三、四道工序时也应更换上模和重新按尺寸调整挡板。第四道工序使用曲臂式上模。

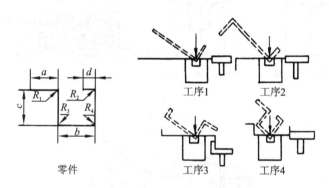

图 6.36 复杂零件弯曲工序

在生产中如更换模具麻烦,也可直接采用带躲避槽的下模和曲臂式上模,但是要注意曲臂式上模强度差、易变形。在成批生产时,为了提高效率,应成批地进行各个分工序。弯制时注意首件检查和中间抽检,以保证整批零件的质量。

2. 专用模具弯曲

在压弯机上除了用通用弯曲模进行上述弯曲工作外,有时由于产量较大或零件形状特殊必须使用专用弯曲模。专用弯曲模可与通用弯曲模配合使用,也可以单独弯制零件。常用专用弯曲模如图 6.37 所示。

图 6.37(a)所示弯曲模可一次冲压成形,生产率很高,图 6.37(b)所示为最后一道工序用的弯曲模。因为零件的开口很小,通用弯曲模只能作前几道工序的弯曲。

带曲度的零件如蒙皮,常用如图 6.38 所示各种弯曲模弯制,工作时须多次冲压使坯料逐步成形,如图 6.38(a)、(b)冲压时须移动坯料,若零件两端的曲度不同,则上模安装时应适当

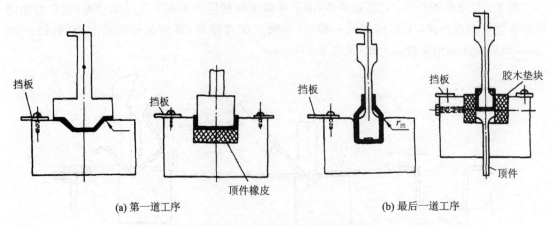

图 6.37 弯曲机专用弯曲模

地倾斜,使两端进入下模的深度不等。图 6.38(d)所示的下模是可调的,图 6.38(c)所示的下模是靠橡皮成形的。在飞机工厂里一般叫橡皮容框,主要用来成形前缘蒙皮。下模采用橡皮容框,不但可以通用,而且压出的零件表面质量好,且降低零件成本。

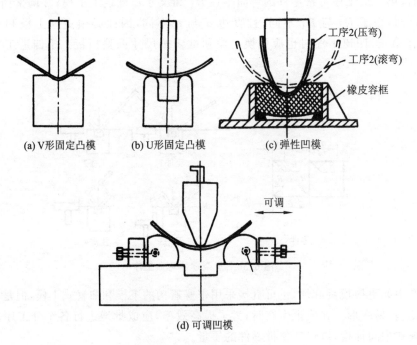

图 6.38 弯制带曲度零件

3. 在折弯机上冲孔

如在折弯机上安装弓形冲孔模如图 6.39 所示,可以在型材或成形零件上冲孔。

弓形冲孔模的位置是通过冲孔样板及定位销 5 来定位。用压板螺栓将弓形冲孔模固定在底板 6 的 T 形槽内。整排孔的位置靠定位销 5 和 9 来确定。工作时冲孔靠压弯机的拖板 12 带动平板 11 下压完成,抬起靠弹簧 2 和弹簧片 10 弹起凸模 1 和导套 3。当零件上两个孔之间的距离小于弓形的宽度时,一次不能冲出所有的孔,须移动零件或弓形冲孔模分几次冲出。

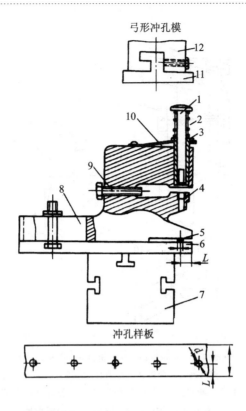

1—凸模；2—弹簧；3—导套；4—凹模；5、9—定位销；6—底板；7—工作台；
8—弓形模架；10—弹簧片；11—平板；12—压弯机拖板

图 6.39　弓形冲孔模和冲孔样板

6.5　冲压弯曲

冲压弯曲是用弯曲模在冲床上进行弯曲工作。下面在简要介绍冲床的基础上，着重介绍弯曲模的结构及使用。

6.5.1　冲床的基本结构

冲床又名曲柄压力机，是以曲柄传动的锻压机械，其在冲床工艺中使用广泛，弯曲是它的工艺用途之一。下面通过典型例子来说明其结构及工作原理。

1. 开式冲床

图 6.40 为 JB23-63 压力机基本结构及运动原理图。电动机通过三角带把运动传给大带轮 3，再经小齿轮 4、大齿轮 5 传给曲柄 7。连杆 9 上端装在曲轴上，下端与滑块 10 连接，把曲轴的旋转运动变为滑块的直线往复运动。上模 11 装在滑块上，下模 12 装在垫板 13 上。因此，当板料放在上下模之间时，即能进行弯曲或其他冲压变形工艺。由于生产工艺的需要，滑块有时运动，有时停止，所以装有离合器 6 和制动器 8。压力机在整个工作周期内进行工艺操作的时间很短即有负荷的工作时间很短，大部分时间为无负荷空程时间，为了使电动机的负荷均匀，有效地利用能量，因而装有飞轮，大带轮 3 即起飞轮作用。

这种压力机之所以称开式压力机，是因为机身三面敞开，操作者能够从压力机的前面和

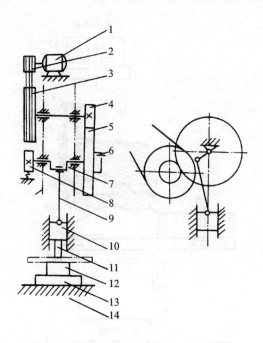

1—电动机；2—小带轮；3—大带轮；4—小齿轮；5—大齿轮；
6—离合器；7—曲轴；8—制动器；9—连杆；10—滑块；
11—上模；12—下模；13—垫板；14—工作台；15—机身

图 6.40　JB23-63 压力机运动原理图

左、右两侧接近模具。

2. 闭式冲床

图 6.41 所示为 J31-315 压力机运动原理图。其工作原理与 JB23-63 相同。只是它的工作机构采用了偏心齿轮驱动的曲柄连杆机构，即在最末一级齿轮上铸有一偏心轮，构成偏心齿轮 9。连杆 12 套在偏心轮上。偏心齿轮可以在芯轴 10 上旋转。芯轴两端固定在机身 11 上。因此，当小齿轮 8 带动偏心齿轮旋转时，连杆即可以摆动，带动滑块 13 上下运动。此外，此压力机工作台下装有液压或气垫 18，可作为顶出工件的顶出器。

3. 冲床的主要技术参数

主要技术参数是反映一台压力机的工艺能力，所能加工零件的尺寸范围，以及有关生产率等指标。

（1）公称压力

冲床的公称压力是指滑块离下死点前某一特定距离或曲柄旋转到离下点前某一特定角度（公称压力角）时，滑块上所容许承受的最大作用力。例如 J31-315 压力机的公称压力为 3 150 kN，是指滑块离下死点前 10.5 mm（相当于公称压力角为 20°）时滑块上所容许的最大作用力。

（2）滑块行程

滑块行程是指滑块从上死点到下死点所经过的距离中，其大小随工艺用途和公称压力的不同而不同。例如 J31-315 压力机的滑块行程为 315 mm，JB23-63 压力机为 100 mm。

（3）滑块行程次数

滑块行程次数是指滑块每分钟从上死点到下死点，然后再回到上死点所在往复的次数。

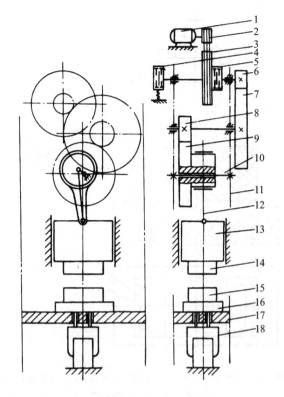

1—电动机;2—小带轮;3—大带轮;4—制动器;5—离合器;6、8—小齿轮;
7—大齿轮;9—偏心齿轮;10—芯轴;11—机身上;12—连杆;13—滑块;
14—上模;15—下模;16—垫板;17—工作台;18—液压气垫

图 6.41　J31-315 压力机运动原理图

例如 J31-315 压力机的滑块行程次数为 20 次/min。

(4) 装模高度

装模高度是指滑块在下死点时,滑块下表面到工作垫板上表面的距离。当滑块被调整到最上位置时,装模高度达到最大值,称为最大装模高度。反之,装模高度达到最小值,称为最小装模高度。上下模具的闭合高度应小于压力机的最大装模高度,而应大于最小装模高度。滑块所能调节的距离称为装模高度调节量。例如 J31-315 压力机的最大装模高度为 490 mm,装模高度调节量为 200 mm。和装模高度并行的标准还有封闭高度。所谓封闭高度是指滑块在下死点时,滑块下表面到工作台上表面间的距离。它和装模高度之差就是垫板的厚度。

6.5.2　弯曲模

1. 弯曲模的种类及结构

(1) V 形弯曲模

如图 6.42 所示,V 形弯曲模下模即凹模的两边圆角半径 $r_凹$ 应该相等,否则坯料在弯曲时会向一侧滑动,下模 3 用两个定位销 6 和 4 个螺钉 7 固定在下模座 4 上。定位板 5 一般装在凹模面上,这两块定位板是可以调节的;而在专用模具上,定位板是用销子和螺钉固定在凹模上。上模即凸模 2 在制造时要留有回弹值。

当冲床飞轮运转正常时,踩动脚踏板使凸模下降,到一定位置就与坯料表面接触,随着凸

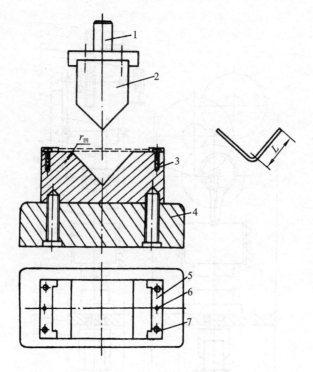

1—模柄；2—上模；3—下模；4—下模座；5—定位板；6—定位销；7—螺钉

图 6.42　V 形弯曲模

模继续下降，坯料沿凹模圆 $r_{凹}$ 角滑动，最后压弯成形。

凹模圆角 $r_{凹}$ 和工作部分长度是模具结构的两个重要参数，这些参数的正确选择能保证弯曲零件的质量。

（2）半圆形弯曲模

如图 6.43 所示，半圆形冲弯模的凹模的两边圆角半径 $r_{凹}$ 应该相等。凹模用两个定位销和 4 个螺钉固定在下模座 7 上，凹模有两个 U 形定位板 4。

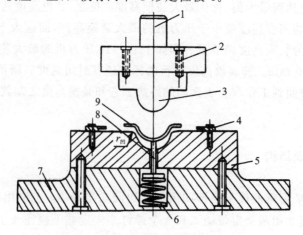

1—模柄；2—螺钉；3—凸模；4—定位板；5—凹模；
6—弹簧；7—下模座；8—顶件器；9—零件

图 6.43　半圆形冲弯模

将坯料放进定位板间,使之不能自由移动,开动冲床,凸模下降到一定位置与坯料表面接触,当凸模继续下降,坯料弯曲且沿凹模圆角 $r_{凹}$ 滑动,同时顶件器 8 向下运动并压缩弹簧。凸模再往下降,坯料弯曲成形。同时弹簧压紧贮蓄能量,当凸模上升时,顶杆借弹簧的弹力把零件顶出。

(3) U 形弯曲模

如图 6.44 所示,U 形弯曲模(两块)用螺栓固定在下模座 6 的两侧,凹模 2 上有两块定位板 3,中间有顶板 4。凸模 1 固定在上模座 5 上。

将坯料送进两定位板间,开动冲床,凸模下降到一定距离与坯料表面接触,将坯料压在顶板上,当凸模继续下降,而两端未被压的材料沿着凹模圆角滑动,先向上弯起,然后进入凹模成形。同时顶板向下运动,压缩橡皮,贮蓄能量,当凸模上升时,顶板借橡皮的弹力把零件顶出。

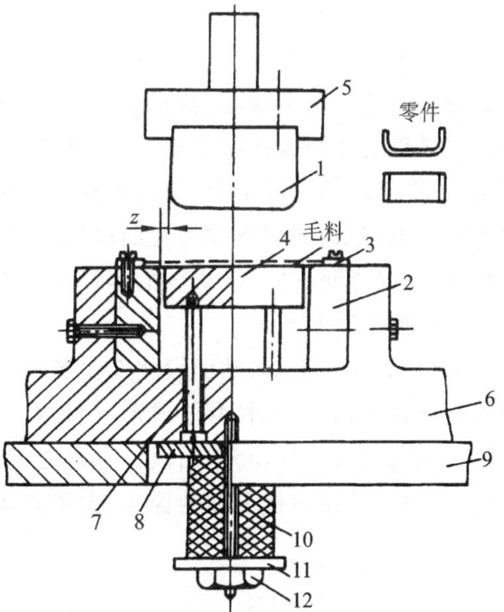

(4) 槽形弯曲模

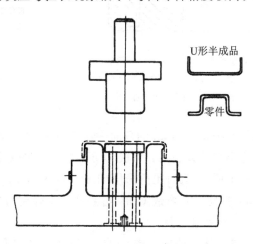

1—凸模;2—凹模;3—定位板;4—顶板;5—上模板;
6—下模座;7—顶板螺钉;8—垫板;9—冲床工作台面;10—橡皮;11—垫圈;12—螺母

图 6.44 U 形弯曲模

如图 6.45 所示,当开动冲床后,凸模下降,坯料被压在凸模与顶板之间,凸模继续下降时,坯料沿凹模圆角 $r_{凹}$ 滑动,先向上弯曲,后与凸模圆角 r_2 接触。由图可以看出,在很短时间内,坯料沿 $r_{凹}$ 和 r_2 滑动是困难的,往往坯料被拉长变薄。因此,用这种冲压弯曲模不易到精度较高的零件。

如果改用两次弯成,第一次将平直的坯料弯成 U 形半成品,然后再放入图 6.46 所示弯曲模上,用 U 形内侧定位,最后冲弯成槽型,两次压弯拉长现象很小,弯曲零件精度较高。

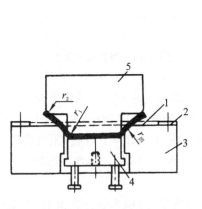

1—坯料;2—定位板上模;3—凹模;
4—顶板;5—凸模

图 6.45 槽形弯曲模

图 6.46 第二道工序槽形弯曲模

(5) 闭角弯曲模

弯曲小于 90°的 匚 形零件,用图 6.47 所示的弯曲模,可一次弯曲变形。从图中可以看出,在凹模 2 内装有两个能转动的活动模块 3,并由于弹簧 5 的拉力以销钉 6 靠在止动块 7 上。

将平直的坯料放在定位板 4 内,开动冲床,使凸模下降,零件先弯成 匚 形,如图 6.47 左边所示,工件随凸模继续下降,与活动模块 3 接触后,就迫使模块 3 克服弹簧 5 的弹力而转动,这时弹簧 5 被拉长,同时将零件弯曲成形(见图 6.47 右边)。当凸模上升带动模块 3 反向转动,并将零件顶出凹模外。模块 3 的销钉 6 又靠弹簧 5 的拉力紧靠在止动块 7 上。

(6) 圆管形弯曲模

如图 6.48 所示,活动凹模块 7 由顶板 12 托住,当凸模向下运动将坯料压下时,凹模块 7 受力向内转动,并将坯料弯曲成形(因坯料有回弹,模具要多次试验,反复修整)。当凸模上升时已弯成的圆管零件,套在凸模 3 上随之上升,因支撑 1 能绕销子 2 转动,所以可顺利地取出零件;凹模块 7 靠顶板下面的橡皮(图中未画出)的弹簧而复原。

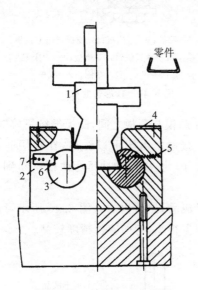

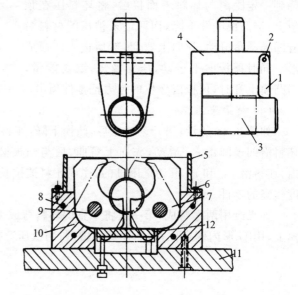

1—凸模坯料;2—凹模;3—活动模块;
4—定位板;5—弹簧;6—销钉;7—止动块

图 6.47 闭角弯曲模

1—支撑;2—销子;3—凹模;4—上模座;5—定位板;6—销钉;
7—活动凹模块;8,9—销钉;10—凹模;11—下模座;12—顶板

图 6.48 圆管形弯曲模

圆筒直径 $d \leqslant 5$ mm 的弯曲件属于小圆,$d \geqslant 20$ mm 的属于大圆。上述弯曲模适合于弯制大圆。弯小圆的方法是先弯成 U 形,再由 U 形弯成圆形,如图 6.49 所示,由于工件小,分二次弯曲操作不便,故有时也可采用如图 6.50 所示的一次弯曲模。凸模下行时,压板将滑块往下压,利用芯棒将坯料弯成 U 形,等到凸模下降到与坯料接触后,再将 U 形弯成圆形。

(7) Z 形件弯曲模

Z 形件一次弯曲即可成形,图 6.51 所示为 Z 形件弯曲模,凸模 8 装在接板上,可随接板上下活动。上模下行时,凸模 8 先将坯料压在顶板上,上模继续下降完成弯曲过程。

(8) 卷铰链弯曲模

图 6.52 所示为卷铰链的第一道工序用的弯曲模,将平直板料放到弯曲模内,板料的光面贴紧凹模,毛面朝上,否则容易弯裂。圆弧的弯曲半径 R 应等于铰链圆管的曲率半径。

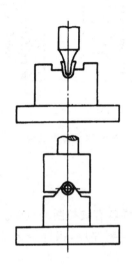

图 6.49 小圆二次弯曲模

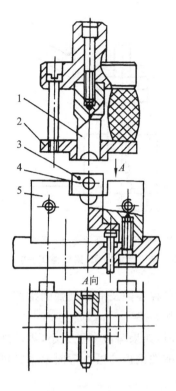

1—凸模；2—压板；3—滑块；4—心棒；5—凹模

图 6.50 小圆一次弯曲模

弯曲时,开动冲床,凸模下降,将板料压出圆弧。将第一道弯曲过的半成品插入图 6.53 所示第二道工序用的弯曲模的下模 2 的槽中,上模 1 下降,将零件的一端弯曲成圆管形,其卷边过程如图 6.54 所示。

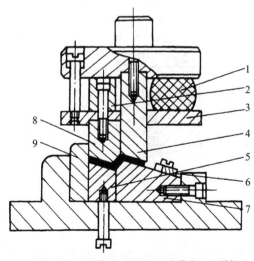

1—橡皮；2—支承板；3—接板；4—凸模Ⅰ；5—顶板；
6—定料板；7—凹模；8—凸模；9—防侧板

图 6.51 Z形件弯曲模

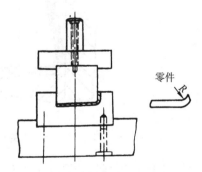

图 6.52 卷铰链弯曲模(第一道工序)

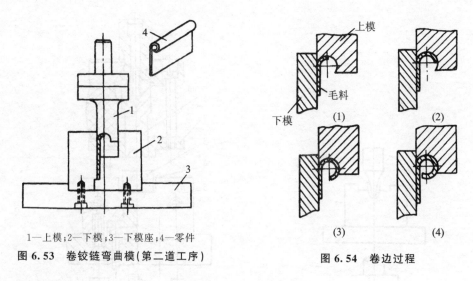

图 6.53 卷铰链弯曲模(第二道工序)　　图 6.54 卷边过程

2. 弯曲模的各种参数及消除回弹的措施

(1) 最小弯曲半径

板料在冲弯时,如果弯曲半径太小,零件外部弯曲区的纤维就有被拉断的危险。通常对于纯铝板、软钢板、酸洗钢板的最小弯曲率半径可取小于或等于材料厚度,铝合金板可取零件材料厚度的 1～3 倍。

以上数值是弯曲线与材料纤纹方向垂直时的。如果弯曲线与纤纹方向平行,则最小弯曲半径要比以上数值增大 50% 以上。

(2) 消除回弹的措施

板料在弯曲后产生回弹,为了消除或减少回弹,可以从模具结构上采取措施:

① 对于一般材料如 Q215-A、Q235-A10、20、H62 软钢等,其回弹角小于 5°且材料厚度偏差较小时,可在凸模或凹模上作成斜度,并取凸、凹模间的间隙等于最小板厚,来克服回弹,如图 6.55 所示。

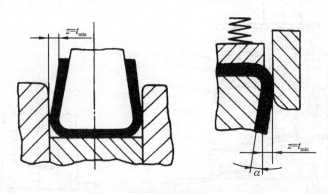

图 6.55 克服回弹措施之一

② 对于一般材料,若厚度在 0.8 mm 以上,弯曲半径又不大时,可在凸模上作成如图 6.56 所示的形状,对变形区进行整形来克服回弹。

③ 对于回弹较大的材料,如 Q275、45、50 和 H62 硬钢等,当弯曲半径 $R > t$ 时,可在凸模或凹模上作出补偿回弹角,以消除回弹。或将凹模的顶件器做成弧形面,如图 6.57 所示,以造

成工件底部的局部弯曲,当工件自凹模中取出后,由于曲面部分回弹伸直而使两侧产生回弹,从而补偿了圆角部分的正回弹。

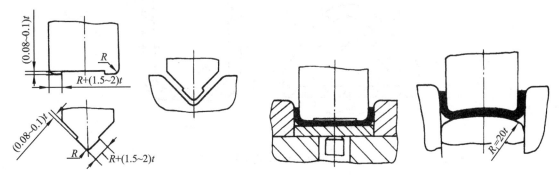

图 6.56 克服回弹措施之二　　　　图 6.57 克服回弹措施之三

④ 其他如 U 形件采用负间隙($z<t$)弯曲;还有如采用橡皮、聚氨酯弯曲模及摆动结构的特殊弯曲模进行弯曲以减小回弹。

(3) 凹凸模的圆角

凹模圆角半径 $r_凹$ 对弯曲力和零件的质量都有影响,$r_凹$ 越小,所需弯曲力越大,板料在凹模内滑动越困难,而且容易划破零件表面,影响零件的质量。对于一般薄板件,$r_凹$ 一般取 3~10 mm。

弯曲凸模的圆角半径,通常与零件弯曲半径 r 相等,但对于硬铝合金,凸模的圆角半径可略小于零件的弯曲半径。

(4) 凸凹模的间隙值

凸凹模的间隙值 z 对弯曲精度及所需弯曲力的大小都有影响。间隙太小,可以减少零件的回弹值,但是会使零件弯曲部分挤薄。如间隙太大,零件在成形时不能与凸凹模贴合,回弹较大,冲出的零件形状及尺寸不准确。对于有色金属,如紫铜、黄铜和铝板等,间隙 $z=(1.0\sim1.1)t$;对于钢板,间隙 $z=(1.05\sim1.15)t$,t 为板料厚度。

3. 弯曲模的安装

弯曲模的安装过程如下:

① 开动冲床待飞轮运转平稳后关闭电源,利用冲床的惯性,使滑块下降到下死点。

② 把弯曲模搬到工作台上并推至中间部位,如果模具推不进,应通过调节螺杆使滑块上升到能推进为止。然后将上模固定在滑块上。

③ 适当向上调节连杆,使上下模之间应有相当于板料厚度的间隙。如果弯曲模无导向装置,应在凸凹模两边间隙内分别放入两块板料,以调整间隙使其均匀。

④ 用压板、垫铁和螺栓通过工作台面上的 T 型槽将下模固定于工作台面上。

⑤ 安装或调整好橡皮顶件装置。

⑥ 检查安装情况及周围的安全。开动冲床试冲第一个零件,按工艺规程进行检查,首件合格后即可成批生产。

6.5.3 冲压弯曲实例

这里通过钢板弹簧吊耳来说明弯曲件的工艺分析、工艺计算和模具结构设计,如图 6.58 所示。

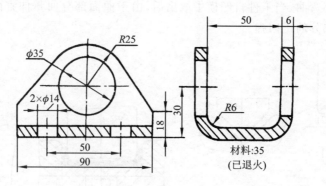

图 6.58 弹簧吊耳

1. 工艺分析及工艺方案选择

钢板弹簧吊耳是汽车底盘支承零件。弯曲毛坯上的两个 φ14 的孔作为定位孔,应在落料即下料时冲出。两壁上的孔 φ35 要求同轴并与芯轴配合,故要在弯曲后冲出再经机加工以保证同轴度。弯曲半径 $R=t=6$ mm,这对于退火状态的 35 号钢板是可以弯曲成形的。

2. 弯曲坯料尺寸计算

两端 R25 的圆心之间坯料的展开长度(见图 6.59 和图 6.60)为

$$L = 2L_1 + L_2 + 2L_3 = (2 \times 18 + 38 + 2 \times 12.7)\,\text{mm} = 99.4\,\text{mm}$$

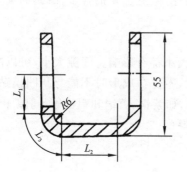
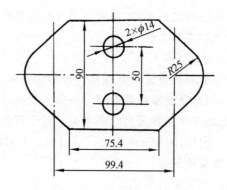

图 6.59 弹簧吊耳的坯料计算 图 6.60 坯料展开图

3. 弯曲力的计算

采用校正弯曲

$$P = Fq$$

式中,$F = (90 \times 50)\,\text{mm}^2 = 4\,500\,\text{mm}^2$,$q = 70\,\text{N/mm}^2$,得 $P = (4\,500 \times 70)\,\text{N} = 315\,\text{kN}$。

4. 模具工作部分设计

如图 6.61 所示,吊耳是用内形尺寸标注的弯曲零件,凸模尺寸为

$$L_凸 = (A + 0.25\Delta)^{\,0}_{-\delta_凸}$$

式中:$A = 50$ mm;$\Delta = +0.74$(8 级精度公差);$\delta_凸$ 按国标 4 级精度,$\delta_凸 = 0.05$。故

$$L_凸 = (50 + 0.25 \times 0.74)^{\,0}_{-0.05}\,\text{mm} = 50.185^{\,0}_{-0.05}\,\text{mm}$$

又

$$z = t + Ct$$

式中:$C = 0.05$(查有关资料)。故

$$z = (6 + 0.05 \times 6) \text{ mm} = 6.3 \text{ mm}$$

$$L_{凹} = (50.18 + 2 \times 6.3)^{+0.05}_{0} \text{ mm} = 62.78^{+0.05}_{0} \text{ mm}$$

凹模深度为 35 mm(查有关资料)。凹模圆角半径 $R_{凹} = 2t = 12$ mm。

5. 模具结构设计

吊耳弯曲模如图 6.62 所示。由于钢板弹簧吊耳的生产批量较大,故上下模的导向选用导柱、导套。坯料由顶板上的两个定料销定位,同时还保证在弯曲过程中板料不产生偏移。推板不仅推料,而且起压板的作用。加压是利用弹簧(图中未画出)通过顶杆来实现的。为了防止工件卡在凸模上,模具上装有卸料杆。

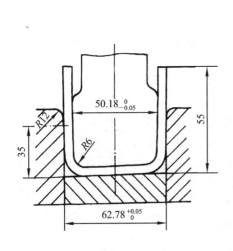

图 6.61 模具工作部分

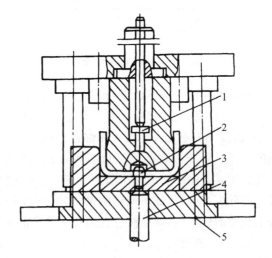

1—卸料杆;2—定料销;3—顶板;
4—螺钉;5—螺钉、销钉

图 6.62 吊耳弯曲模

6.6 卷 弯

6.6.1 卷弯的基本原理

通过旋转的辊轴使坯料弯曲的方法叫卷弯。卷弯的基本原理如图 6.63 所示,若坯料静止地放在下辊轴上,下表面与下辊轴的最高点 b、c 相接触,上表面恰好与上辊轴的最低点相接触,这时上下辊轴间的垂直距离正好等于料厚。当下辊轴不动上辊轴下降,或上辊轴不动下辊轴上升时,间距便小于料厚,若把辊轴看成是不发生变形的刚性轴,板料便产生弯曲,这实质上就是前面所讲的压弯。如果连续不断地滚压,坯料在全部所滚到的范围内便形成圆滑的曲面,坯料的两端由于滚不到,仍是直的,在成形零件时,必须设法消除。所以卷弯的实质就是连续不断的压弯,如图 6.64 所示,即通过旋转的辊轴,使坯料在辊轴的作用力和摩擦力的作用下,自动向前推进并产生弯曲。

坯料经卷边后所得的曲度取决于辊轴的相对位置、板料的厚度和力学性能。如所卷的板料的材质相同、厚度一样时,辊轴的相对位置越近,则卷得的曲度就越大,反之则越小;若辊轴的相对位置固定不变时,所卷的板料越厚或越软,则卷得的曲度也越大,反之则越小。如

图 6.65 所示,它们之间的关系可近似地用下式表示:

$$\left(\frac{d_2}{2}+t+R\right)^2=\left(\frac{B}{2}\right)^2+\left(H+R-\frac{d_1}{2}\right)^2$$

式中:d_1、d_2 为辊轴的直径,mm;t 为板料厚度,mm;R 为零件的曲率半径,mm。

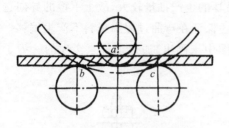

图 6.63 卷弯的原理图

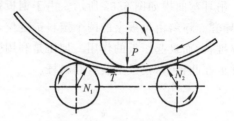

图 6.64 卷弯的示意图

辊轴之间的相对距离 H 和 B 都是变数,根据机床的结构,可以任意调整,以适应零件的曲度的需要。由于改变 H 比改变 B 方便,所以一般都通过改变 H 来得到不同的曲度。由于板料的回弹量事先难以计算确定,所以上述关系式不能准确地标出所需的 H 值来,仅供初卷参考。实际生产中,大都采取试测的方法,即凭经验大体调好上辊轴的位置后,逐渐试卷直到合乎要求的曲度为止。

卷弯时,辊轴对坯料有一定的压力,并与坯料表面产生摩擦,所以在卷制表面质量要求高的零件时,卷弯前应清洗辊轴及坯料的表面。对有胶纸等保护表面的坯料,

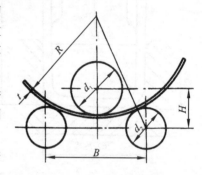

图 6.65 决定曲度的参数

也要注意清除纸面的金属和胶,并把胶纸搭接部分撕掉,否则对零件的表面质量有很坏的影响。

卷弯的最大优点是通用性强,板料的卷弯不需制造任何特种工艺装备,而型材的卷弯只需制作适合于不同剖面形状、尺寸的各种滚轮,因此,生产准备周期短,所用机床的结构简单。卷弯的缺点是生产率较低,板料零件一般须经过反复试卷才能获得所需的曲度。

6.6.2 卷弯成形

1. 板材的卷弯

(1) 板材卷弯设备

目前国内普遍使用的是三辊卷板机,其工作原理如图 6.66 所示。不对称三辊卷板机有手动和机动两种。手动不对称三辊卷板机工作时,转动手轮通过齿轮便可从两端带动上辊轴和一个下辊轴旋转,而另一个下辊轴随动。卷制零件的两下辊轴通过手柄可上下移动,以适应板料的厚度和卷弯的曲度。上辊轴的一端通过螺栓可卸开,沿另一端抬起,便可取出滚弯好的封闭形零件。机动不对称三辊卷板机,其主机转动及两下辊轴的上下移动分别通过主电动机和调节电动机带动。机动三辊卷板机如图 6.67 所示。

不对称三辊卷板机型号为"W11-被弯卷零件金属板的最大厚度×最大宽度",如型号为 W11-8×2000 三辊卷板机能弯卷的最大板厚为 8 mm,最大板宽为 2 000 mm。表 6.5 列举了辽阳锻压机床厂所生产的三辊卷板机。

(a) 对称三辊卷板机

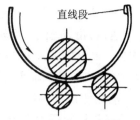
(b) 不对称三辊卷板机

图 6.66　三辊卷板机工作原理图

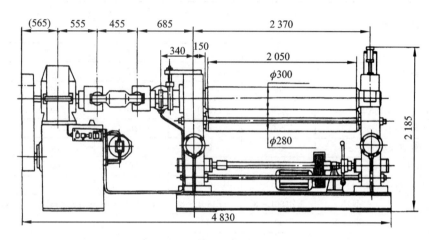

图 6.67　机动三辊卷板机

表 6.5　三辊卷板机(辽阳锻压机床厂生产)

技术参数		W11-5×2000	W11-6×1600	W11-8×2000	W11-10×1600	W11-12×2000
最大卷板宽度/mm		2 000	1 600	2 000	1 600	2 000
卷板厚度/mm		5	6	8	10	12
被卷零件最小直径/mm		380	380	500	500	600
板料屈服极限/MPa		250	250	250	250	250
板料最大断裂强度/MPa		450	450	450	450	450
辊子直径/mm		200	150	220	220	280
辊子转速/(r·min^{-1})		11.14	15.1	15	15	6.82
卷板速度/(m·min^{-1})		7	7.12	7	7	6
边辊最大升降距离/mm		137	110	120	120	300
边辊升降速度/(mm·min^{-1})		60.86	57.6	80	80	80
主电动机功率/kW		11	11	11	11	16
调节电动机功率/kW		3	3	3	3	7.5
外形尺寸	宽/mm	1 473	1 450	1 554	1 554	2 010
	长/mm	4 588	3 740	4 770	4 770	4 830
	高/mm	1 540	1 422	1 680	1 680	2 185
质量/t		5.5	4.6	5.5	5.5	11.8

对称上调式三辊卷板机均为机动设备,型号为 W11-12×3200A、W11-16×2500A 和 W11-20×2500A 三种机型的上辊升降移动,两下辊的主传动旋转均采用机械传动,各辊子轴颈采用新型的钢背复合材料滑动轴承,蜗轮传动部分采用了滚动轴承,摩擦损耗小;型号为 W11-12×3200A、W11-20×2500A 和 W11-25×2000A 三种机型除上辊的升降、两下辊的主体传动旋转均为机械传动外,倾倒轴承的倾倒复位、上辊的翘起、放平采用液压传动,各动作均由电气集中控制,自动化程度高,各辊子轴承采用新型钢背复合材料,摩擦损耗小,节省能源。表 6.6 列举了长治锻压机床厂生产的三辊卷板机。

表 6.6 三辊卷板机(长治锻压机床厂生产)

技术参数		W11-8×2500A	W11-12×2000A	W11-12×3200A	W11-16×2500A	W11-20×2000A
最大卷板宽度/mm		2 500	2 000	3 200	2 500	2 000
卷板厚度/mm		8	12	12	16	20
卷筒直径/mm		600	600	700	700	700
板料屈服极限/MPa		250	250	250	250	250
上辊直径/mm		240	240	280	280	280
下辊直径/mm		200	200	220	220	220
下辊中心距/mm		280	280	360	360	360
卷板速度/(m·min^{-1})		5.5	5.5	5	5	5
主电动机	型号	YZ180L-8	YZ180L-8	YZ225M-6	YZ225M-6	YZ225M-6
	功率/kW	11	11	22	22	22
升降传动电机	型号	YZ160MA-6	YZ160MA-6	YZ160L-8	YZ160L-8	YZ160L-8
	功率/kW	5	5	7.5	7.5	7.5
外形尺寸	宽/mm	1 415	1 415	1 560	1 560	1 560
	长/mm	4 340	4 840	4 500	5 000	5 700
	高/mm	1 600	1 600	1 745	1 745	1 745
质量/t		6.505	4.8	7.39	8.01	8.88

(2)板材卷弯成形

卷弯成形的零件有等曲度零件、变曲度零件和锥形零件 3 种,下面分别对这 3 种零件的卷弯成形工艺予以说明。

1)等曲度零件的卷弯

等曲度零件即圆筒零件,是卷弯成形中最简单的一种,在卷弯过程中,只要保持上辊轴上下不动,三根辊轴相互平行,即可实现。当然,曲度需要经过几次由小到大地试卷,才能最后达到要求。操作时,坯料一定要放正,否则滚出的零件是扭曲的,如图 6.68(b)所示。所以,卷弯前,最好划一条基准线;卷弯时,使基准线与上辊轴的轴线重合(见图 6.68(a)),再开始卷弯,这一点对于大型厚板的卷弯尤为重要,因为这种零件的后续修整量大且相当困难。

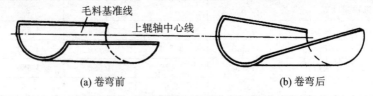

(a)卷弯前　　　　　　　　(b)卷弯后

图 6.68 弯卷圆柱形零件示意图

2) 变曲度零件的卷弯

在卷弯过程中,三根辊轴保持相互平行,并随时改变上辊轴的上下位置,就可弯卷出变曲度零件。上辊轴随时改变的量,虽有指示器表示,但也难控制。因此,有的卷弯机上装有靠模装置,弯卷过程中,上辊轴依靠模上下移动。采用靠模时,只要靠模做得准确,就能卷制出合乎要求的曲度。但因靠模制造的误差和传动机构的误差,尽管这些误差可以通过调整机构进行修正,却很难消除。尤其在生产批量较小时,调整靠模的时间过长,不合算;另外,在弯卷同一批零件时,由于坯料厚度及材料硬度上的差异,使弯卷的曲度大小不一,较厚或较软的坯料,弯卷的曲度就大些,坯料厚度越大,这种现象越突出。因此,有的工厂不采用靠模弯卷。

不按靠模弯卷变曲度零件,一般采用的方法是把零件近似地看作由几个不同半径 R 组成的,按半径 R 分段、分次弯卷,即曲度由小往大逐次卷成,如图 6.69 所示。

弯卷时,首先以 R_1 调整上辊轴的位置,坯料从 a 端弯卷到 f 端,使 ef 段曲度符合要求;然后以 R_2 调整上辊轴,从 a 端辊到 e 处,使 af 段的曲度符合要求。当上辊轴接近 e 点时,缓慢适量地上升,使曲度圆滑过渡,以防 R_1 和 R_2 间出现棱角。依次从 a 到 d、从 a 到 c、从 a 到 b 来完成全部弯卷工序 Ⅰ、Ⅱ、Ⅲ、Ⅳ 和 Ⅴ。批量生产时,为提高效率,全批工件的工序 Ⅰ 都完成后,再进行工序 Ⅱ。各个工序中,最好每个工件都进行检查,检查时采用样板或模胎。

3) 锥形零件的卷弯

从理论上讲,在卷弯过程中,两根下辊保持平行,上辊轴倾斜下上下移动,就可卷出等曲度的锥形零件。两下辊轴保持平行,上辊轴倾斜并上下移动,可卷出变曲度的锥形零件。实际上,还必须使坯料两端在辊轴间送给的速度不同,才能卷出符合要求的等曲度或变曲度的锥形零件。因为这种零件(见图 6.70)两端的曲度不同,展开长度也不同,因此在卷弯时,要求两端有不同的卷弯速度。曲度大的一端(B 端)速度应慢些,曲度小的一端(A 端)速度应快些。在卷弯时板料是同时承受三根辊轴的滚压,辊轴一般是圆柱形的,所以根本不可能同时得到几种不同的速度。为解决这一问题,要求坯料上沿卷弯方向分几个区域,进行分段卷弯。即在坯料的内表面划出并标明等百分线(母线)位置,然后沿等百分线分段卷弯,从而保证等百分线(母线)的直线度,如图 6.71 所示。

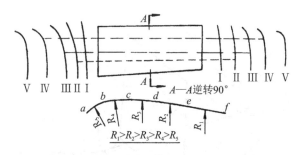

图 6.69 不用靠模弯卷变曲度零件示意图

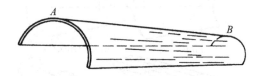

图 6.70 典型锥形零件示意图

例如,若卷弯图 6.72(d)所示的零件时,将坯料(见图 6.72(a))放在下辊轴上,使 55% 百分线与上辊轴轴线重合,按 55%~45% 区域的曲度下降上辊轴,卷弯 55%~45% 部位的曲度(见图 6.72(b))。然后升起上辊轴,转动坯料,再使 45% 的百分线与上辊轴轴线重合,根据 45%~35% 区域的曲度下降上辊轴,卷弯 45%~35% 部位的曲度(见图 6.72(c))。依次逐段卷弯其他各部分。

实践证明,区域分得越细,也就是坯料在卷弯时转动的次数越多,则零件的质量越好,但分

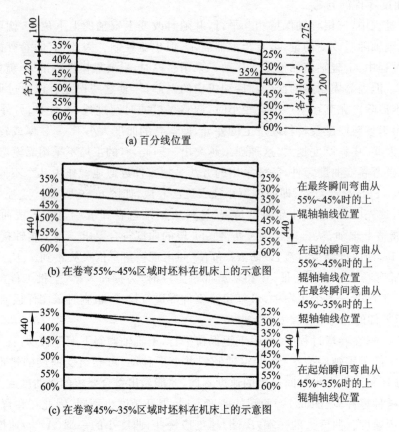

图 6.71 坯料上百分线位置及在机床上卷弯的示意图

得过多也没必要,具体根据零件尺寸和锥度的大小来确定。

4) 小曲率半径零件的卷弯

对于截面曲率半径相当小的零件,有时在三辊卷板机上不能完全卷弯成形。这种零件一般需要两道工序弯曲,如图 6.73 所示。

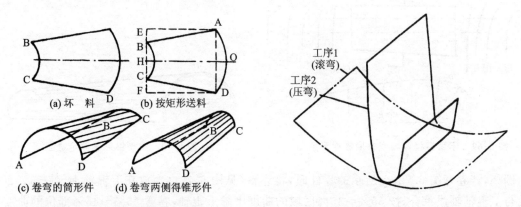

图 6.72 一般的锥形零件的卷弯　　图 6.73 分两道工序弯曲的小曲率半径零件的示意图

首先在三辊卷板机上卷弯使两侧达到所要求的曲度;然后再在压弯机上用弯曲模弯制中间曲度,使其最终符合要求。

2. 板材的辊弯校平

辊弯校平就是用辊弯的方法来校平板料,使板料达到符合要求的平直度。用于校平的机床叫辊平机,其种类很多,一般按工作辊轴的数目来区分。5 个工作辊轴的叫五轴辊平机;7 个工作辊轴的叫七轴辊平机;以此类推。表 6.7 列举浙江义乌矿山机械厂生产的七辊校平机和长治锻压机床厂生产的多辊校平机的参数。

表 6.7 多辊校平机参数

名 称	参 数	名 称	参 数
F272 型七辊校平机			
辊子直径/mm	225	校平速度/(m·min^{-1})	5.5
辊子节距/mm	260	电动机功率/kW	30
辊子根数/根	7	外形尺寸(长×宽×高) /m×m×m	5×4.72×2.26
校平钢板厚度/mm	4～14		
校平钢板最大宽度/mm	2 000	机器质量/t	19.2
W43-10×2000 型多辊校平机			
最大校平宽度/mm	2 000	压下行程/mm	+40,-10
校平厚度/mm $\sigma_b=400$ MPa	9.5	压下速度/(mm·min^{-1})	41.68
$\sigma_b=360$ MPa	10	校平速度/(m·min^{-1})	9
$\sigma_b=320$ MPa	10.5	压下电机功率/kW	7.5
$\sigma_b=280$ MPa	11	转角电机功率/kW	3
最小校平厚度/mm	2.5	润滑泵电机功率/kW	1
工作辊距/mm	150	主转动电机功率/kW	50
工作辊直径/mm	140	外形尺寸(长×宽×高) /m×m×m	6.61×2.95×3.51
工作辊辊数/个	13		
转角机构最大摆动量/mm	±6	机器质量/t	48.145

这类机床的结构形式基本相同,只是辊轴的数目不同而已,一般工作辊轴的数目为奇数。辊轴分上下两排相互交错平列。上排辊轴数目比下排多一个,下排辊轴的辊承固定在床身上不能调整,上排辊轴通过手轮可上下调整,以适应不同的材料厚度和曲度。

现以七辊校平为例说明辊弯校平的原理,如图 6.74 所示,假如板料向左移动,校平时调整上排辊轴,使与下排辊轴的间隙小于板料的厚度,使辊轴对板料施加足够大的压力。从三轴辊弯的工作原理中可知,由辊轴 1、2、7 组成的三轴辊,使板料向上弯曲,然后又在辊轴 2、6、7 组成的三轴辊的作用下,向

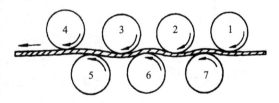

图 6.74 板材校平原理

下弯曲,如此依次反复上下弯曲,就使坯料生产波浪来消除板料的凸凹不平。这样滚出的板料是带曲度的,曲度的大小取决于最后一组由辊轴 3、4、5 组成的三轴辊。为使板料在离开校平机时是平的,只要将可单独调整的辊轴 4 调整到适当的高度便可达到。可见在板料向左辊压时,1、2、3、5、6、7 六个辊轴是受力的工作辊轴,而辊轴 4 是控制板料从机床辊出的形状。当板料向右辊压时,则辊轴 1 决定板料辊出的形状,其余均为受力的工作辊轴。

由上述可知,校平机上辊轴的数目越多,则校平的效果越好,所以对弹性大难校平的薄板要在多辊校平机上进行校平。

3. 型材的辊弯

型材辊弯与板材辊弯的不同点，在于型材辊弯时，需要按型材的断面形状设计制造滚轮，将滚轮装在辊轴上，通过滚轮进行滚弯。所以每滚一种零件，就需更换一次滚轮。

（1）标准型材的辊弯

标准型材即挤压开型材，坯料的断面形状（见图6.75）是由型材生产厂家挤压的。标准型材一般采用三轴或四轴辊弯机进行辊弯，其示意图如图6.76所示。

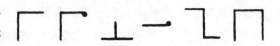

图6.75 几种标准型材的典型断面

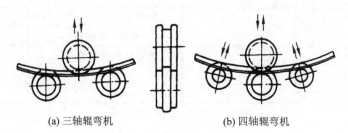

(a) 三轴辊弯机　　　(b) 四轴辊弯机

图6.76 型材辊弯机示意图

（2）板制型材的辊弯

所谓板制型材，是指由板料制成的各种断面的型材。板制型材的辊弯一般都在万能两轴辊床（即轧型机，轧波纹机）上进行。

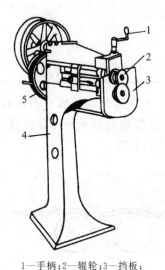

1—手柄；2—辊轮；3—挡板；
4—床座；5—传动机构

图6.77 轧型机

轧型机的结构如图6.77所示，其工作原理如图6.78所示。双向电动机1通过皮带轮2和齿轮组3带动辊轴5旋转，上辊轴6通过齿轮组4旋转。通过手柄8来调节滑块7可使上辊轴作上下移动，以调整压力和适应不同的料厚。工作滚轮9装在上、下辊轴的前端，当电动机正反旋转时，便带动滚轮往复辊制零件。

轧型机的操作过程是用手柄升起上辊轴，装好滚轮，坯料靠正定料挡板放好，下降上辊轴压住坯料，进行试辊，合乎要求后，开动机床辊制零件。辊弯时，应注意正确送料，使坯料边缘靠住挡板，不要偏斜，以免辊制的零件歪斜或成波浪形。

板制型材的辊弯首先根据断面尺寸做好辊轮，可由平板料直接辊成。对断面转角半径很小或槽形很深的零件，直接用辊压的方法很难辊成，须制备几套辊轮逐渐辊出；若几套辊轮辊出还很困难，这时可先在折弯机上用弯曲模压出断面形状，如图6.79所示，然后再辊制出曲度。这样可减少滚轮的套数和辊弯的次数。

对于封闭环形型材零件，用其他方法难以做成，可用辊压的方法制出断面形状和大致近似的曲度，两端对焊后，再用其他方法如用胀形的方法校正曲度，使之最终达到要求。

在轧型机上，用滚轮还可以对坯料或零件进行辊形或局部辊形，例如：槽形，加强筋，压陷，弯边，卷边等，如图6.80所示。为了提高效率，可采用多轴辊边机。

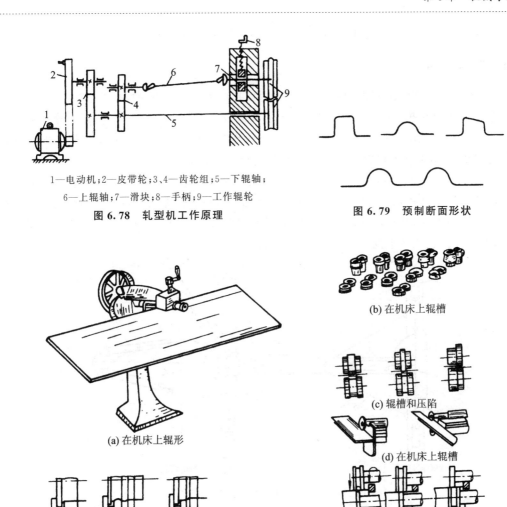

1—电动机；2—皮带轮；3、4—齿轮组；5—下辊轴；
6—上辊轴；7—滑块；8—手柄；9—工作辊轮

图 6.78 轧型机工作原理

图 6.79 预制断面形状

(a) 在机床上辊形

(b) 在机床上辊槽

(c) 辊槽和压陷

(d) 在机床上辊槽

(e) 弯边和辊形

(f) 在筒形件上辊形

图 6.80 在轧型机上辊形或局部辊形

6.7 拉弯成形

用普通的弯曲方法制造长度大、相对弯曲半径 R/t 很大的工件时，由于毛坯大部分处于弹性变形状态，会产生非常大的回弹，有的根本无法成形，这时可采用拉弯成形，即拉弯成形工艺。

如图 6.81 所示，拉弯成形工艺特点是在弯曲前先使毛坯承受一定的拉伸应力，其值应使弯曲内层的合成应力，即由先加的拉伸应力和弯曲时内层的压缩应力合成的应力稍大于材料的屈服极限，并在此拉伸状态下使毛坯完成弯曲变形。拉弯成形工艺加大了弯曲件的变形量，而且

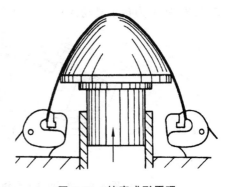

图 6.81 拉弯成形原理

使工件的整个横截面都处于塑性拉伸变形范围,故可以大大减小工件的回弹。

6.7.1 拉弯设备

目前,各工厂使用的拉弯机,基本是转臂式的,其拉力有 90 kN 的,也有 250 kN 的,拉弯机的工作原理如图 6.82 所示。在固定台面 1 的两侧铰接两个转臂 2,每个转臂上分别装有拉伸动作筒 3。转臂 2 由弯曲动作筒 4 和拉杆 5 带动旋转弯曲坯料 7。拉伸动作筒 3 的活塞杆前端装有夹头 6,用来夹紧坯料。拉弯模 8 对称地装在台面 1 的轴线上,250 kN 拉弯机上装有压紧动作筒 9,可带动凸模压紧坯料。工作时,先装好拉弯模,调整拉伸动作筒活塞杆的伸出量大于拉伸时的收缩量,夹好坯料。开动拉伸动作筒预拉坯料,左右两拉伸动作筒的拉力要相等。保持预拉力不变,开动弯曲动作筒,转动转臂使坯料绕拉弯模弯曲。最后进行补拉至完全贴模,卸下零件。表 6.8 中列举了 3 种拉弯机的技术参数。

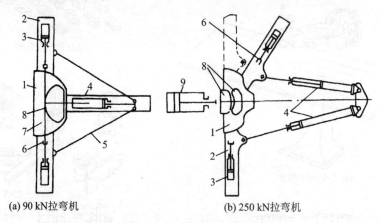

(a) 90 kN 拉弯机　　　　(b) 250 kN 拉弯机

1—台面;2—转臂;3—拉伸动作筒;4—弯曲动作筒;5—拉杆;
6—夹头;7—坯料;8—拉弯模;9—压紧动作筒

图 6.82　转臂式拉弯机工作原理

表 6.8　常用拉弯机技术参数

拉力/kN	90	250	600
拉弯坯料的最大长度/mm	550	6 000	9 000
拉弯坯料的最大角度/(°)	90	90	90

图 6.83 所示为台钳复动式拉形机的结构及工作原理。托板 9 借螺母 12 和丝杆 13 沿床

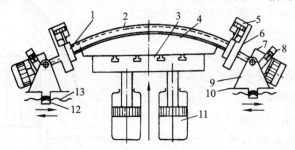

图 6.83　1 000 kN 台钳复动式拉形机的结构及工作原理

身滑轨 10 移动,拉形液压缸 7 和回转钳口液压缸 8 铰接在托板 9 上,装有钳口 1 和钳口液压缸 5 的平板 6 固定在拉形液压缸 7 的活塞杆前端,工作时,毛坯 2 装在钳口 1 中,用钳口液压缸 5 夹紧;在钳口回转液压缸 8 的作用下,拉形液压缸 7 绕托板 9 的铰点带动平板 6 转动,使钳口 1 所夹持的毛坯与拉形模 4 的曲面相切。毛坯 2 的拉形,依靠工作台升降液压缸 11 带动工作台 3 和拉形模 4 上顶,拉形液压缸 7 带动钳口向外移动而实现拉形。

6.7.2 拉弯工艺

拉弯工艺的关键参数是确定拉弯次数、预拉力和补拉力的尺寸。

其具体工艺过程为:① 下料;② 焖火;③ 预拉;④ 不变预拉力绕拉弯模弯曲;⑤ 淬火;⑥ 用原预拉力弯曲至贴合;⑦ 最后补拉;⑧ 修整检验。

1. 拉弯成形力的计算

拉力的大小多用经验确定的表压来控制,因为用表压控制简单方便。预拉力即使坯料沿模子弯曲力 P_1 和补拉力 P_2,按下式初算:

$$P_1 = \sigma_s F, \quad P_2 = \sigma_b F$$

式中:σ_s 为材料的屈服点,MPa;σ_b 为材料的抗拉强度,MPa;F 为型材的断面面积,mm²。

将算出的拉力 P_1 和 P_2 换算成拉弯机的表压,根据表压进行首件试拉,通过试拉零件与拉弯模的贴合程度,调整表压直到合适为止。

2. 坯料尺寸的确定

零件采用拉弯成形时,其坯料长度 L 和宽 B 分别按下式计算(见图 6.84):

$$L = l + 2(l_1 + l_2)$$
$$B = b + 2l_3$$

式中:L 为拉形模工作面上的展开长度;l_1 为坯料的夹紧量,一般取 50 mm;l_2 为拉形模边缘与钳口间的过渡区长度,一般为 100~200 mm;b 为零件的最大宽度;l_3 为两边的余量,一般取 30~50 mm。

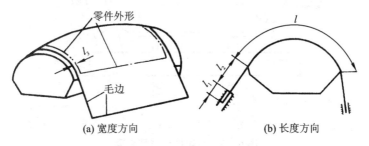

图 6.84 拉形件坯料尺寸的确定

对于铝合金、耐热钢、碳钢等材料均在常温下拉弯;对于低塑性材料如镁合金、钛合金等,须加热拉弯。加热的方法有两种:一种是电阻加热法,即坯料夹紧后,夹头作为接线头,坯料作为电阻,当电流通过坯料时被加热,达到一定温度时进行拉弯;另一种是模具加热,拉弯时模具用电热管加热,达到一定温度后进行拉弯。待零件冷却后再取下,有利于提高尺寸精度,但效率有所降低。

材料和断面相同的零件,为提高生产率和节省原材料,可以组合拉弯,即在一次拉弯出几个零件,然后切开。

3. 拉形次数与拉形程度的控制

在实际生产中，一般是根据零件的实样或拉形模，凭经验确定拉形次数，再经过试验最后确定。一般对凸峰形零件，纵向曲度较小的可一次拉成，曲度较大的二次拉成。马鞍形零件一般最少需二次拉成，原因是这类零件拉形时，毛坯向中间滑动，中间容易起皱。

对于纵向拉形的零件，一般都一次拉成。拉形程度是指两次以上才能拉成的零件，每次应拉多少，也就是拉形过程中，如何掌握材料的变形量。

6.7.3 拉弯成形模具装置

1. 常用的模具装置

图 6.85 是常见的拉形模装置，拉形只用一个凸模，成形无回弹的弯曲板件，多用于飞机与汽车工业。工作时，首先将板料毛坯 1 两端夹持在左、右夹头 3 内，顶杆 7（通过油缸或其他顶出机构）上升将拉形凸模 2 向上移动，在凸模向上移动的同时，凸模上的凸轮通过销轴 5 将左、右两夹头 3 分别向左、右两边作圆弧运动，这样就实现了板料毛坯 1 的塑性弯曲变形，即拉形成形。图中 6 为夹头 3 与工作台 8 的连杆。

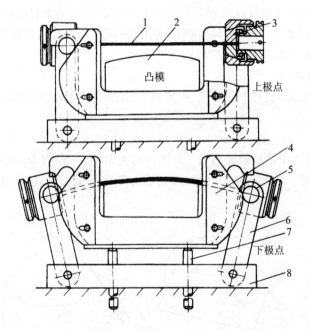

1—毛坯；2—凸模；3—夹头；4—凸轮；5—销轴；6—连杆；7—顶杆；8—工作台

图 6.85 凸轮拉形模具装置

图 6.86 是在通用液压机上进行拉形用的拉形模。图 6.86(a) 的上半边为初始状态，其下半边为拉形终了状态。可以看出，在拉形过程中，由凸凹模的弧形面使板料弯曲，而上、下模接合后夹头将板料两端压紧并沿下模两边的斜面向左、右两边移动来实现拉伸。下模夹持力可不用弹簧，而用顶杆通过模具下面的缓冲器，见图 6.86(b)。

2. 拉弯模具及夹块

拉弯模一般按外形样板制造，考虑回弹量的按回弹样板制造。拉弯模的材料可选用厚铝板、塑料板和钢板来制造。有时也可采用厚铝板，周围或局部用钢板加强的形式。图 6.87 为拉弯模的典型结构，由上模、垫板和底板 3 部分拼成，用埋头螺栓连接。模具的两头根据装配

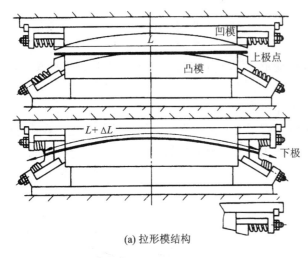

(a) 拉形模结构　　　　(b) 顶杆式夹持

图 6.86　通用液压机上使用的拉形模

要求和加工的需要适当放长些,一般比零件的边缘加长 10 mm 左右。拉弯模两端要做成缺口或斜角,以便拉弯时夹头能自由地进入模具的后面,保证拉力与模具两端相切,并减小两端的拉弯余量。模具两端应倒成圆角,一般 R 为 20 mm 左右,便于拉弯时金属流动和防止零件划伤。当采用模具加热拉弯时,拉弯模上要加工出放置电热管的孔。

拉弯时,夹头内的夹块必须根据型材的断面形状更换,夹块的形状如图 6.88 所示,夹紧面做成齿形,以便增强夹紧力。所有夹块表面要与坯料表面接触,并使抗力的合力通过坯料断面重心。

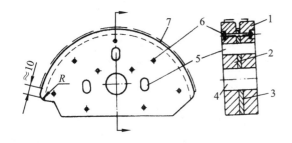
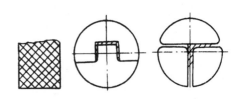

1—上模;2—底板;3—垫板;4—减轻孔;
5—安装孔;6—螺栓;7—零件

图 6.87　拉弯模的典型结构　　　　**图 6.88　拉弯机夹头内的夹块**

习题与思考题

1. 何谓弯曲成形?常用的弯曲成形方法有哪些?
2. 为什么说材料的最小弯曲半径是材料进行弯曲加工的限制条件?影响材料最小弯曲半径的主要因素有哪些?
3. 产生弯曲回弹的原因是什么?影响弯曲件回弹值大小的主要因素有哪些?
4. 零件如图 6.89 所示,宽度 30 mm,材料厚度 3 mm,$x_0 = 0.42$,用理论计算法求展开长度。

5. 零件如图 6.90 所示，宽度 40 mm，材料厚度 3 mm，$x_0=0.47$，用理论计算法求展开长度。

6. 自由弯曲是使材料产生弹性变形，还是塑性变形？利用折弯机进行折弯工艺时，常用的方法有哪 3 种？

7. 试述机械式板料折弯机的操作过程。

8. 折弯机上用的弯曲模具可分为哪两类？试述带曲度的零件如蒙皮的各种弯曲模弯制。

9. 冲床有哪些类型？在冲床上使用的弯曲模的种类有哪些？怎样进行安装？

10. 试述卷弯的基本原理，其最大优点是什么？

11. 试述轧型机的工作原理。

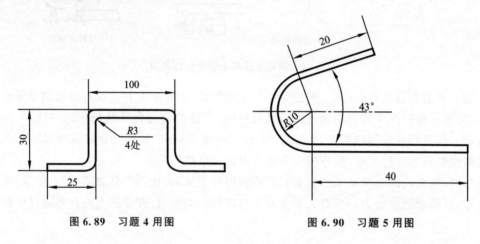

图 6.89　习题 4 用图　　　　图 6.90　习题 5 用图

第 7 章 拉深成形

拉深(又称为拉延、压延、深冲等)是利用模具,将冲裁后得到的一定形状平板毛坯,冲压成各种开口空心零件或将开口空心毛坯减小直径、增大高度的一种机械加工工艺。利用拉深方法生产的零件种类很多,大体可以分旋转体(轴对称)、矩形(盒形)零件和复杂形状零件这三类,如图 7.1 所示。

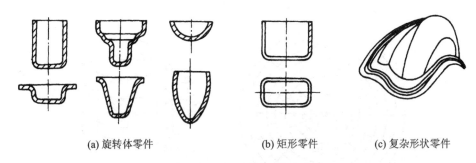

(a) 旋转体零件　　　(b) 矩形零件　　　(c) 复杂形状零件

图 7.1 常见的拉延件种类

在实际生产中拉深工序往往与冲裁和成形等工序相结合而制成各种极为复杂的零件。

拉深可分为不变薄拉深和变薄拉深。不变薄拉深成形后的零件,其余各部分的厚度与拉深前坯料厚度相比,基本不变;而变薄拉深成形后的零件,其壁厚与原坯料厚度相比则有明显的减小。在实际生产中,应用较多的是不变薄拉深。本章重点介绍不变薄拉深的工艺与模具设计。

7.1 拉深变形的特点

7.1.1 拉深变形过程

圆筒形件是最典型的拉深件。图 7.2(a) 所示为在凸模作用下将一直径 D 的平板毛坯压成一个直径为 d、高度为 h 的圆筒形零件的拉深过程。如果将平板毛坯(见图 7.2(b))上所有三角形阴影部分去掉,留下所有矩形窄条,然后将这些窄条沿直径为 d 的圆周折过来,再把它们加以焊接,就可以变成圆筒形零件了。这个圆筒形零件的直径 d 可按需裁取,而其高度为 $h=(D-d)/2$。

但是,在实际拉深过程中,并没有将阴影部分的三角形材料切掉,这部分材料是在拉深过程中由于塑性流动而转移了。这部分被转移的

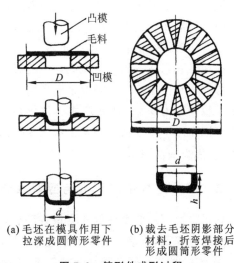

(a) 毛坯在模具作用下　(b) 裁去毛坯阴影部分
　　拉深成圆筒形零件　　　材料,折弯焊接后
　　　　　　　　　　　　　形成圆筒形零件

图 7.2 筒形件成形过程

三角形材料通常称为"多余三角形"。这部分"多余三角形"的转移一方面要增加工件的高度Δh，使得：$h>(D-d)/2$；另一方面要增加工件的壁厚。这说明材料沿高度方向产生了塑性流动。

为了进一步说明拉深时金属的流动过程，可以进行如下实验：在圆形毛坯上画许多间距都等于a的同心圆和分度相等的辐射线，如图 7.3 所示，由这些同心圆和辐射线组成网格。拉深后，在圆筒形工件底部的网格基本保持原来的形状，而在圆筒形工件的筒壁上的网格则发生了很大的变化。原来的同心圆变为筒壁上的水平筒线，而且其间距a也增大了，越靠近筒壁的上部增大越多，即$a_1>a_2>a_3>\cdots>a$；另外，原来分度相等的辐射线变成了筒壁上的垂直平行线，其间距则完全相等，即$b_1=b_2=b_3=\cdots=b$。

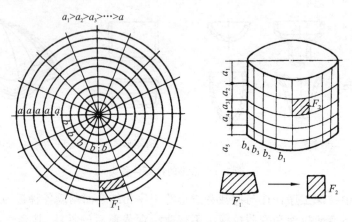

图 7.3 拉延件的网络变化

如果拿网格中的一个小单元体来看，在拉深前是扇形F_1，在拉深后则变成矩形F_2了。但是一般来说，由于拉深后板料厚度变化很小，故可认为拉深前后小单元体的面积不变，即$F_1=F_2$。

为什么原来是扇形的小单元体，在拉深后却变成了矩形呢？由图 7.4 可以得到解释。在变形过程中，我们可以先将毛坯上的扇形小单元看作是被拉着通过一个假想的楔形槽而将扇形F_1变成矩形F_2的。然而，在实际拉深过程中并没有楔形槽小单元体，小单元体也不是独立存在的，而是处在相互联系在一起的整体毛坯，在拉深过程中，毛坯金属内部的相互作用产生了类似于楔形槽的作用。即在径向产生了拉伸应力σ_1，在切向产生了压缩应力σ_3，在两个应力的共同作用下使平板毛坯发生塑性变形而不断地被拉入凹模内，成为圆筒形零件。

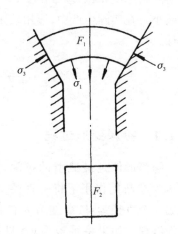

图 7.4 扇形小单元体的变形

7.1.2 拉深过程中的应力与应变状态

如果将拉深后的零件剖开测量各部分，其厚度和硬度是不一样的（见图 7.5）。一般是底部厚度略有变薄，但基本上等于原毛坯的厚度；筒壁从下向上逐渐增厚，越到上缘增厚越大；壁部下端变薄，越靠近圆角处变薄越严重；此外，沿高度方向，零件各部分的硬度也不同，越到零件上缘硬度越高。这些说明了在拉深过程中坯料的变化极不均匀。

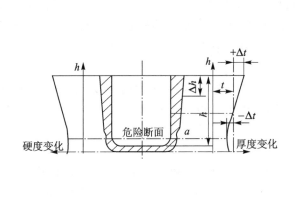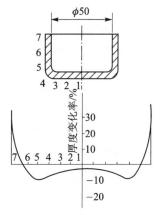

(a) 圆筒件侧壁材料厚度和硬度变化示意图　　(b) 底部和侧壁材料厚度变化示意图

图 7.5　拉深件材料的厚度和硬度

为了更深刻地了解拉深变形过程,我们讨论在拉深变形过程中材料内各部分的应力与应变状态。下面以带压边圈的直壁圆筒形零件的首次拉深为例,设在拉深过程中的某一时刻,坯料处于图 7.6 所示的位置,分析坯料各部分的应力与应变状态。

1. 压边圈下的凸缘部分(主要变形区)

即图 7.6 中 e 区部分,该区是小单元体由扇形变为矩形的区域,拉深变形主要在这个区域内完成。这部分材料的径向受拉应力 σ_1 的作用,切向受压应力 σ_3 的作用,如图 7.7 所示。在厚度方向由于受压边圈的作用,产生压应力 σ_2。该区域是二拉一压的应力状态。

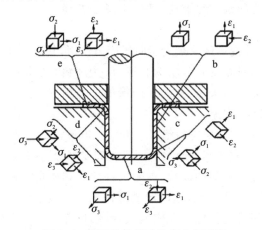

图 7.6　筒形件拉深时的应力与应变　　　图 7.7　压边圈下凸缘变形区的应力状态

由上述网格试验可知,变形材料在凸模力的作用下挤入凹模时,切向产生压缩变形 ε_3,径向产生伸长变形 ε_1;而厚向的变形 ε_2,取决于 σ_1 和 σ_3 之间的比值。当 σ_1 的绝对值最大时,ε_2 为压应变;当 σ_3 的绝对值最大时,ε_2 为拉应变。在凸缘的外围,需要压缩的材料较多,因此该处的 σ_3 是绝对值最大的主应力,板厚方向产生拉应变 ε_2,板料略有变厚。如果此时 ε_3 值过大,此处材料因受压过大而失稳起皱,导致拉深不能正常进行。在凸缘的内环处,该处的 σ_1 是绝对值最大的主应力,板厚方向产生压应变 ε_2,板料略有减薄。

2. 凹模圆角部分（过渡区）

即图 7.6 中 d 区部分，这是一个过渡区，材料的变形比较复杂，除有与 e 区相同的特点，即径向受拉应力 σ_1 和切向受压应力 σ_3 的作用外，还由于承受凹模圆角的压力和弯曲作用而产生压应力 σ_2，因此，该区也是三向应力和三向应变状态。

3. 筒壁部分（传力区）

即图 7.6 中 b 区部分，这部分已经形成筒形，材料不再发生大的变形。但是，在拉深时，凸模的拉深力要经过筒壁传递到凸缘部分。因此，它承受单向拉应力 σ_1 的作用，变形也是单向伸长，即发生少量的纵向伸长和变薄。

4. 凸模圆角部分（过渡区）

即图 7.6 中 c 区部分，这也是过渡区域。它承受径向和切向拉应力 σ_1、σ_3 的作用，在厚度方向由于凸模的压力和弯曲作用而受压应力 σ_2 的作用。这部分材料变薄最严重，因此，危险断面就在凸模圆角处。在实际生产中也常常在此处拉裂而使零件报废。

5. 筒底部分（不变形区）

即图 7.6 中 a 区部分，此处材料在拉深前后都是平的，不产生大的变形，但由于凸模拉深力的作用，材料承受双向拉应力，厚度略有变薄（但是变薄甚微，可忽略不计）。

7.1.3 拉深件的质量分析

上述分析可知，拉深时平面凸缘变形区的起皱和筒壁传力区上危险断面的拉裂是拉深件的主要质量问题。凸缘起皱是由于切向应力引起板料失稳而产生皱褶，传力区的拉裂是由于拉应力超过材料的抗拉强度引起板料断裂。

1. 起 皱

拉深时坯料凸缘区出现波纹状的皱折称为起皱。起皱是一种受压失稳现象。

（1）起皱产生的原因

凸缘部分是拉深过程中的主要变形区，而该变形区受最大切向压应力作用，其主要变形是切向压缩变形。当切向压应力较大而坯料的相对厚度 t/D（t 为料厚，D 为坯料）又较小时，凸缘部分的料厚与切向压应力之间失去了应有的比例关系，从而在凸缘的整个周围产生波浪形的连续弯曲，如图 7.8 所示，这就是拉深时的起皱现象。

通常起皱首先从凸缘外缘发生，因为这里的切向压应力绝对值最大。出现轻微起皱时，凸缘区板料仍有可能全部拉入凹模内，但起皱部位的波峰在凸模与凹模之间受到强烈挤压，从而在拉深件侧壁靠上部位将出现条状的挤光痕迹和明显的波纹，影响工件的外观质量与尺寸精度，如图 7.9(a) 所示。起皱严重时，拉深便无法顺利进行，这时起皱部位相当于板厚增加了许多，因而不能在凸模与凹模之间顺利通过，并使径向拉应力急剧增大，继续拉深时将会在危险断面处拉破，如图 7.9(b) 所示。

（2）影响起皱的主要因素

① 坯料的相对厚度 t/D　坯料的相对厚度越小，拉深变形区抵抗失稳的能力越差，因而越容易起皱。相反，坯料相对厚度越大，越不容易起皱。

② 切向压应力的大小　拉深时 σ_3 的值取决于变形程度，变形程度越大，需要转移的剩余材料越多，加工硬化现象越严重，则 σ_3 越大，就越容易起皱。

③ 材料的力学性能　板料的屈强比 σ_3/σ_b 小，则屈服极限小，变形区内的切向压应力也相对减小，因此板料不容易起皱。

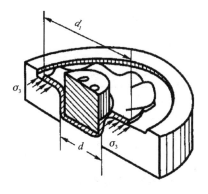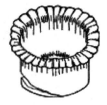

图7.8　毛坯凸缘起皱情况　　　　图7.9　拉深件的起皱破坏
(a) 凸缘起皱　　(b) 凸缘起皱且侧壁破裂

④ 拉深模工作部分的几何形状与参数　凸模和凹模圆角及凸、凹模之间的间隙过大时，坯料容易起皱。用锥形凹模拉深的坯料与用普通平端面凹模拉深的坯料相比，前者不容易起皱，如图7.10所示。其原因是用锥形凹模拉深时，坯料形成的曲面过渡形状(图7.10(b)所示)比平面形状具有更大的抗压失稳能力。而且，凹模圆角处对坯料造成的摩擦阻力和弯曲变形的阻力都减到了最低限度，凹模锥面对坯料变形区的作用力也有助于使它产生切向压缩变形，因此，其拉深力比平端面凸模要小得多，拉深系数可以大为减小。

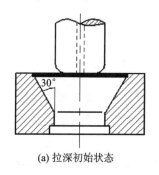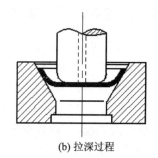

(a) 拉深初始状态　　　　　　(b) 拉深过程

图7.10　锥形凹模的拉深

(3) 控制起皱的措施

为了防止起皱，最常用的方法是在拉深模具上设置压料装置，使坯料凸缘区夹在凹模平面与压边圈之间通过，如图7.11所示。当然并不是任何情况下都会发生起皱现象，当变形程度较小、坯料相对厚度较大时，一般不会起皱，这时就可不必采用压料装置。判断是否采用压料装置可查表确定。

2. 拉　裂

(1) 拉裂产生的原因

在拉深过程中，由于凸缘变形区应力应变很不均匀，靠近外边缘的坯料，压应力大于拉应力，其压应变为最大主应变，坯料有所增厚；而靠近凹模孔口的坯料，拉应力大于压应力，其拉应变为最大主应变，坯料有所变薄。因而，当凸缘区转化为筒壁后，拉深件的壁厚就不均匀，口部壁厚增大，底部壁厚减小，壁部与底部圆角相切处变薄最严重。变薄最严重的部位成为拉深时的危险断面，当筒壁的最大拉应力超过了该危险断面材料的抗拉强度时，便会产生拉裂，如图7.12所示。另外，当凸缘区起皱时，坯料难以或不能通过凸、凹模间隙，使得筒壁拉应力急剧增大，也会导致拉裂。

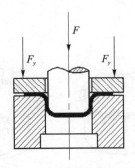
图 7.11 带压边圈的模具结构

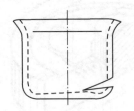
图 7.12 拉深件的拉裂破坏

(2) 控制拉裂的措施

生产实际中常用适当加大凸凹模圆角半径、降低拉深力、增加拉深次数、在压边圈底部和凹模上涂润滑剂等方法来避免拉裂的产生。

7.2 拉深工艺

拉深工艺包括拉深件毛坯的展开、拉深次数及拉深压边力等参数的确定。

7.2.1 拉深件毛坯展开尺寸的确定

拉深件毛坯的展开尺寸应根据以下三原则确定：

① 毛坯的面积等于零件的面积。

② 毛坯的形状与零件横截面形状相似。也就是说，零件横截面是圆的，毛坯形状也是圆的，如果零件是方的，那么毛坯形状也是方的，少数高盒形零件例外。

③ 毛坯外形应光滑流畅，不应该有突变和尖角。

应该指出，用理论计算方法确定坯料尺寸不是绝对准确的，而是近似的，尤其是变形复杂的复杂拉深件。实际生产中，对于形状复杂的拉深件，通常是先做好拉深模，并以理论计算方法初步确定的坯料进行反复试模修正，直至得到的工件符合要求时，再将符合实际的坯料形状和尺寸作为制造落料模的依据。

由于金属板料具有板平面方向性和受模具几何形状等因素的影响，制成的拉深件口部一般不整齐，尤其是深拉深件。因此在多数情况下还需采取加大工序件高度或凸缘宽度的办法，拉深后再经过切边工序以保证零件质量。所以在计算毛坯之前，应先在拉深件上增加切边余量，如图 7.13 所示。无凸缘零件和有凸缘零件的切边余量可参考表 7.1 和表 7.2。

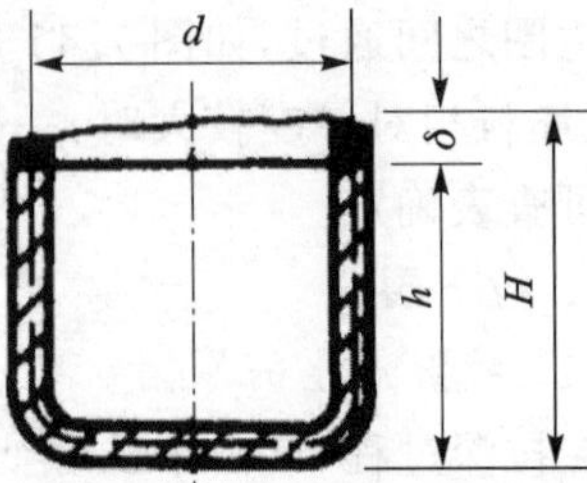

2. 筒形件及旋转体零件毛坯尺寸的确定

图 7.13 拉深件余量图

旋转体拉深件坯料的形状是圆形，所以坯料尺寸的计算主要是确定坯料直径。对于简单旋转体拉深件，可首先将拉深件划分为若干个简单而又便于计算的几何体，并分别求出各简单几何体的表面积，再把各简单几何体的表面积相加即为拉深件的总表面积，然后根据表面积相等原则，即可求出坯料直径。

表 7.1　无凸缘零件切边余量

mm

高度 h	相对高度 h/d			
	0.5～0.8	0.8～1.6	1.6～2.5	2.5～4.0
10	1.0	1.2	1.5	2
20	1.2	1.6	2	2.5
50	2	2.5	3.3	4
100	3	3.8	5	6
150	4	5	6.5	8
200	5	6.3	8	10
250	6	7.5	9	11
300	7	8.5	10	12

表 7.2　有凸缘零件切边余量

mm

凸缘直径 $d_缘$	凸缘的相对直径 $d_缘/d_壁$			
	<1.5	1.5～2	2～2.5	2.5～3.0
25	1.8	1.6	1.4	1.2
50	2.5	2.0	1.8	1.6
100	3.5	3.0	2.5	2.2
150	4.3	3.6	3.0	2.5
200	5.0	4.2	3.5	2.7
250	5.5	4.6	3.8	2.8
300	6	5	4.0	3.0

例如,图 7.13 所示的圆筒形拉深件,可分解为无底圆筒 1、1/4 凹圆环 2 和圆形板 3 三部分,如图 7.14 所示。

圆筒直壁部分的表面积为

$$A_1 = \pi d(H-r)$$

圆角球台部分的表面积为

$$A_2 = \frac{\pi}{4}[2\pi r(d-2r) + 8r^2]$$

底部表面积为

$$A_3 = \frac{\pi}{4}(d-2r)^2$$

工件的总面积为

$$\frac{\pi}{4}D^2 = A_1 + A_2 + A_3 = \sum A_i$$

则毛坯直径为

$$D = \sqrt{(d-2r)^2 + 4d(H-r) + 2\pi r(d-2r) + 8r^2}$$

式中:D 为毛坯直径,mm。对于各种简单形状的旋转体拉深零件毛坯直径 D,可以直接按照表 7.3 和表 7.4 所列的公式计算。

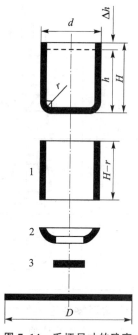

图 7.14　毛坯尺寸的确定

表 7.3　规则旋转体零件毛坯直径的计算公式

序号	零件形状	毛坯直径 D	序号	零件形状	毛坯直径 D
1		$\sqrt{d^2 + 4dh}$	4		$\sqrt{d_2^2 + 4d_1 h}$
2		$\sqrt{d_1^2 + 4d_2 h + 2\pi r d_1 + 8r^2}$ 或 $\sqrt{d_2^2 + 4d_2 H - 1.72 r d_2 - 0.56 r^2}$	5		$(d_1^2 + 2\pi r_2 d_1 + 8r_2^2 + 4d_2 h + 2\pi r_1 d_2 + 4.56 r_1^2 + d_4^2 - d_3^2)^{\frac{1}{2}}$ 若 $r_1 = r_2 = r$,则有 $[d_4^2 + 4d_2 H - 3.44 r d_2]^{\frac{1}{2}}$
3		$\sqrt{d_1^2 + 2\pi d_1 r + 8r^2}$			

表 7.4 简单几何形状的表面积公式

序号	名称	简图	表面积	序号	名称	简图	表面积
1	圆片		$\dfrac{\pi d^2}{4}$	7	球面片		$2\pi rh$
2	环		$\dfrac{\pi}{4}(d_2^2 - d_1^2)$	8	球面带		$2\pi Rh$
3	圆筒		πdh	9	1/4圆环(凸)		$\dfrac{\pi}{4}(2\pi Dr + 8r^2)$
4	圆锥		$\dfrac{\pi dl}{2}$	10	1/4圆环(凹)		$\dfrac{\pi}{2}(\pi Dr + 2.28r^2)$ 或 $\dfrac{\pi}{4}(2\pi D_1 r - 8r^2)$
5	圆台		$\dfrac{\pi}{2}(d + d_1)l$	11	部分圆环(凸)		$\pi(DL + 2rh)$ 其中 $L = \dfrac{\pi r\alpha}{180} = 0.0172 r\alpha$
6	半球面		$2\pi r^2$	12	部分圆环(凹)		$\pi(DL - 2rh)$ 其中 $L = \dfrac{\pi r\alpha}{180} = 0.0172 r\alpha$

2. 盒形零件毛坯尺寸的确定

（1）拉深盒形件的变形特点

盒形件如图 7.15 所示，按几何形状可分为 1/4 圆弧段和直边，直边是弯曲变形，而 1/4 圆弧段则为圆筒的拉深变形，拉深时凸缘上多余三角形的材料可以向相邻的直边转移，从而减轻了危险断面的负担和减小了拉深过程中凸缘起皱的可能性。

盒形件分低盒形件和高盒形件。低盒形件一般指一次就能拉深成形的盒形件，其 $h \leqslant 0.3B$；而 $h \geqslant 0.5B$ 则叫高盒形件。低盒形件尺寸可参照下列数据判定（以 10 号钢的无凸缘盒形件为例）：

$r = 0.05B$ 时，$h = (0.26 \sim 0.30)B$；

$r = 0.1B$ 时，$h = (0.45 \sim 0.55)B$；

$r = 0.2B$ 时，$h = (0.70 \sim 0.90)B$；

$r = 0.3B$ 时，$h = (0.85 \sim 1.00)B$。

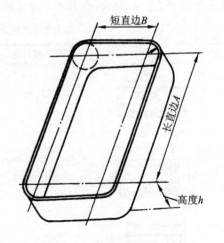

图 7.15 盒形件的几何尺寸

由这些数据可知,$h/B \leqslant 0.3$ 并非判别低盒形件的唯一标准,还要看 r 的大小,r 越小则拉深成形越困难。故一次拉深成形的盒形件高度也越低。

(2) 低盒形件毛坯尺寸的确定

方法一:将直边按弯曲件展开,圆角按筒形件拉深展开,在弯曲与拉深相接不连续处,用光滑圆弧连接,如图 7.16(a)所示。其步骤如下:

① 求出弯曲部分的展开长度 L。

② 定 O 为转角圆筒的中心,以 $r_0 = r - r_凸$ 为半径作圆,并作圆的水平与垂直方向的切线,得出零件平底部分的外形,以 L 的距离作出平底边线的平行线,得直边的展开外形。

③ 以 O 为圆心,以转角圆角半径 R(按筒形件拉深展开)为半径作圆弧。

④ 以 ab 与 cd 的中点为起点作半径 R 圆的切线。

⑤ 以 R 为半径,以适当的点为圆心将尖角光滑流畅。

实践证明,低盒形件的拉深采用这种方法确定毛坯尺寸相当准确,因为去掉的面积($-f$)等于增加的面积($+f$)。

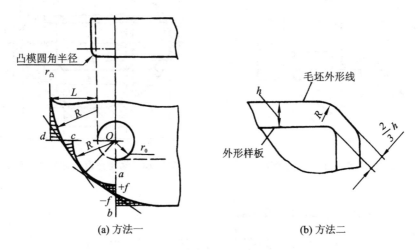

图 7.16 低盒形件毛坯形状作图法

方法二:经验画法,如图 7.16(b)所示,其步骤如下:

① 直边处按外形样板(或压边圈内形)放出零件弯边高度 h;

② 圆角处近直边毛坯外形减少 $h/3$,画毛坯外形线;

③ 将直边和圆角处的毛坯外形线用光滑曲线连接,即得零件毛坯外形线。

用这种方法展开的毛坯都大一些,经试压后逐渐修小,最后得到所需的毛坯外形。

(3) 高盒形件毛坯尺寸的确定

① 对于高的正方盒形件,其毛坯可取圆形,尺寸仍按面积相等($f_1 = f_2$)的原则确定。设方盒形件(见图 7.17)四角的圆角半径为 r、边长为 B、高为 h,其毛坯直径为

$$D = 1.13\sqrt{B^2 + 4B(h - 0.43r) - 1.72r(h + 0.33r)}$$

② 对于高的矩形件,其毛坯形状可取为两组圆弧构成的长圆形,如图 7.18 所示,长边圆弧的半径为 R_a,短边的半径设为 R_b。其中 R_b 按高方形盒毛坯 D 计算方法,取:$R_b = D_2$

因此,毛坯长度为

$$L = D + (A - B)$$

毛坯的宽度为

$$K = \frac{D(b-2r) + [B + 2(h-0.43r)](A-B)}{A-2r}$$

长边的圆弧半径为

$$R_a = \frac{0.25(L^2 + K^2) - LR_b}{K - 2R_b}$$

以上只是确定高盒形件毛坯尺寸的公式之一,对于不同尺寸的矩形件,生产中尚可参照其他手册及资料来确定。但生产中某些复杂形状的拉深件,其毛坯尺寸用上述方法确定非常困难或甚至不可能确定,此时只能通过试压来确定。先剪一块较大的毛坯进行试压,然后逐次剪去余量大的部分,经过反复多次试压,最后确定毛坯的形状和尺寸。在实际生产中,往往采取计算试压相结合的方法。

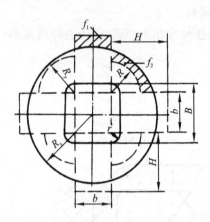

图 7.17 高方盒毛坯尺寸的确定

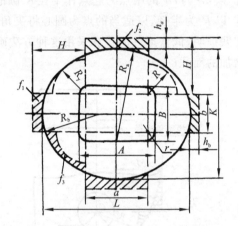

图 7.18 高矩形盒毛坯尺寸的确定

7.2.2 拉深次数及半成品尺寸的确定

由于拉深件的高度与其直径的比值不同,有的拉深件可以用一次拉深工序成形,而有的拉深件则需要多次拉深才能成形。在进行冲压工艺设计和确定必要的拉深工序的数目时,都是利用拉深系数作为计算的依据。拉深系数 m 是衡量拉深变形程度的一个重要的工艺参数。

1. 拉深系数

圆筒件拉深系数 m 是以拉深后的直径 d 与拉深前的坯料 D(工序件 d_n)直径之比表示。如图 7.19 所示。

第一次拉深系数为

$$m_1 = \frac{d_1}{D}$$

以后各次拉深系数为

$$m_2 = \frac{d_2}{d_1}, \cdots, m_n = \frac{d_n}{d_{n-1}}$$

工件总拉深系数 $m_总$ 为工件的直径与毛坯直径之比,表示从坯料 D 拉深至 d_n 的总变形程度,总拉深系数为各次拉深系数的乘积,即

$$m_总 = \frac{d_n}{D} = \frac{d_1 d_2}{D d_1} = \cdots = \frac{d_{n-1} d_n}{d_{n-2} d_{n-1}} = m_1 m_2 \cdots m_{n-1} m_n$$

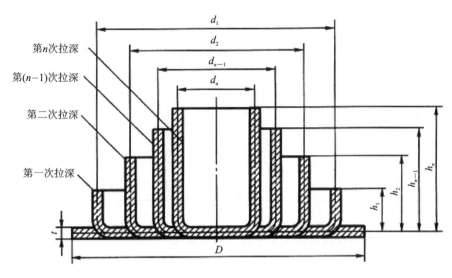

图 7.19　多次拉深时圆筒形件直径的变化

由此可知,拉深系数是一个小于 1 的数值。拉深系数表示了拉深前后毛坯直径的变化量,反映了毛坯外边缘在拉深时切向压缩变形的大小,因此可用它作为衡量拉深变形程度的指标。其值越大表示拉深前后毛坯的直径变化越小,即变形程度小;其值越小则毛坯的直径变化越大,即变形程度大。在工艺计算中,只要知道每次拉深工序的拉深系数值,就可以计算出各次拉深工序的半成品件尺寸,并确定出该拉深件的工序次数。如果每道工序的拉深系数取得越小,则拉深件所需要的拉深次数也越少。但拉深系数取得过小,就会使拉深件断裂或变薄严重。在拉深过程中,筒壁所产生的最大拉应力数值,使得危险断面濒于拉断时的拉深系数,称为极限拉深系数。因此,每次拉深选择拉深件不破裂的最小拉深系数,才能保证拉深工艺的顺利进行。

影响极限拉深系数的因素很多,目前很难采用理论计算方法准确确定极限拉深系数。在生产实践中采用的各种极限拉深系数见表 7.5 和表 7.6。

表 7.5　圆筒件带压边圈的极限拉深系数

拉深系数	毛坯的相对厚度 $\dfrac{t}{D}\times 100\%$					
	2.0～1.5	1.5～1.0	1.0～0.6	0.6～0.3	0.3～0.15	0.15～0.08
m_1	0.48～0.50	0.50～0.53	0.53～0.55	0.55～0.58	0.58～0.60	0.60～0.63
m_2	0.73～0.75	0.75～0.76	0.76～0.78	0.78～0.79	0.79～0.80	0.80～0.82
m_3	0.76～0.78	0.78～0.79	0.79～0.80	0.80～0.81	0.81～0.82	0.82～0.84
m_4	0.78～0.80	0.80～0.81	0.81～0.82	0.82～0.83	0.83～0.85	0.85～0.86
m_5	0.80～0.82	0.82～0.84	0.84～0.85	0.85～0.86	0.86～0.87	0.87～0.88

注：1　表中数据适用于 08 钢、10 钢和 15Mn 钢等普通拉深碳钢及黄铜 H62。对拉深性能较差的材料,
如 20 钢、25 钢、Q215 钢、Q235 钢、硬铝等,应比表中数值大 1.5%～2.0%;而对塑性较好的材料,
如 05 钢、08 钢、10 钢及软铝等,应比表中数值小 1.5%～2.0%。
2　表中数据适用于未经中间退火的拉深。若采用中间退火工序,则取值应比表中数值小 2%～3%。
3　表中较小值适用于大的凹模圆角半径($r_d=(8～15)t$),较大值适用于小的凹模圆角半径($r_d=(4～8)t$)。

在实际生产中,并不是在所有情况下都采用极限拉深系数。因为过于接近极限拉深系数容易引起拉深件在危险部位的过分减薄。所以一般采用的拉深系数应大于其极限拉深系数。

表7.6 圆筒件不带压边圈的极限拉深系数

拉深系数	毛坯的相对厚度 $\frac{t}{D} \times 100\%$				
	1.5	2.0	2.5	3.0	>3.0
m_1	0.65	0.60	0.55	0.53	0.70
m_2	0.80	0.75	0.75	0.75	0.70
m_3	0.84	0.80	0.80	0.80	0.75
m_4	0.87	0.84	0.84	0.84	0.78
m_5	0.90	0.87	0.87	0.87	0.82
m_6	—	0.90	0.90	0.90	0.85

注：表中数据适用于08钢、10钢及15Mn钢等材料。

2. 无凸缘圆筒形件的拉深次数与工序尺寸的计算

（1）拉深次数的确定

当拉深件的拉深系数 $m = d/D$ 大于第一次极限拉深系数 $[m_1]$，即 $m > [m_1]$ 时，则该拉深件只需一次拉深就可拉出，否则就要进行多次拉深。

需要多次拉深时，其拉深次数可按以下方法确定：

① 推算法　先根据 t/D 和是否压料条件可查表确定，并查出 $[m_1]$、$[m_2]$、$[m_3]$、…，然后从第一道工序开始依次算出各次拉深工序件的直径，即 $d_1 = [m_1]D$，$d_2 = [m_2]d_1$，…，$d_n = [m_n]d_{n-1}$，直到 $d_n \leqslant d$。即当计算所得直径 d_n 稍小于或等于拉深件所要求的直径 d 时，计算的次数即为拉深的次数。

② 查表法　圆筒形件的拉深次数还可从表7.7查询确定。

表7.7 拉深相对高度 H/d 与拉深次数的关系（无凸缘圆筒形件）

拉深次数	相对高度 H/d 毛坯的相对厚度 $\frac{t}{D} \times 100\%$					
	2.0~1.5	1.5~1.0	1.0~0.6	0.6~0.3	0.3~0.15	0.15~0.06
1	0.94~0.77	0.84~0.65	0.77~0.57	0.62~0.65	0.52~0.45	0.46~0.38
2	1.88~1.54	1.60~1.32	1.36~1.1	1.13~0.94	0.96~0.83	0.9~0.7
3	3.5~2.7	2.8~2.2	2.3~1.8	1.9~1.5	1.6~1.3	1.3~1.1
4	5.6~4.3	4.3~3.5	3.6~2.9	2.9~2.4	2.4~2.0	2.0~1.5
5	8.9~6.6	6.6~5.1	5.2~4.1	4.1~3.3	3.3~2.7	2.7~2.0

（2）各次拉深工序尺寸的计算

当圆筒形件需多次拉深时，就必须计算各次拉深的工序件尺寸，以作为设计模具及选择压力机的依据。

① 各次工序件的直径　当拉深次数确定之后，先从表中查出各次拉深的极限拉深系数，并加以调整后确定各次拉深实际采用的拉深系数。调整的原则是：

（a）保证 $m_1 m_2 \cdots m_n = d/D$；

（b）使 $m_1 \leqslant [m_1]$，$m_2 \leqslant [m_2]$，…，$m_n \leqslant [m_n]$，且 $m_1 < m_2 < \cdots < m_n$。

然后根据调整后的各次拉深系数计算各次工序件的直径：

$$d_1 = m_1 D, \ d_2 = m_2 d_1, \cdots, d_n = m_n d_{n-1} = d$$

② 各次工序件的圆角半径　工序件的圆角半径 r 等于相应拉深凸模的圆角半径 r_p,即 $r=r_p$。其余各工序凸模圆角半径的确定可参考本章。

③ 各次工序件的高度　在各工序件的直径与圆角半径确定之后,可根据圆筒形件坯料尺寸计算公式推导出各次工序件高度的计算公式为

$$h_1 = 0.25\left(\frac{D^2}{d_1} - d_1\right) + 0.43\frac{r_1}{d_1}(d_1 + 0.32r_1)$$

$$h_2 = 0.25\left(\frac{D^2}{d_2} - d_2\right) + 0.43\frac{r_2}{d_2}(d_2 + 0.32r_2)$$

$$\vdots$$

$$h_n = 0.25\left(\frac{D^2}{d_n} - d_n\right) + 0.43\frac{r_n}{d_n}(d_n + 0.32r_n)$$

式中:$h_1,h_2,\cdots,h_n$ 为各次工序件的高度;$d_1,d_2,\cdots,d_n$ 为各次工序件的直径;$r_1,r_2,\cdots,r_n$ 为各次工序件的底部圆角半径;D 为坯料直径。

例1　计算图 7.20 所示圆筒形件的坯料尺寸、拉深系数及各次拉深工序件尺寸。材料为 10 钢,板料厚度 $t=2$ mm。

解　因板料厚度 $t>1$ mm,故按板厚中线尺寸计算。

① 计算坯料直径　根据拉深件尺寸,其相对高度为 $h/d=(76-1)/(30-2)\approx 2.7$,查表 7.1 得切边余量 $\Delta h=6$ mm。从表 7.3 中查得坯料直径计算公式

$$D = \sqrt{d^2 + 4dh - 1.72dr - 0.56r^2}$$

依图 7.20,

$$d=(30-2)\text{mm}=28\text{ mm},\quad r=(3+1)\text{mm}=4\text{ mm},$$
$$h=(76-1+6)\text{mm}=81\text{ mm}$$

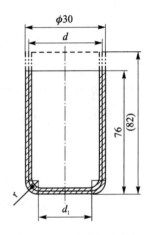

图 7.20　无凸缘圆筒形件

代入上式得

$$D = \sqrt{28^2 + 4\times 28\times 81 - 1.72\times 28\times 4 - 0.56\times 4^2}\text{ mm} = 98.3\text{ mm}$$

② 确定拉深次数　根据坯料的相对厚度 $t/D=(2/98.3)\times 100\%=2\%$,可采用也可不采用压边圈,但为了保险起见,拉深时采用压边圈。

根据 $t/D=2\%$,查表 7.5 得各次拉深的极限拉深系数为

$$[m_1]=0.50,[m_2]=0.75,[m_3]=0.78,[m_4]=0.80,\cdots$$

故

$$d_1=[m_1]D=0.50\times 98.3\text{ mm}=49.2\text{ mm}$$
$$d_2=[m_2]d_1=0.75\times 49.2\text{ mm}=36.9\text{ mm}$$
$$d_3=[m_3]d_2=0.78\times 36.9\text{ mm}=28.8\text{ mm}$$
$$d_4=[m_4]d_3=0.80\times 28.8\text{ mm}=23\text{ mm}$$

因 $d_4=23$ mm<28 mm,所以需采用 4 次拉深成形。

③ 计算各次拉深工序件尺寸　为了使第四次拉深的直径与零件要求一致,需对极限拉深系数进行调整。调整后取各次拉深的实际拉深系数为 $m_1=0.52,m_2=0.78,m_3=0.83,m_4=0.846$。

各次工序件直径为

$$d_1 = m_1 D = 0.52 \times 98.3 \text{ mm} = 51.1 \text{ mm}$$
$$d_2 = m_2 d_1 = 0.78 \times 51.5 \text{ mm} = 39.9 \text{ mm}$$
$$d_3 = m_3 d_2 = 0.83 \times 39.9 \text{ mm} = 33.1 \text{ mm}$$
$$d_4 = m_4 d_3 = 0.846 \times 33.1 \text{ mm} = 28 \text{ mm}$$

各次工序件底部圆角半径取以下数值：

$$r_1 = 8 \text{ mm}, \quad r_2 = 5 \text{ mm}, \quad r_3 = r_4 = 4 \text{ mm}$$

把各次工序件直径和底部圆角半径代入各次工序件高度计算公式，可得

$$h_1 = 0.25 \times \left(\frac{98.3^2}{51.1} - 51.1\right) + 0.43 \times \frac{8}{51.1} \times (51.1 + 0.32 \times 8) = 38.1$$

$$h_2 = 0.25 \times \left(\frac{98.3^2}{39.9} - 39.9\right) + 0.43 \times \frac{5}{39.9} \times (39.9 + 0.32 \times 5) = 52.8$$

$$h_3 = 0.25 \times \left(\frac{98.3^2}{33.1} - 33.1\right) + 0.43 \times \frac{4}{33.1} \times (33.1 + 0.32 \times 4) = 66.3$$

$$h_4 = 81$$

以上计算所得工序件尺寸都是中线尺寸，换算成与零件图相同的标注形式后，所得各工序件的尺寸如图 7.21 所示。

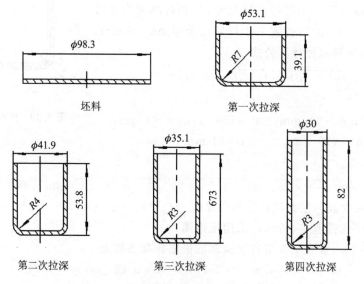

图 7.21　圆筒形件的各次拉深工序件尺寸

3. 有凸缘圆筒形件的拉深次数与工序尺寸的计算

(1) 有凸缘圆筒件拉深的变形程度

有凸缘圆筒件的拉深过程，其变形区的应力状态和变形特点与无凸缘圆筒形件是相同的。但有凸缘圆筒形件拉深时，坯料凸缘部分不是全部进入凹模口部，当拉深进行到凸缘外径等于零件凸缘直径(包括切边量)时，拉深工作就停止。因此，拉深成形过程和工艺计算与无凸缘圆筒形件的差别主要在首次拉深。图 7.22 所示为有凸缘圆筒形件及其坯料。

无凸缘圆筒件的拉深变形程度是用拉深系数 $m = d/D$ 表示的，对于有凸缘圆筒件的拉深，在同样大小的首次拉深系数 $m_1 = d/D$ 的情况下，采用相同的毛坯直径 D 和相同的零件

直径 d 时,可以拉深出不同凸缘直径 d_t 和不同高度 h 的制件。当 d_t 越接近 d 或 h 越大时,凸缘拉入的材料就越多,其变形程度也越大。因此在拉深有凸缘圆筒件时,并不能仅用拉深系数 m 来表达变形程度,还应该用 d_t/d 和 h/d 来表示有凸缘圆筒件拉深变形的程度。表 7.8 就是有凸缘圆筒件第一次拉深变形可能达到的最大相对深度 h/d 值。

表 7.8 有凸缘筒形件第一次拉深的相对深度 h_1/d_1(生产与试验)

凸缘相对直径 d_t/d	毛坯的相对厚度 $\frac{t}{D} \times 100\%$				
	≤2.0～1.5	<1.5～1.0	<1.0～0.6	<0.6～0.3	<0.3～0.15
≤1.1	0.90～0.75	0.82～0.65	0.70～0.57	0.61～0.50	0.52～0.45
>1.1～1.3	0.80～0.65	0.72～0.56	0.60～0.50	0.53～0.45	0.47～0.40
>1.3～1.5	0.70～0.58	0.63～0.50	0.53～0.45	0.48～0.40	0.42～0.35
>1.5～1.8	0.58～0.48	0.53～0.42	0.44～0.37	0.39～0.34	0.35～0.29
>1.8～2.0	0.51～0.42	0.46～0.36	0.38～0.32	0.34～0.29	0.30～0.25
>2.0～2.2	0.45～0.35	0.40～0.31	0.33～0.27	0.29～0.25	0.26～0.22
>2.2～2.5	0.35～0.28	0.32～0.25	0.27～0.22	0.23～0.20	0.21～0.17
>2.5～2.8	0.27～0.22	0.24～0.19	0.21～0.17	0.18～0.15	0.16～0.13
>2.8～3.0	0.22～0.18	0.20～0.16	0.17～0.14	0.15～0.12	0.13～0.10

注：1 表中的数值是综合生产与试验的结果,是在拉深 10 钢有凸缘的筒件时,第一次拉深的相对深度 h/d 的数值。
2 对于比 10 钢塑性更好的材料,采用接近表中的左列数值,对于塑性较小的材料,采用接近右边的数值。

虽然拉深系数没有全面反映有凸缘圆筒件拉深的变形程度,但工艺计算中还是习惯采用 m 来表达。

$$m = \frac{d}{D} = \frac{1}{\sqrt{(d_t/d)^2 + 4h/d - 3.44r/d}}$$

式中：D 为毛坯直径,mm；d_t 为凸缘直径（包括修边余量）,mm；d 为筒部直径（中径）,mm；r 为底部和凸缘部的圆角半径（当料厚大于 1 mm 时,r 值按中线尺寸计算）。

由上式可以看出,带凸缘圆筒形件的拉深系数取决于下列三组有关尺寸的相对比值：凸缘的相对直径 d_t/d、零件的相对高度 h/d、相对圆角半径 r/d。其中以 d_t/d 影响最大,h/d 次之,r/d 影响较小。

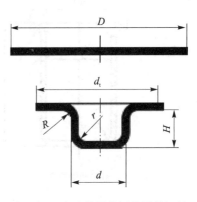

图 7.22 有凸缘圆筒形件及其坯料

带凸缘圆筒形件首次拉深的极限拉深系数见表 7.9。由表可以看出,$d_t/d \leqslant 1.1$ 时,其他极限拉深系数与无凸缘圆筒形件基本相同,d_t/d 大时,其极限拉深系数比无凸缘圆筒件的小。而且当坯料相对厚度 t/D 一定时,凸缘相对直径 d_t/d 越大,极限拉深系数越小。

(2) 有凸缘圆筒件的拉深次数计算

在对有凸缘圆筒件进行冲压工艺设计和确定必要的拉深工序的数目时,应首先根据表 7.9 判断该凸缘是否能用一道拉深工序成形。若能拉成,则不需要特殊计算。若不能一次拉深成形,则需要多次拉深。多次拉深的方法根据凸缘的宽窄分为如下两类。

表 7.9 有凸缘筒形件第一次拉深的极限拉深系数(适用于 08、10)

凸缘相对直径 d_t/d	毛坯的相对厚度 $\frac{t}{D} \times 100\%$				
	≤2.0~1.5	<1.5~1.0	<1.0~0.6	<0.6~0.3	<0.3~0.15
≤1.1	0.51	0.53	0.55	0.57	0.59
>1.1~1.3	0.49	0.51	0.53	0.54	0.55
>1.3~1.5	0.47	0.49	0.50	0.51	0.52
>1.5~1.8	0.45	0.46	0.47	0.48	0.48
>1.8~2.0	0.42	0.43	0.44	0.45	0.45
>2.0~2.2	0.40	0.40	0.42	0.42	0.42
>2.2~2.5	0.37	0.38	0.38	0.38	0.38
>2.5~2.8	0.34	0.35	0.35	0.35	0.35
>2.8~3.0	0.32	0.33	0.33	0.33	0.33

1) 窄凸缘圆筒形件($d_t/d=1.1\sim1.4$)的拉深

窄凸缘圆筒形件是凸缘宽度很小的拉深件,这类零件需多次拉深时,由于凸缘很窄,可先按无凸缘圆筒形件进行拉深,再在最后一次工序用整形的方法压成所要求的窄凸缘形状。为了使凸缘容易成形,在拉深的最后两道工序可采用锥形凹模和锥形压边圈进行拉深,留出锥形凸缘,这样整形时可减小凸缘区切向的拉深变形,对防止外缘开裂有利。例如图 7.23 所示的窄凸缘圆筒形件,共需三次拉深成形,第一次拉成无凸缘圆筒形工序件,在后两次拉深时留出锥形凸缘,最后整形达到要求。

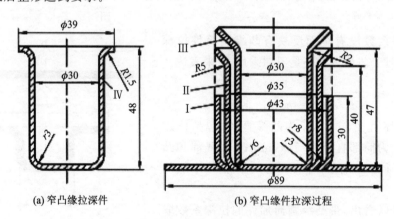

(a) 窄凸缘拉深件　　　　(b) 窄凸缘件拉深过程

Ⅰ—第一次拉深;Ⅱ—第二次拉深;Ⅲ—第三次拉深;Ⅳ—成品

图 7.23 窄凸缘圆筒形件的拉深

2) 宽凸缘圆筒形件($d_t/d>1.4$)的拉深

宽凸缘圆筒形件需多次拉深时,第一次拉深,其凸缘的外径应等于成品零件的尺寸(加修边量),在以后的拉深工序中仅仅使已拉深成的工序件的直筒部分参加变形,逐步地达到零件尺寸要求,第一次拉深时已经形成的凸缘外径必须保持在以后拉深工序中不再收缩。因为在以后的拉深工序中,即使凸缘部分产生很小的变形,筒壁传力区将会产生很大的拉应力,使危险断面拉裂。为此在调节工作行程时,应严格控制凸模进入凹模的深度。

对于多数普通压力机来说,要严格做到这一点有一定困难,而且尺寸计算还有一定误差,再加上拉深时板料厚度有所变化,所以在工艺计算时,除了应精确计算工序件高度外,通常有意把第一次拉入凹模的坯料面积加大 3%～5%(有时可增大至 10%),在以后各次拉深时,逐步减少这个额外多拉入凹模的面积,最后使它们转移到零件口部附近的凸缘上。用这种办法来补偿上述各种误差,以免以后各次拉深时凸缘受力变形。

确定宽凸缘圆筒形件的拉深次数及各工序半成品尺寸的步骤如下：
① 确定修边余量；
② 初算毛坯直径 D；
③ 判断工件能否一次拉深成形；
④ 计算拉深次数及各次拉深直径 d；
⑤ 确定各次拉深的圆角半径；
⑥ 修正坯料直径 D；
⑦ 计算各次拉深高度 h。

有凸缘圆筒形件的各次拉深高度可根据如下公式计算：

$$h_n = \frac{0.25}{d_n}(D_n^2 - d_t^2) + 0.43(r_{pn} + r_{dn}) + \frac{0.14}{d_n}(r_{pn}^2 - r_{dn}^2)$$

$$(i = 1, 2, 3, \cdots, n)$$

式中：$h_1, h_2, \cdots, h_n$ 为各次拉深工序件的高度；$d_1, d_2, \cdots, d_n$ 为各次拉深工序件的直径；D 为坯料直径；$r_{p1}, r_{p2}, \cdots, r_{pn}$ 为各次拉深工序件的底部圆角半径；$r_{d1}, r_{d2}, \cdots, r_{dn}$ 为各次拉深工序件的凸缘圆角半径。

生产实际中,宽凸缘圆筒形件需多次拉深时的拉深方法有两种(见图 7.24)：

① 通过多次拉深,逐渐缩小筒形部分直径和增加其高度,如图 7.24(a)所示。这种拉深方法就是直接采用圆筒形件的多次拉深方法,通过各次拉深,逐次缩小直径,增加高度,各次拉深的凸缘圆角半径和底部圆角半径不变或逐次减小。用这种方法拉成的零件,其表面质量不高,其直壁和凸缘上保留着圆角弯曲和局部变薄的痕迹,需要在最后增加整形工序,适用于材料较薄、高度大于直径的中小型有凸缘圆筒形件。

② 采用高度不变法(见图 7.24(b))。即首次拉深尽可能取较大的凸缘圆角半径和底部圆角半径,高度基本拉到零件要求的尺寸,以后各次拉深时仅减小圆角半径和筒形部分直径,而高度基本不变。这种方法由于拉深过程中变形区材料所受到的折弯较轻,所以拉成的零件表面较光滑,没有折痕。但它只适用于坯料相对厚度较大、采用大圆角过渡不易起皱的情况。

4. 阶梯形旋转体零件拉深次数的确定

阶梯形旋转体零件(见图 7.25)的工艺计算方法与筒形件基本相同。将阶梯形零件看成是直径为最小直径 d,高度等于阶梯形零件的筒形件,并用筒形件的计算方法来确定其拉深的次数。当材料相对厚度 $(t/D) \times 100 > 1$,且阶梯之间的直径之差和零件的高度较小时,可一次拉深成形,即

$$(h_1 + h_2 + h_3 + \cdots + h_n)/d_n \leqslant h/d_n$$

式子：$h_1, h_2, h_3, \cdots, h_n$ 为各个阶梯的高度,mm；d_n 为最小阶梯筒部的直径,mm；h/d_n 为有凸缘圆筒件的第一次拉深的最大相对高度(见表 7.8)。

若上式不成立,则需要多次拉深阶梯圆筒形件。根据阶梯圆筒形件的各部分尺寸关系不同,其拉深方法也有所不同。

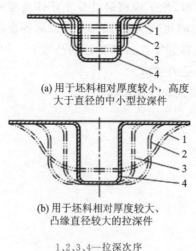
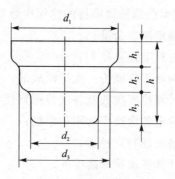

(a) 用于坯料相对厚度较小，高度大于直径的中小型拉深件

(b) 用于坯料相对厚度较大、凸缘直径较大的拉深件

1、2、3、4—拉深次序

图 7.24　宽凸缘件的拉深方法

图 7.25　阶梯形旋转体零件

① 当任意相邻两个阶梯直径之比 d_i/d_{i-1} 均大于相应圆筒形件的极限拉深系[m_i]时，可由大阶梯到小阶梯依次拉出(如图 7.25(a)所示)，这时的拉深次数等于阶梯直径数目与最大阶梯成形所需的拉深次数之和。

② 如果某相邻两个阶梯直径之比 d_i/d_{i-1} 小于相应圆筒形件的极限拉深系数[m_i]，则可先按有凸缘筒形件的拉深方法拉出直径 d_i，再将凸缘拉成直径 d_{i-1}，其顺序是由小到大，如图 7.26(b)所示。图中因 d_2/d_1 小于相应圆筒形件的极限拉深系数，故先用带凸缘筒形件的拉深方法拉出直径 d_2，d_3/d_2 不小于相应圆筒形件的极限拉深系数，可直接从 d_2 拉到 d_3，最后拉出 d_1。

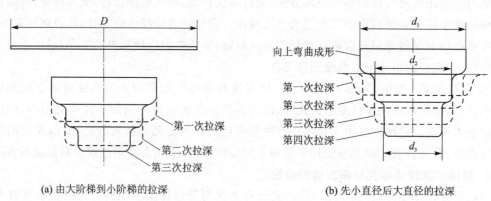

(a) 由大阶梯到小阶梯的拉深

(b) 先小直径后大直径的拉深

图 7.26　阶梯圆筒形件多次拉深方法

7.2.3　拉深力及压边力的计算

1. 拉深力的确定

拉深力通过凸模施加给毛坯，使平板毛坯拉深成空心零件。拉深力是选择压力机的依据之一。

对于筒形件，其拉深力 F 可用下列简化公式计算：

第一次拉深，公式为

$$F_1 = \pi d_1 t \sigma_b K_1$$

以后各次拉深,公式为

$$F_n = \pi d_n t \sigma_b K_n$$

式中:d_1 为第一次拉深半成品的直径;d_n 为第 n 次拉深半成品的直径;K_1、K_n 为修正系数,列于表 7.10;σ_b 为材料的强度极限;t 为材料厚度。

表 7.10 修正系数 K_1 和 K_n 值

m_1	0.55	0.57	0.60	0.62	0.65	0.67	0.70	0.72	0.75	0.77	0.80	—	—	—
K_1	1.0	0.93	0.86	0.79	0.72	0.60	0.60	0.55	0.50	0.45	0.40	—	—	—
m_2	—	—	—	—	—	—	0.70	0.72	0.75	0.77	0.80	0.85	0.90	0.95
K_n	—	—	—	—	—	—	1.0	095	0.90	0.85	0.80	0.70	0.60	0.50

2. 压边力的确定

压边力的作用是防止拉深过程中坯料的起皱。压边力的大小应适当,压边力过小时,防皱效果不好;压边力过大,则会增大传力区危险断面上的拉应力,从而引起严重变薄甚至拉裂。应该指出,压边力的大小应允许在一定范围内调节。一般来说,随着拉深系数的减小,压边力许可调节范围减小,这对拉深工作是不利的,因为这时压边力稍大些就会产生破裂,压边力稍小些又会产生起皱,也即拉深的工艺稳定性不好。相反,拉深系数较大时,压边力可调节范围增大,工艺稳定性较好。在模具设计时,压边力可按下列经验公式计算:

任何形状的拉深件,其压边力公式为

$$F_Y = Aq$$

圆筒形件首次拉深,其压边力公式为

$$F_Y = \frac{\pi}{4}[D^2 - (d_1 + 2r_{d1})^2]q$$

圆筒形件以后各次拉深压边力公式为

$$F_Y = \frac{\pi}{4}[d_{i-1} - (d_i + 2r_{d1})^2]q$$

式中:F_Y 为压边力,N;A 为压边圈下坯料的投影面积,mm^2;q 为单位面积压边力,MPa,可查表 7.11;D 为坯料直径,mm;$d_1, d_2, \cdots, d_i$ 为各次拉深工序件的直径,mm;$r_{d1}, r_{d2}, \cdots, r_{di}$ 为各次拉深凹模的圆角半径,mm。

表 7.11 各种材料的 q 值

材料名称		单位面积压边力 q	材料名称	单位面积压边力 q
铝		0.8~1.2	镀锌钢板	2.5~3.0
紫铜、硬铝(已退火)		1.2~1.8	高合金钢	3.0~4.5
黄铜		1.5~2.0	不锈钢	
软钢	$t<0.5$ mm	2.5~3.0	高温合金	2.8~3.5
	$t>0.5$ mm	2.0~2.5		

在实际生产中,压边力的大小要根据既不起皱又不被拉裂的原则在试模中加以调整。

7.3 拉深模具

7.3.1 拉深模的结构

拉深模根据工作情况及使用的设备不同,结构也不同。第一次拉深模及以后各次拉深模一般均可分为单动压力机上用的和双动压力机上用的,而单动压力机上用的拉深模又分为有压边圈拉深模和无压边圈拉深模。

1. 第一次拉深模

(1) 无压边圈的简单拉深模

图 7.27 为无压边圈装置的首次拉深模。拉深件直接从凹模底下落下,为了从凸模上卸下冲件,在凹模下装有卸件器,当拉深工作行程结束,凸模回程时,卸件器下平面作用于拉深件口部,把冲件卸下。为了便于卸件,凸模上钻有直径为 3 mm 以上的通气孔。如果板料较厚,拉深件深度较小,拉深后有一定回弹量。回弹引起拉深件口部张大,当凸模回程时,凹模下平面挡住拉深件口部而自然卸下拉深件,此时可以不配备卸件器。

这种拉深模具结构简单,适用于拉深板料厚度较大而深度不大的拉深件。

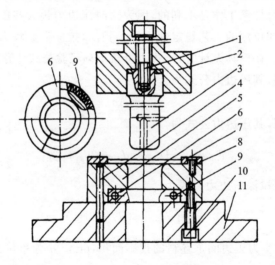

1、8、10—螺钉;2—模柄;3—凸模;4—销钉;5—凹模;6—刮料环;7—定位板;9—拉簧;11—下模座

图 7.27 无压边圈装置的首次拉深模

(2) 有压边圈的拉深模

图 7.28 为有压边圈装置的正装式首次拉深模。拉深模的压边圈装置在上模,由于弹性元件高度受到模具闭合高度的限制,因而这种结构形式的拉深模只适用于拉深高度不大的零件。

图 7.29 为倒装式的具有锥形压边圈的拉深模。凹模内的拉深件靠推件板 3 推出。凸模 7 固定在固定板上。锥形压边圈先将毛坯压成锥形,使毛坯外径产生一定量的收缩,然后再将其拉深成零件形状。这种结构有利于拉深变形,可降低极限拉深系数。因而可用于拉深高度较大的零件,应用比较广泛。

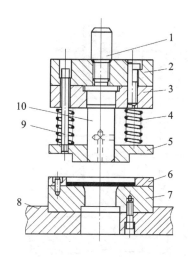
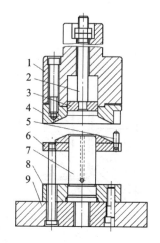

1—模柄；2—上模座；3—凸模固定板；4—弹簧；
5—压边圈；6—定位板；7—凹模；
8—下模座；9—卸料螺钉；10—凸模

图 7.28 有压边圈装置正装拉深模

1—上模座；2—推杆；3—推件板；
4—凹模；5—限位销；6—压边圈；
7—凸模；8—凸模固定板；9—下模座

图 7.29 有压边圈装置倒装拉深模

(3) 双动压力机用首次拉深模

图 7.30 为在双动压力机上使用的首次拉深用模具，该模具由凸模 1、压边圈 2、固定压边圈的衬板 3、凹模 4、底座 5 和顶件器 6 所组成。顶件器的下部由压力机工作台面下部的缓冲装置夹承着。毛坯置于凹模上面，靠固定在凹模侧壁上的定位板 7 定位。凸模固定在内滑块上，压边圈通过衬板 3 固定在外滑块上。工作时，压边圈随着外滑块下行压住毛坯，然后凸模开始拉深；在拉深的同时，克服顶件器下部的弹力使之压下，将工件拉深成形。工件成形后，凸模升起，同时顶件器将零件顶起，然后压边圈随外滑块上升。这种结构取件方便，适宜于拉深平底零件，但生产率较穿底式模具低 30% 左右，因穿底式拉深模，零件可落到压力机的工作台上，从而减少了从模具内取出零件的时间。

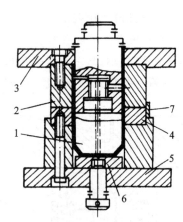

1—凸模；2—压边圈；3—衬板；
4—凹模；5—底座；6—顶件器；7—定位板

图 7.30 在双动压力机上使用的首次拉深模

2. 以后各次拉深模

(1) 无压边圈的后续工序拉深模

图 7.31 所示为无压边圈装置的后续工序拉深模，前次拉深后的工序件由定位板 5 定位，拉深后工件由凹模孔台阶卸下。为了减小工件与凹模间的摩擦，凹模直边高度 h 取 9～13 mm。该模具适用于变形程度不大、拉深件直径和壁厚要求均匀的后续各次拉深。

(2) 有压边圈的后续工序拉深模

图 7.32 所示为有压边圈倒装式后续工序拉深模，压边圈 6 兼作定位用，前次拉深后的工序件套在压边圈上进行定位。压边圈的高度应大于前次工序件的高度，其外径最好按已拉成

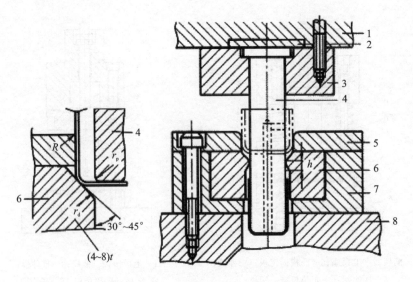

1—上模座；2—垫板；3—凸模固定板；4—凸模；5—定位板；6—凹模；7—凹模固定板；8—下模座

图 7.31　无压边圈装置的后续工序拉深模

的前次工序件的内径配作。拉深完的工件在回程时分别由压边圈顶出和推件块 3 推出。可调式限位柱 5 可控制压边圈与凹模之间的间距，以防止拉深后期由于压边力过大造成工件侧壁底角附近过分减薄或拉裂。

（3）双动压力机上使用的后续各工序拉深模

如图 7.33 所示，其结构形式与首次拉深模相似，仅将压边圈外形制造成与半成品内部形状相同，并在凹模口处制成斜度，以便定位。

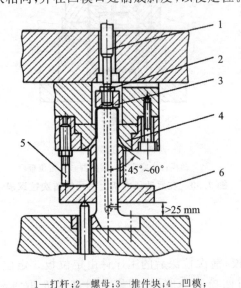

1—打杆；2—螺母；3—推件块；4—凹模；
5—可调式限位柱；6—压边圈

图 7.32　有压边圈倒装式后续工序拉深模

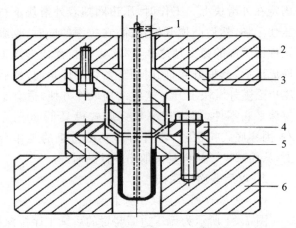

1—凸模；2—压边圈固定板；3—压边圈；
4—定位板；5—凹模；6—下模座

图 7.33　双动压力机上使用的后续各工序拉深模

3. 落料拉深复合模

图 7.34 所示为落料拉深复合模，条料由两个导料销 11 进行导向，由挡料销 12 定距。由

于排样图取消了纵搭边,落料后废料中间将自动断开,因此可不设卸料装置。工作时,首先由落料凹模 1 和凸凹模 3 完成落料,紧接着由拉深凸模 2 和凸凹模进行拉深。压边圈 9 既起压料作用又起顶件作用。由于有顶件作用,上模回程时,冲件可能留在拉深凹模内,所以设置了推件装置。为了保证先落料、后拉深,模具装配时,应使落料凹模 1 比拉深凸模 2 多 1~1.5 倍料厚的距离。

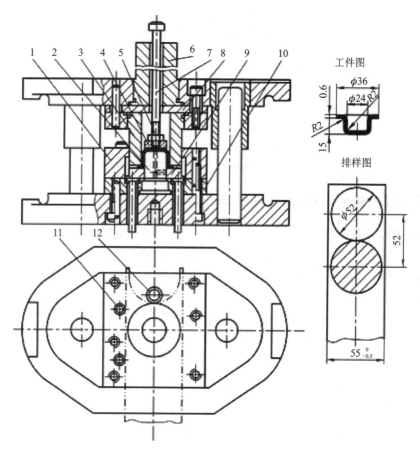

1—落料凹模;2—拉深凸模;3—凸凹模;4—推件块;5—螺母 6—模柄;
7—打杆;8—垫板;9—压边圈;10—固定板;11—导料销;12—挡料销

图 7.34　落料拉深复合模

双动压力机用落料拉深复合模如图 7.35 所示。该模具可同时完成落料、拉深及底部的浅成形,主要工作零件采用组合式结构,压边圈 3 固定在压边圈座 2 上,并兼作落料凸模,拉深凸模 4 固定在凸模座 1 上。这种组合式结构特别适用于大型模具,不仅可以节省模具钢,而且也便于坯料的制备与热处理。工作时,外滑块首先带动压边圈下行,在达到下止点前与落料凹模 5 共同完成落料,接着进行压料,如图 7.35 左半所示。然后内滑块带动拉深凸模下行,与拉深凹模 6 一起完成拉深。顶件块 7 兼作拉深凹模的底,在内滑块到达下止点时,可完成对工件的浅成形,如图 7.35 右半所示。回程时,内滑块先上升,然后外滑块上升,最后由顶件块 7 将工件顶出。

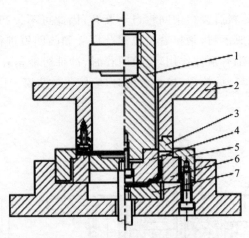

1—凸模座；2—压边圈座；3—压边圈(兼落料凸模)；
4—拉深凸模；5—落料凹模；6—拉深凹模；7—顶件块

图 7.35 双动压力机用落料拉深复合模

7.3.2 拉深模的圆角半径、间隙及制造公差

1. 凹模、凸模圆角半径

适当的圆角半径对拉深是有利的。如圆角半径太小，会引起拉深力急剧增加，甚至使拉深件产生裂纹；圆角半径过大，会使压边圈下面能压紧的毛坯面积减小，容易引起皱纹。根据实践经验，其合适值可按表 7.12 选用。

表 7.12 拉深凹模圆角半径 r_A

拉深方式	毛坯的相对厚度 $\frac{t}{D} \times 100\%$		
	2.0～1.0	1.0～0.3	0.3～0.1
有凸缘	$(4\sim 6)t$	$(6\sim 8)t$	$(8\sim 12)t$
无凸缘	$(6\sim 12)t$	$(10\sim 15)t$	$(15\sim 20)t$

注：1 对于有色金属和拉深钢板，取表中偏小值；对其他黑色金属，取表中偏大值。
2 当板料较薄时，最好采用球面压边圈。表中所列数值是第一次拉深的 r_A 值，以后各次拉深时，r_A 应逐渐减小，其关系为 $r_{An}=(0.6\sim 0.8)r_{A(n-1)}$。

根据工厂经验，一般取 $r_A \geqslant 3t$，如果零件圆角半径太小，即 $(1\sim 2)t$，应安排校形，使 r_A 达到要求。

对于凸模圆角半径 r_T，按如下原则选择：

① 若为首次拉深，圆角半径取

$$r_T = (0.7 \sim 1.0)r_A$$

② 以后各次拉深，圆角半径则为

$$r_{T(n-1)} = (d_{n-2} - d_{n-1} - 2t)/2$$

式中：d_{n-1}、d_n 为各次拉深工序件的直径；r_T 为凸模圆角半径；r_A 为凹模圆角半径。

最后一次拉深时，凸模圆角半径 r_{An} 应与拉深件底部圆角半径 r 相等。但是，当拉深件底部圆角半径小于拉深工艺性要求时，凸模圆角半径应按工艺性要求确定($r_T \geqslant 3t$)，然后通过增

加整形工序得到拉深件所要求的圆角半径。

2. 凸、凹模结构

凸、凹模的结构形式合理与否,不仅关系到产品质量,而且直接影响拉深变形程度(即拉深系数)。下面介绍几种常见的结构形式。

(1) 无压料时的凸、凹模

图 7.36 所示为无压料一次拉深成形时所用的凸、凹模结构。其中,圆弧形凹模结构简单,加工方便,是常用的拉深凹模结构形式;锥形凹模、渐开线形凹模和等切面形凹模对抗失稳起皱有利,但加工较复杂,主要用拉深系数较小的拉深件。

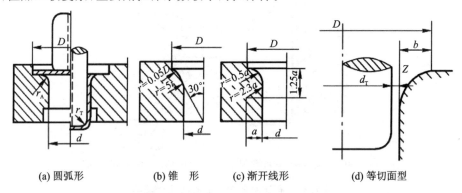

图 7.36 无压料一次拉深的凸、凹模结构

图 7.37 所示为无压料多次拉深所用的凸、凹模结构。上述凹模结构中,$a=5\sim10$ mm,$b=2\sim5$ mm,锥形凹模的锥角一般取 $30°$。

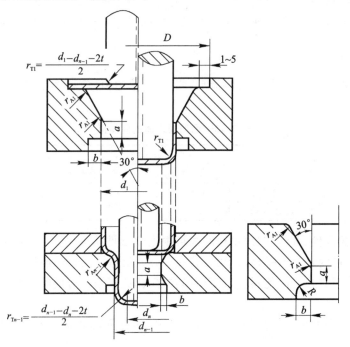

图 7.37 无压料多次拉深的凸、凹模结构

(2) 有压料时的凸、凹模

有压料多次拉深的凸、凹模结构如图 7.38 所示,其中图(a)用于直径小于 100 mm 的拉深

件;图(b)用于直径大于 100 mm 的拉深件,这种结构除了具有锥形凹模的特点外,还可减轻坯料的反复弯曲变形,以提高工件侧壁质量。

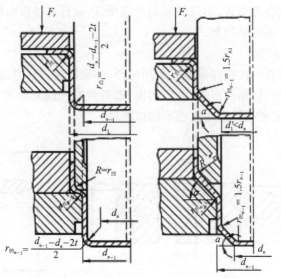

(a) 凸、凹模具有圆角的结构　　(b) 凸、凹模具有斜角的结构

图 7.38　有压料多次拉深的凸、凹模结构

设计多次拉深的凸、凹模结构时,应注意前后两次拉深中凸、凹模的形状尺寸须具有恰当的关系,尽量使前次拉深所得工序件形状有利于后次拉深成形,而后一次拉深的凸、凹模及压边圈的形状与前次拉深所得工序件相吻合,以避免坯料在成形过程中的反复弯曲。为了保证拉深时工件底部平整,应使前一次拉深所得工序件的平底部分尺寸不小于后一次拉深工件的平底尺寸。

3. 凸、凹模间隙

拉深时材料要增厚,为了便于材料流动,间隙 z(单边值)应稍大于料厚 t。常用材料的间隙值列于表 7.13。

表 7.13　凸凹模之间的间隙值

材　料	单边间隙 z/mm	
	第一次拉深	第二次拉深
软钢	$(1.3\sim1.5)t$	$(1.2\sim1.3)t$
黄铜、铝合金	$(1.3\sim1.4)t$	$(1.15\sim1.2)t$

对于盒形件拉深模,其凸、凹模单边间隙可根据盒形件精度确定:当精度要求较高时,$z=(0.9\sim1.05)t$;当精度要求不高时,$z=(1.1\sim1.3)t$。最后一次拉深取较小值。

另外,由于盒形件拉深时坯料在角部变厚较多,因此圆角部分的间隙应较直边部分的间隙大 $0.1t$。

对于精度要求高的零件,为了使拉深后回弹很小,表面光洁,常采用负间隙拉深,其间隙取 $z=(0.9\sim0.95)t$。

4. 凸、凹模工作尺寸及公差

拉深件的尺寸和公差是由最后一次拉深模保证的,考虑拉深模的磨损和拉深件的弹性回复,最后一次拉深模的凸、凹模工作尺寸及公差按如下确定:

当拉深件标注外形尺寸时,如图 7.39(a)所示,有

$$D_A = (D_{max} - 0.75\Delta)^{+\delta_A}_0$$
$$D_T = (D_{max} - 0.75\Delta - 2Z)^{0}_{-\delta_A}$$

当拉深件标注内形尺寸时,如图 7.39(b)所示,有

$$d_T = (d_{min} + 0.4\Delta)^{0}_{-\delta_T}$$
$$d_A = (d_{min} + 0.4\Delta + 2Z)^{+\delta_A}_0$$

式中:D_d、d_d 为凹模工作尺寸;D_p、d_p 为凸模工作尺寸;D_{max}、d_{min} 为拉深件的最大外形尺寸和最小内形尺寸;Z 为凸、凹模单边间隙;Δ 为拉深件的公差;δ_T、δ_A 为凸、凹模的制造公差,可按 IT6~IT9 级确定。

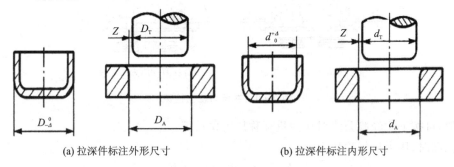

(a) 拉深件标注外形尺寸   (b) 拉深件标注内形尺寸

图 7.39 拉深件尺寸与凸、凹模工作尺寸

对于首次和中间各次拉深模,因工序件尺寸无需严格要求,所以其凸、凹模工作尺寸取相应工序的工序件尺寸即可。

7.4 压力机的选择及拉深模具的安装

7.4.1 压力机的选择

中小型零件一般在单动压力机上拉深,其压边力由气垫、油缸或模具上的弹性元件产生。如图 7.40(a)所示,凸模固定在工作台上,凹模固定在滑块上。滑块向下运动时,压边圈首先压紧毛坯周边,拉深过程中气垫通过压边圈始终压紧周边,并随同滑块向下运动。拉深结束滑块回程,气垫通过压边圈将工件从模具中顶出。

在压力机上拉深,对于厚度小于 3 mm 的薄板零件,由于所需的拉深力不大,所以无须计算。在实际生产中,只要压力机的行程和台面大小满足要求就可以。但对于厚板、尺寸大的零件,往往需要计算拉深力和压边力,并以此为依据来选择压力机的吨位。

在选择压力机的标称压力时,必须注意:当拉深行程较大,特别是采用落料拉深复合模时,不能简单地将落料力与拉深力叠加去选择压力机吨位。因为压力机的标称压力是指滑块在靠近下止点时的压力,而开始拉深时,特别是拉深前的落料,这时压力机滑块位置并不靠近下止点。另外,落料力和拉深力并不是同时存在的。准确地选择压力机的原则是:工作行程中的实际变形力曲线必须在压力机的压力曲线所允许的范围内。因此,必须注意压力机的压力曲线(见图 7.41)。如果实际变形力超出压力机的压力曲线,就很可能由于过早地出现最大冲压力而使压力机超载。

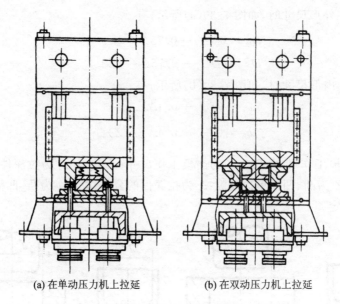

(a) 在单动压力机上拉延　　(b) 在双动压力机上拉延

图 7.40　在压力机上拉深

一般，可按下述经验公式对压力机标称压力作估算：

浅拉深时，压力机标称压力：

$$F_g \geq (1.6 \sim 1.8) F_\Sigma$$

深拉深时，压力机标称压力：

$$F_g \geq (1.8 \sim 2.0) F_\Sigma$$

式中：F_g 为压力机标称压力；F_Σ 为冲压工艺总力，与模具结构有关，包括拉深力、压边力、冲裁力等。

大型零件一般在双动压力机上拉深（见图 7.40(b)）。双动压力机有两个滑块，拉深时，压边滑块首先带动压边圈压住毛坯，然后拉深滑块带动拉深凸模下行进行拉深，如图 7.42 所示。此模具因装有刚性压边装置，所以模具结构显得简单，制造周期短，成本低，但压力机设备投资高。

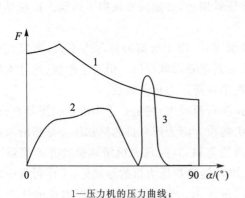

1—压力机的压力曲线；
2—拉深力曲线；3—落料力曲线

图 7.41　拉深力与压力机的压力曲线

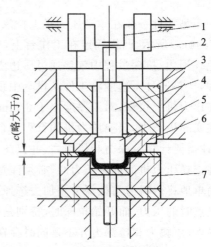

1、4—双动压机内滑块机构；
2、3—双动压机外滑块机构；5—凸模；6—压边圈；7—凹模

图 7.42　双动压力机工作原理

7.4.2 模具的安装与调整

模具的安装与调整过程如下：

① 将滑块降到下死点，松开压块上的固定螺母，取下压块。

② 把模具放到工作台面上，推到滑块下面，使上模柄进入滑块的夹紧槽内，装上压块和固定螺母，但不旋紧；对于大型模具则用压板和 T 形螺栓与螺母固定。

③ 调节连杆，使滑块下降，直到与上模板表面贴合为止，如果连杆伸到最长时滑块仍不能与上模板贴合，可在下模与台面之间加垫板而后旋紧螺母，固定上模。

④ 点动开车，使滑块抬起，在上、下模间垫一零件料厚，再使滑块缓慢下降，上模压入下模，找正模具间隙，旋紧螺钉，固定下模。

⑤ 试车，转动连杆，使滑块上升一定距离，用点动开车，使滑块往复行程一次，检查运行是否正常。再连续冲压几次，转动连杆，调节上模进入下模的深度，直到满足拉深要求为止。

⑥ 试压零件，合格后投入生产。

7.5　其他拉深方法

前面介绍了基本拉深方法，下面介绍几种在生产中采用较广且行之有效的特殊拉深工艺。

7.5.1　橡皮拉深

橡皮拉深就是在拉深模中利用橡皮充当凸模或凹模，这种方法由于模具结构简单，成本低廉，在生产批量不大时得到了广泛的应用。

采用橡皮凸模拉深时，由于毛坯定位困难，零件底部变薄严重，故较少采用。采用较多的是橡皮凹模拉深。

橡皮的质量与性能对拉深的影响很大。用于拉深模具的橡皮的力学性能要求如下：

① 抗拉强度 500～550 N/cm^2；

② 相对伸长率 600%～700%；

③ 剩余伸长 25%～30%；

④ 在 1 000 N/cm^2 载荷下的压缩量为 50%～70%。

⑤ 肖氏硬度 70。

橡皮拉深模为结构如图 7.43 所示，橡皮装在上模的橡皮容框内，凸模是刚性的并且可以更换。橡皮拉深常在液压机上进行。

采用橡皮拉深时，所需的单位压力随拉深系数和毛坯相对厚度的大小而变化。拉深硬铝时橡皮的单位压力见表 7.14。

表 7.15 是在橡皮压力为 40 MPa，凸模圆角半径 $r_凸=4t$ 的情况下，圆筒形零件的极限拉深系数和拉深深度。

拉深圆筒形件时凸模的最小圆角半径见表 7.16。

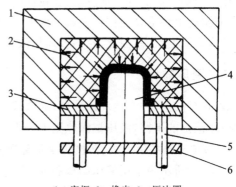

1—容框；2—橡皮；3—压边圈；
4—凸模；5—顶杆；6—凸模座

图 7.43　橡皮拉深模

表 7.14　拉深硬铝时橡皮的最大单位压力

N/cm²

拉深系数	毛坯的相对厚度 $\frac{t}{D} \times 100\%$			
	1.3	1.0	0.6	0.4
0.6	2 600	2 800	3 200	3 600
0.5	2 800	3 000	3 400	3 800
0.4	3 000	3 200	3 500	4 000

表 7.15　圆筒形橡皮拉深系数及拉深深度极限值

材　料	拉深系数	最大拉深深度	毛坯最小相对厚度 t/D	凸缘部分最小圆角半径
LF21	0.45	$1.0d$	1%,但不小于 0.4 mm	$1.5t$
LF2,LY12	0.5	$0.75d$		$(2 \sim 3)t$
08 深拉深钢	0.5	$0.75d$	0.5%,但不小于 0.4 mm	$4t$
1Cr18Ni9Ti	0.65	$0.33d$		$8t$

表 7.16　橡皮拉深圆筒形件凸模最小圆角半径(橡皮压力 4 000 N/cm²)

拉深系数 m	拉深深度/mm	最小圆角半径/mm			
		LF2	LY12	08	1Cr18Ni9Ti
0.7	$0.25d_1$	t	$2t$	$0.5t$	t
0.6	$0.50d_1$	$2t$	$3t$	t	—
0.5	$0.75d_1$	$3t$	$4t$	$2t$	—
0.45	$1.00d_1$	$4t$	—	—	—

注:d_1 为拉深直径;t 为板厚。

橡皮凹模拉深的基本优点是:在拉深过程中,橡皮把毛坯紧紧压在凸模上,避免了毛坯滑动,同时阻碍毛坯沿径向拉伸变薄。此外,在拉深过程中,橡皮压缩毛坯边缘,造成有利于拉深变形的应力应变状态,因此,它与普通拉深相比,能够降低拉深系数。

7.5.2　液压拉深

液压拉深是一种直接利用液体,如水或油的压力而使毛坯成形的拉深方法。根据变形特点和应用范围的不同,液压拉深原则上分为两类。

1. 液体充当拉深凸模,凹模仍采用普通凹模

图 7.44 所示为采用液压凸模拉深厚 0.08 mm 铝箔扬声器音膜。压制零件的操作过程为:将毛坯置于凹模 1 的型腔上,它们之间用橡皮 8 密封,将凸模体 5 通过螺钉 3 和压板 2 与凹模 1 固紧,将液体注入凸模体与毛坯构成的容腔,再将活塞杆 7 及端盖 6 用螺钉 9 固紧于凸模体 5 上。通过手动或机动将活塞杆向下推,活塞杆端部的活塞压缩液体而产生压力,液体压力将平板毛坯压制变形而紧贴在凹模型腔上,至此,得到了所需的零件。

这种液压凸模拉深主要用于拉深锥形件、半球形件和抛物线形件等。其优点是作用在毛坯上的压力比较均匀,不存在像普通拉深模拉深那样的压力集中现象。其缺点是在拉深过程中定位比较困难,零件容易拉偏。另外,由于轴向拉伸变形厉害,零件底部变薄比较严重。

2. 液体充当凹模,而凸模仍为普通凸模

图 7.45 所示为液压凹模拉深的原理与基本结构。

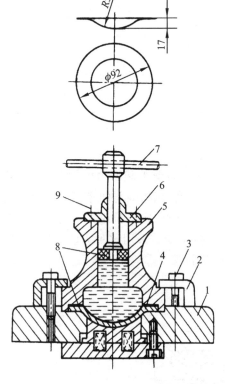

1—凹模;2—压板;3,9—螺钉;4—工件;
5—凸模体;6—端盖;7—活塞;8—橡皮

图 7.44 扬声器音膜的液压凸模拉深

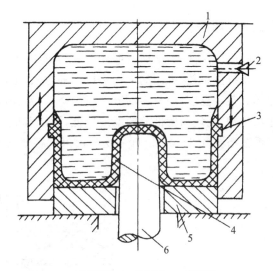

1—高压容器;2—调压阀;3—橡皮囊;
4—零件;5—压边圈;6—凸模

图 7.45 液压凹模拉深

这类凹模结构,由于很高的液体压力把毛坯紧紧压在凸模上,零件底部不易变薄,毛坯定位比较容易。同时,与橡皮拉深一样,由于液体压力通过橡皮囊也压到毛坯凸缘上,故有利于拉深的应力应变状态。因此,这种方法可以降低拉深系数。其拉深系数的极限值及工作值见表 7.17。液体压力应足以防止毛坯起皱和局部变薄,其值可按表 7.18 选取。

表 7.17 采用液压凹模或弹性凹模拉深时的拉深系数

拉深材料	拉深系数 $m_1 = d_1/D$	
	极限值	工作推荐值
	1.0	0.4
硬铝	0.43	0.46
铜	0.42	0.45
铝	0.41	0.44
不锈钢	0.41	0.43
10、20	0.42	0.45

液体拉深与橡皮拉深相比,具有许多优点,如橡皮囊寿命长,拉深深度大,能够达到更大的单位压力。

表 7.18 液体凹模拉深所需压力(板厚 $t=1$ mm)

N/cm²

材料	拉深系数 $m=d/D$					
	0.7	0.6	0.5	0.45	0.43	0.42
硬铝	0~2 250	0~3 150	0~3 400	0~3 500	0~3 500	0~3 500
低碳钢	0~5 000	0~5 500	0~6 000	0~6 000	0~6 500	—
不锈钢	0~6 000	0~6 000	0~7 000	0~7 500	0~7 500	0~9 000

7.5.3 温差拉深

圆筒件拉深时,塑性变形环形区的宽度$(D_0-d)/2$受到筒壁承载能力的限制,若要进一步减小拉深系数,可用局部加热拉深的方法,如图7.46所示,将压边圈与凹模平面之间的毛坯加热到某一温度,使材料的流动应力降低,从而减小毛坯拉深时的径向拉应力。由于凸模中心通水冷却,毛坯筒壁部分的温度较低,故承载能力基本保持不变。采用这种方法,可使极限拉深系数增至0.3~0.35,即一次拉深可代替普通的2~3次拉深。

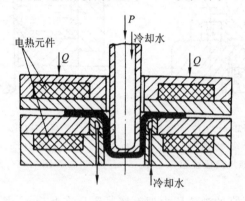

图 7.46 局部加热拉深

由于受到模具钢耐热温度的限制,此法主要用于铝、镁、钛等轻合金零件的拉深。毛坯局部加热温度为:

- 铝合金 310~340 ℃;
- 黄铜 H62 480~500 ℃;
- 镁合金 300~350 ℃。

习题与思考题

1. 板料拉深时壁厚的变化有什么规律?哪个部位变薄量最大?
2. 什么叫拉深系数?拉深系数对拉深工作有何影响?
3. 分别说明拉深工序中坯料的哪个部位容易起皱或拉裂?原因何在?如何防止?
4. 有凸缘圆筒形件的拉深与无凸缘圆筒形件的拉深相比较,有哪些特点?工艺计算有何区别?

5. 什么是拉深力和压边力？如何确定？生产中确定拉深力和压边力有何意义？
6. 试述拉深模具的安装与调整过程。
7. 试计算图 7.47 所示零件拉深凸模、凹模工作部分尺寸。

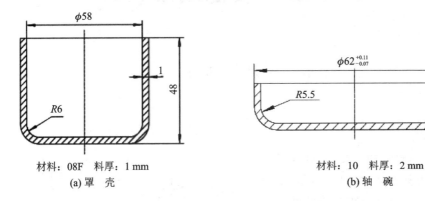

(a) 罩壳　　　　　　　　　　　(b) 轴碗

图 7.47　习题 7 用图

8. 计算确定图 7.48 所示拉深零件的拉深次数和各工序尺寸，绘制各工序草图并标注尺寸。

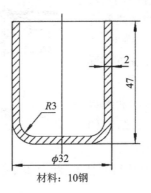

材料：10钢

图 7.48　习题 8 用图

第 8 章 其他成形

8.1 落料与冲孔

8.1.1 工艺分析

图 8.1 所示为落料或冲孔模,这副模具由模柄 1、凸模 2、凹模 3 和下模座 4 等组成,分上、下两部分。上部分通过模柄安装在冲床的滑块上,随滑块做上下运动;下部分通过下模座固定在工作台上。模具的工作部分是凸模和凹模,它们都具有锋利的刃口。凹模的直径比凸模的直径略大,两者之间存在一定间隙。工作时,板料放在下模上,当开动冲床时,滑块随即向下运动,凸模便穿过板料进入凹模,实现落料或冲孔。

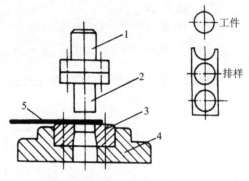

1—模柄;2—凸模;3—凹模;
4—下模座;5—条料

图 8.1 简单落料或冲孔模

落料和冲孔统称为冲裁,若封闭曲线以内的部分作为零件时,称为落料;反之,封闭曲线以外的部分作为零件时,称为冲孔。

落料或冲孔后的零件质量主要从尺寸精度、断面质量和是否产生明显的毛刺三个方面来观测和分析。

1. 尺寸精度

落料或冲孔件的尺寸精度与冲模制造精度、材料性质和厚度、凸凹模间隙及零件的形状和尺寸等有关。

表 8.1 落料或冲孔件精度

冲模制造精度等级	板料厚度/mm										
	0.5	0.8	1.0	1.5	2	3	4	5	6	8	10	12
2	3	3	4	5	5	—	—	—	—	—	—	—
3	—	—	5	5	7	7	7	—	—	—	—	—
4	—	—	—	7	7	7	7	7	8	8	8	8

冲模的制造精度对零件尺寸精度的影响最直接,冲模的制造精度越高,冲裁零件的精度亦越高。表 8.1 所列为冲模间隙合理且具有锋利刃口时,其制造精度与落料或冲孔件的精度关系。

由于在冲裁过程中板料产生一定的弹性变形,冲裁结束后发生"回弹现象",使落料件尺寸与凹模不符,冲孔的尺寸与凸模尺寸不符,从而影响其精度。板料的材质决定了该材料在冲裁过程中的弹性变形量,对于较软的材料,弹性变形量较小,冲裁后的回弹值亦较小,因而零件精度较高。硬的材料,情况则相反;板料相对厚度t/D(t为板厚,D为零件直径)越大,弹性变形量越小,因而,所得零件尺寸精度就高。

凸凹模间隙对零件的精度影响很大。落料时,如间隙过大,材料除受剪切外还产生拉伸弹性变形,冲裁后由于回弹将使零件尺寸有所减小,减小的程度也随着间隙的增大而增加。如间隙过小,材料除受剪切外还产生压缩弹性变形,冲裁后由于回弹而使零件尺寸有所增大,其增大的程度随着间隙的减小而增加。

冲孔时,情况正好与落料相反,即间隙过大,使冲孔尺寸增大,间隙过小,使冲孔尺寸减小。其规律是,落料或冲孔件尺寸越小,形状越简单,其精度越高。

2. 断面质量

对断面质量起决定作用的是凸凹模间隙。间隙合理,冲裁时上、下刃口处所产生的剪切裂纹就能重合,如图 8.2(a)所示,所得零件断面虽不很光滑,且带有一定锥度,但已合乎要求了。

当间隙值过小或过大时,就会使上、下裂纹不能重合。间隙过小时,凸模刃口附近的裂纹比合理间隙时向外错开一段距离。上、下裂纹中间的一部分材料,随着冲裁的进行,将被第二次剪切,在断面上形成第二光亮带。在两个光亮带之间,形成撕裂的毛刺和层片,如图 8.2(b)所示。间隙过大时,凸模刃口附近的裂纹比较合理间隙时向里错开一段距离,材料受很大拉伸,使断面光亮带减小,毛刺、圆角和锥度都会增大,如图 8.2(c)所示。

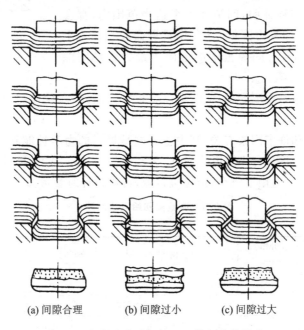

(a) 间隙合理　　(b) 间隙过小　　(c) 间隙过大

图 8.2　板料分离过程及凸凹模间隙的影响

3. 毛　刺

凸模或凹模磨钝后,其刃口处形成圆角。在落料时,零件的边缘就出现毛刺。凸模刃口变钝时,在零件边缘产生毛刺;凹模刃口变钝时,孔边缘产生毛刺;凸模和凹模刃口都变钝时,在零件边缘与孔边缘均产生毛刺。

间隙不均匀时,往往产生局部毛刺。

如有不可避免的微小毛刺出现,应在冲裁后设法消除。一般生产中允许的毛刺高度如

表 8.2 所列。

表 8.2 一般冲裁件允许的毛刺高度

板料厚度	<0.3	0.3～0.5	0.5～1.0	1.0～1.5	1.5～2.0
生产时允许的毛刺高度	≤0.5	≤0.08	≤0.10	≤0.13	≤0.15
新模试模时允许的毛刺高度	≤0.015	≤0.02	≤0.03	≤0.04	≤0.05

8.1.2 凸模和凹模间隙、刃口尺寸及公差

1. 凸模和凹模间隙

凸模与凹模间每侧的间隙，称为单边间隙，两侧间隙之和，称为双边间隙。一般所讲的冲裁间隙即凸凹模间隙，就是指双边间隙。

凸凹模间隙如图 8.3 所示，可用下面公式表示：

$$z = D - d$$

式中：z 为凸凹模间隙，mm；D 为凹模刃口尺寸，mm；d 为凸模刃口尺寸，mm。

凸凹模间隙是一个重要的工艺参数。间隙值的大小，除对冲裁件的断面质量和尺寸精度有重要影响外，还对冲裁力和模具寿命有显著影响。实践证明，间隙在一个适当范围内，都会得到合格的冲裁件，使冲裁力降低，且其模具寿命较长。这个间隙范围，称为合理间隙。间隙范围的上限为最大合理间隙 z_{max}，下限为最小合理间隙 z_{min}。

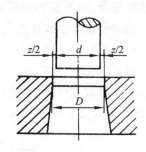

图 8.3 凸凹模间隙

凸模和凹模在工作时逐渐磨损，使间隙逐步扩大。因此，在设计和制造新模具时，应采用最小的合理间隙。

合理间隙的大小和许多因素有关，其中主要的是材料的力学性能和板料厚度。对精度要求不高，间隙大一点又不影响其使用的零件，为减少模具的磨损，应尽量采用大一些的间隙。表 8.3 所列冲裁间隙值，适用于汽车、拖拉机行业，可供设计时参考。

表 8.3 冲裁模初始双边间隙 z

mm

板料厚度	08、10、15、09Mn、Q235A、Q235B		16Mn		40、50		65Mn	
	z_{min}	z_{max}	z_{min}	z_{max}	z_{min}	z_{max}	z_{min}	z_{max}
<0.5	无间隙							
0.5	0.040	0.060	0.040	0.060	0.040	0.060	0.040	0.060
0.6	0.048	0.072	0.048	0.072	0.048	0.072	0.048	0.072
0.7	0.064	0.92	0.064	0.92	0.064	0.92	0.064	0.92
0.8	0.072	0.104	0.072	0.104	0.072	0.104	0.064	0.092
0.9	0.090	0.126	0.090	0.126	0.090	0.126	0.090	0.126
1.0	0.100	0.140	0.100	0.140	0.100	0.140	0.090	0.126
1.2	0.126	0.180	0.132	0.180	0.132	0.180		

续表 8.3

板料厚度	08、10、15、09Mn、Q235A、Q235B		16Mn		40、50		65Mn	
	z_{min}	z_{max}	z_{min}	z_{max}	z_{min}	z_{max}	z_{min}	z_{max}
1.5	0.132	0.240	0.170	0.240	0.170	0.230		
1.75	0.220	0.320	0.220	0.320	0.220	0.320		
2.0	0.246	0.360	0.260	0.380	0.260	0.380		
2.1	0.260	0.380	0.280	0.400	0.280	0.400		
2.5	0.360	0.500	0.380	0.540	0.380	0.540		
2.75	0.400	0.560	0.420	0.600	0.420	0.600		
3.0	0.460	0.640	0.480	0.660	0.420	0.660		
3.5	0.540	0.740	0.580	0.780	0.580	0.780		
4.0	0.640	0.880	0.680	0.920	0.680	0.920		
4.5	0.720	1.000	0.680	0.960	0.780	1.040		
5.5	0.940	1.280	0.780	1.100	0.980	1.320		
6.0	1.080	1.440	0.840	1.200	1.140	1.500		
6.5			0.940	1.300				
8.0			1.200	1.680				

注：冲裁皮革、石棉和纸板时，间隙取 08 钢的 25%。

2. 凸凹刃口尺寸及公差

(1) 刃口尺寸计算原则

实践证明，落料的尺寸接近于其凹模刃口尺寸，而冲孔尺寸接近于其凸模刃口尺寸。

① 落料时，先确定凹模刃口尺寸。凹模刃口的名义尺寸取接近于或等于零件的最小极限尺寸，以保证凹模磨损在一定范围内也能冲出合格零件。凸模刃口的名义尺寸则按凹模刃口名义尺寸减小一个最小间隙。

② 冲孔时，先确定凸模刃口尺寸。凸模刃口的名义尺寸取接近于或等于孔的最大极限尺寸，以保证凸模磨损在一定范围内仍可使用。而凹模的名义尺寸则按凸模刃口的名义尺寸加上一个最小间隙。

③ 凹模和凸模的制造公差，主要与冲裁件的精度和形状有关。一般比冲裁件精度高 2～3 级，对于规则形状的制件，可按 2～3 级精度取其公差。当凸模与凹模分别按图样加工时，其公差应保证下面关系：

$$\delta_凸 + \delta_凹 \leqslant z_{max} - z_{min}$$

式中：$\delta_凸$、$\delta_凹$ 为凸、凹模制造公差（见表 8.4）；z_{max}、z_{min} 为最大、最小合理间隙。

(2) 尺寸计算公式

凸、凹模刃口部分尺寸按加工方法的不同，分别进行计算。

1) 凸模与凹模分开加工

这种方法适合圆形或简单规则形状的冲裁件的冲模加工。

① 落料 设零件尺寸为 $D_{-\Delta}$，则

$$D_凹 = (D - X\Delta)^{+\Delta}$$

$$D_凸 = (D_凹 - z_{min})_{-\delta_凸} = (D - X\Delta - z_{max})_{-\delta_凸}$$

② 冲孔 设零件孔的尺寸为 $d^{+\Delta}$，则

$$d_{凸} = (d + X\Delta)_{-\delta_{凸}}$$

$$d_{凹} = (d_{凸} + z_{\min}) = (d + X\Delta + z_{\max})^{+\delta_{凹}}$$

式中：$D_{凹}$、$D_{凸}$ 为落料凸、凹模公称尺寸，mm；D、d 为落料件和孔的公称尺寸，mm；Δ 为零件的制造公差，mm；$z_{\min}$ 为最小合理间隙（双边），mm；$\delta_{凸}$、$\delta_{凹}$ 为凸、凹模制造公差，mm，可查表 8.4；X 为磨损系数，在 0.5～1 之间，与制造精度有关，可查表 8.5。

表 8.4 规则形状（圆、方）凸、凹模的制造公差

公称尺寸/mm	凸模偏差 $\delta_{凸}$/mm	凹模偏差 $\delta_{凹}$/mm
≤18		+0.020
18～30	−0.020	+0.025
30～80		+0.030
80～120	−0.025	+0.035
120～180		+0.040
180～260	−0.030	+0.045
260～360	−0.035	+0.050
360～500	−0.040	+0.060
>500	−0.050	+0.070

表 8.5 磨损系数

板料厚度/mm	非圆形			圆形	
	1	0.75	0.5	0.75	0.5
	制造公差 Δ/mm				
～1	<0.16	0.17～0.35	≥0.36	<0.16	≥0.16
1～2	<0.20	0.21～0.41	≥0.42	<0.20	≥0.20
2～4	<0.24	0.25～0.49	≥0.24	<0.24	≥0.24
>4	<0.30	0.31～0.59	≥0.30	<0.30	≥0.30

例 1 冲制一垫圈，材料为 Q235-A 钢，分别计算落料和冲孔的凸、凹模刃口尺寸。垫圈尺寸如图 8.4 所示。

解 ① 落料 查表 8.3、表 8.4 和表 8.5，得

$$z_{\max} = 0.64, \quad z_{\min} = 0.46, \quad \delta_{凸} = -0.02, \quad \delta_{凹} = 0.03, \quad X = 0.5$$

因为 $|-0.02| + |0.03| < 0.64 - 0.46$

即 $0.05 < 0.18$

故能满足 $|\delta_{凸}| + |\delta_{凹}| < z_{\max} - z_{\min}$ 条件。

将已知和查得的数据代入公式，即得

$$D_{凹} = (80 - 0.5 \times 0.47)^{+0.03} \text{ mm} = 79.63^{+0.03} \text{ mm}$$

$$D_{凸} = (79.63 - 0.46)^{-0.02} \text{ mm} = 79.17^{-0.02} \text{ mm}$$

② 冲孔 凸模刃口尺寸为

$$d_{凸} = (d + X\Delta)_{-\delta_{凸}}$$

凹模刃口尺寸为

$$d_{凹} = (d_{凸} + z_{\min})^{+\delta_{凹}} = (d + X\Delta + z)^{+\delta_{凹}}$$

查表 8.3、表 8.4 和表 8.5，得

$$z_{\max}=0.64, \quad z_{\min}=0.46, \quad \delta_{凸}=0.02, \quad \delta_{凹}=0.03, \quad X=0.5$$

因为$|-0.02|+|0.03|<0.64-0.46$，即$0.05<0.18$，所以符合$|\delta_{凸}|+|\delta_{凹}|<z_{\max}-z_{\min}$条件。

将已知和查得的数据代入公式，即得

$$d_{凸}=(40+0.5\times0.62)_{-0.02}^{0}\text{ mm}=40.31_{-0.02}^{0}\text{ mm}$$

$$d_{凹}=(40.31+0.46)_{0}^{+0.03}\text{ mm}=40.77_{0}^{+0.03}\text{ mm}$$

2）凸模与凹模配合加工

由于凸、凹模分开加工的方法，对模具制造公差要求小，导致模具制造困难，成本提高。特别是单件、小批生产时，采用这种方法更不经济。因此，对于单件、小批生产的模具或冲裁复杂零件的模具，其凸模、凹模常采用配合加工的方法。

配合加工的方法是先按零件的尺寸和公差加工凹模（或凸模），然后以此为基准件加工凸模（或凹模）。这种方法不仅容易保证间隙，而且还可以放大模具的制造公差，故目前一般工厂都采用这种方法。

配合加工时刃口尺寸计算方法如下：

① 落料。图 8.5 所示为零件的形状和尺寸。

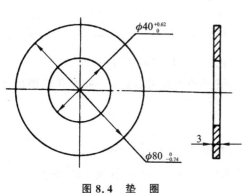

图 8.4　垫　圈

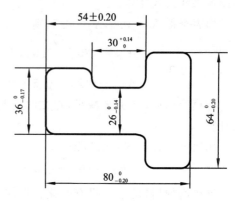

图 8.5　冲裁件

落料时应以凹模为基准来配作凸模，并按凹模磨损后尺寸变大、变小、不变的规律分 3 种情况进行计算。

凹模磨损后可能变大的尺寸，按一般落料凹模尺寸公式计算，即

$$A_{凹}=(A-X\Delta)_{0}^{+\delta_{凹}}$$

凹模磨损后可能变小的尺寸，按一般落料凹模尺寸公式计算，即

$$B_{凹}=(B-X\Delta)_{-\delta_{凹}}^{0}$$

凹模磨损后没有变化的尺寸，可分 3 种情况：

当零件尺寸标注为$C_{0}^{+\Delta}$时，

$$C_{凹}=(C+0.5\Delta)\pm\delta_{凹}$$

当零件尺寸标注为$C_{-\Delta}^{0}$时，

$$C_{凹}=(C-0.5\Delta)\pm\delta_{凹}$$

当零件尺寸标注为$C\pm\Delta$时，

$$C_{凹}=C\pm\delta_{凹}$$

式中：$A_凹$、$B_凹$、$C_凹$ 为凹模尺寸，mm；A、B、C 为相应的零件名义尺寸，mm；Δ 为零件公差，mm；Δ' 为零件偏差，mm；$\delta_凹$ 为凹模制造偏差，mm。

通常取 $\delta_凹 = \dfrac{\Delta}{4}$，当标注为 $\pm \delta_凹$ 时，取 $\delta_凹 = \dfrac{\Delta}{8}$。

相应的凸模尺寸按凹模尺寸配制，并保证最小间隙 $z_{\min}$。在图纸技术要求上应注明：凸模尺寸按凹模实际尺寸配制，保证最小间隙 $z_{\min}$。

② 冲孔。冲孔时应以凸模为基准件配作凹模。同样，根据凸模各部分尺寸磨损后的变化，分 3 种情况进行计算，其原理和上述相同。

例 2 冲裁支板坯料，材料为 40 钢，料厚 6 mm，尺寸如图 8.6 所示。试确定其凹、凸模刃口尺寸及制造公差。

解 根据零件形状，凹模磨损后其尺寸变化有 3 种情况。

凹模磨损后，尺寸 A_1 和 A_2 增大，即按一般落料凹模尺寸公式计算。

由表查得 $X_1 = 0.5$，$X_2 = 0.5$，则

$$A_{1凹} = (200 - 0.5 \times 1.15)^{+\frac{1}{4} \times 1.15}_{\ 0} \text{ mm} \approx 199.42^{+0.29}_{\ 0} \text{ mm}$$

$$A_{2凹} = (120 - 0.5 \times 0.87)^{+\frac{1}{4} \times 0.87}_{\ 0} \text{ mm} \approx 119.56^{+0.22}_{\ 0} \text{ mm}$$

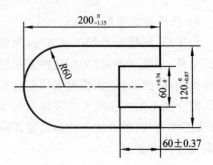

图 8.6 支板坯料工件

凹模磨损后，尺寸 B 减小，它在凹模上相当于冲孔凸模的尺寸，故按一般冲孔凸模尺寸公式计算。

由表 8.5 查得 $X = 0.5$，则

$$B_凹 = (60 + 0.5 \times 0.74)^{\ 0}_{-\frac{1}{4} \times 0.74} \text{ mm} = 60.37^{\ 0}_{-0.19} \text{ mm}$$

凹模磨损后，尺寸 C 没有变化。零件尺寸标注为 (60 ± 0.37) mm，故按下式进行计算：

$$C_凹 = \left(60 \pm \frac{1}{8} \times 0.74\right) \text{ mm} = (60 \pm 0.09) \text{ mm}$$

查表 8.3 得 $z_{\min} = 1.14$ mm。

凸模按凹模实际尺寸配作，保证 1.14 mm 的间隙。

8.1.3 落料和冲孔力

1. 落料和冲孔力的计算公式

落料和冲孔力的大小主要与材料性质、厚度和落料或冲孔的周边长度有关。用平刃冲模冲裁时，其冲裁力的计算公式如下：

$$P = KLt\tau_0$$

式中：P 为冲裁力，N；L 为落料或（和）冲孔的周长，mm；t 为板料的厚度，mm；τ_0 为材料的抗剪强度，MPa；K 为系数，一般取 $K = 1.3$。

为了计算方便，也可采用下面公式计算：

$$P = Lt\sigma_b$$

式中：σ_b 为材料的抗拉强度，MPa。

2. 减小落料和冲孔力的措施

用较小吨位的设备冲裁较大的零件时,常采用阶梯冲裁、斜刃冲裁和加热方法来降低冲裁力。

(1) 阶梯冲裁

在多凸模的冲模中,将凸模做成不同高度,采取阶梯布置,可使各凸模冲裁力的最大值不同时出现,从而降低了冲裁力,如图 8.7 所示。

阶梯式凸模不仅能降低冲裁力,而且能减小振动。在直径相差悬殊,距离很近的多孔冲裁中,还能避免小直径凸模由于受材料流动挤压力的作用,而产生折断或倾斜现象。为此,一般将小直径凸模做得短些(见图 8.7)。其高度差

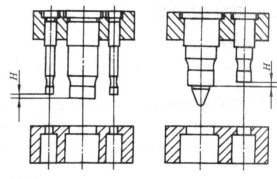

图 8.7 阶梯冲裁模

H 与板料厚度有关,对于薄料,取 H 等料厚;对于厚料(>3 mm),取料厚的一半。

阶梯冲裁的冲裁力,按可能产生最大冲裁力的一个阶梯的冲裁力进行计算。

(2) 斜刃冲裁

用平刃模具进行冲裁时,整个制件周边同时发生剪切作用,故冲裁力较大。采用斜刃模具冲裁时,整个刃口不是与制件周边同时接触,而是逐步地将材料切离,因此冲裁力有显著降低。

采用斜刃冲裁时,为了获得平整的工件,落料时凸模应平刃,把斜刃开在凹模上,如图 8.8(a)所示;冲孔时相反,凹模应为平刃,凸模为斜刃,如图 8.8(b)所示。斜刃应当是两面的,并对称于模具的压力中心。

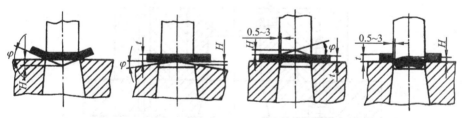

(a) 落料时凸模为平刃,凹模为斜刃　　(b) 冲孔时凹模为平刃,凸模为斜刃

图 8.8 斜刃冲裁

斜刃的主要参数有:斜刃高度 h、刃边斜角 φ 和平刃宽度 b(见图 8.8)。刃边斜角 φ 和斜刃高度 h 与板料厚度 t 有关,其关系列于表 8.6 中。平刃宽度 $b=0.5\sim 3$ mm。

表 8.6 斜刃高度 h 和斜角 φ

板料厚度/mm	斜刃高度 h	斜角 $\varphi/(°)$
<3	$2t$	<5
3~10	t	<8

斜刃冲裁力可按下式计算:

$$P_{斜}=K_{斜}t\tau_0$$

式中:$K_{斜}$ 为降低冲裁力系数,与斜刃高度 h 有关,当 $h=t$ 时,$K=0.4\sim0.6$;当 $h=2t$ 时,$K=0.2\sim0.4$。

(3) 加热冲裁

由于材料加热后,其抗剪强度显著降低,可使冲裁力大为减小。

8.1.4 落料与冲孔模

1. 简单模

简单模又称单工序模,按其导向方式可分为敞开模、导板模和导柱模。

(1) 敞开模

图 8.9 所示为冲制圆形零件常用冲裁模。这套模具只有少数零件组成。其凸模 3 和凹模 4 均通过固定板用螺钉和销钉固定在上、下模座上。用固定挡料销 6 定位,卸料工作由套在凸模上的硬橡皮 2 完成,无导向装置。

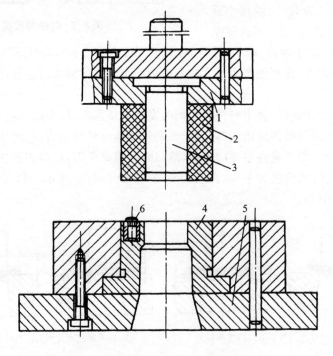

1—凸模固定板;2—橡皮;3—凸模;
4—凹模;5—下模座;6—挡料销

图 8.9 敞开式冲裁模

这种模具的优点是结构简单,制造成本低。但由于凸模的运动仅靠冲床滑块导向,不易保证均匀的间隙,因此冲裁件的精度不高,模具安装麻烦,生产率低,模具的工作部分容易磨损。所以一般用于生产批量不大、精度要求不高、外形比较简单的零件的冲裁。

(2) 导板模

为了保证凸模和凹模间的均匀间隙,提高零件的精度,可用带有导板的冲裁模,如图 8.10 所示。它和敞开式冲裁模不同之处是,在凹模 4 的上部装有一个起导向作用的导板 2。在冲裁过程中,凸模 1 始终在导板孔内运动。导板孔和凸模一般采用二级精度第一种动配合,从而起到导向作用,导板同时也能完成卸料工作。板料由钩形挡料销 5 和导尺 3 定位。导尺(两个)和导板固定在凹模上。这种模具精度较高,使用寿命较长,容易安装且安全性好,但制造较前者麻烦,一般导板孔都需要和凸模配作。另外,要求冲床行程小,以保证工作时凸模始终不脱离导板,故一般适用于小件或形状不十分复杂的零件的冲裁。

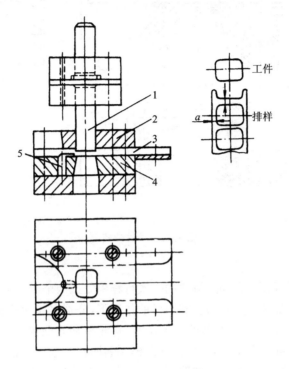

1—凸模;2—导板;3—导尺;4—凹模;5—定位销

图 8.10 导板冲裁模

（3）导柱模

对于精度要求较高,生产批量较大的冲裁件,多采用有导柱的冲裁模。工作时由导柱、导套进行导向。导柱模结构比较完善,应用比较广泛。

导柱模如图 8.11 所示,该模具有两个导柱 3,导柱 3 的下端压入下模座 5 的孔内。导套 6 压入上模座 1 的孔内。导柱与导套之间采用二级精度第一种动配合。这样在冲模工作的时候,导柱、导套就能起导向作用。该模具的凸模 2 是用螺钉直接与上模座 1 固定,并用止口定位。凹模 4 用螺钉和销钉固定在下模座 5 上。条料送进后,左右采用导尺导向,前面由挡料销 8 来定位,以保证板料在冲模上有正确位置。导尺上面装有卸料板 7。卸料板仅起卸料作用,其孔的尺寸较大,容易加工。

导柱模导向作用好,所以能提高制件的精度,并保证凸模与凹模的间隙比较均匀,使模具的磨损减轻,模具安装更为方便。它的缺点是制造成本较高,一般适用于批量比较大,精度要求比较高的冲裁。

2. 连续模

冲制一个带有几个孔的零件,一般需要经过落料、冲孔等几个工序才能完成。这些工序如果采用前面所介绍的简单模,有一道工序就是要设计一套模具。这样就会使模具、冲床和工人数量增加,各道工序之间的半成品运输也会增多,对于零件的精度来说,各部分的相对尺寸也难保证,生产率自然也比较低。如果采用连续冲裁模,各道工序在同一个模具上连续进行,应

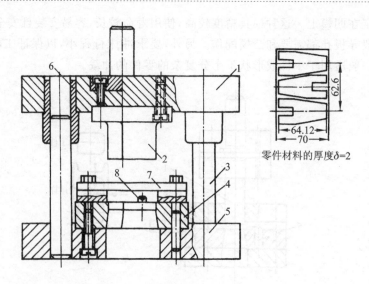

1—上模座；2—凸模；3—导柱；4—凹模；5—下模座；6—导套；7—卸料板；8—定位销

图 8.11 导柱冲裁模

能克服以上缺点。

连续模可按一定的程序，在冲床滑块的一次行程中完成两个以上的冲压工序。工作时，随着条料的连续前进，在模具的几对凸模和凹模的作用下，分别完成冲孔和落料工作。

图 8.12 所示为冲制垫圈的连续模。工作时，首先由冲孔凸模 2 和凹模 5 冲出零件的内孔，然后把条料向前送进一个步距，利用落料凸模 1 和凹模 5 进行落料，即可得到所需的零件。在前一个制件落料的同时，冲孔凸模和凹模又冲出下一个制件上的孔。随着材料的不断前进，连续地冲孔和落料。冲床滑块的一次行程，即完成整个零件的冲压工作。

在连续模中，定位是一个关键问题，这套模具中的条料定位，是采用固定挡料销 7 和导正钉 3 来实现的。工作时，先用固定挡料销进行粗定位，然后利用导正钉进入已冲好的孔中，来导正孔与外形的相对位置。模具的卸料装置仍为卸料板。

连续模生产率高，便于实现自动化，制件精度高，适用于大批量生产。其主要缺点是制造复杂，结构尺寸大，成本高。

3. 复合模

它和连续模的作用方式不同，复合模是板料在同一个位置上，可以同时实现内孔及外形的冲裁。复合模在结构上的特点是具有一个既为落料凸模又为冲孔凹模的凸凹模。图 8.13 所示为冲制垫圈的复合模。

这套模具的冲孔凸模 1 与落料凹模 4 都固定在上模座上。下模座上的凸凹模 8 既是冲孔凹模又是落料凸模。在滑块向下运动时，两套凸模同时工作，完成落料、冲孔两道工序。

在这套模具中采用导尺和活动挡料销 5 定位，采用橡皮 2 卸料。冲压时，橡皮被压缩，活动挡料销 5 也被压入卸料板 6 内。滑块向上运动时，被压缩的橡皮将制件和余料分别卸下，活动挡料销 5 也被弹簧片弹回原位。

复合模的优点是结构紧凑，生产率高，制件精度高，特别是孔与外形的同心度容易保证。此外，可以利用废料冲压。复合模的缺点是结构复杂，对模具零件的精度都有较高要求，因而成本高，制造周期长。

这种模具适用于大批量生产，但当制件的精度要求较高、用其他模具或其他加工方法不易保证时,也常采用。

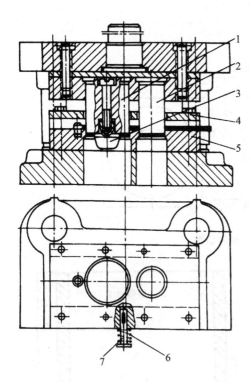

1—落料凸模;2—冲孔凸模;3—导正钉;4—卸料板;
5—凹模;6—弹簧;7—挡料销

图 8.12　连续冲裁模

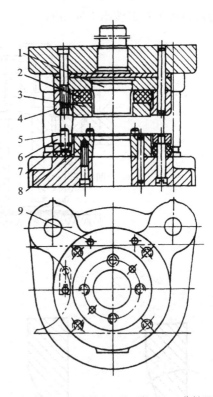

1—冲孔凸模;2—卸料橡皮;3—顶件环;4—落料凹模;
5—挡料销;6—卸料板;7—弹簧片;8—凸凹模;9—导销

图 8.13　复合模

4. 非金属板料冲切模

图 8.14 是冲裁圆板片用的,图 8.15 是冲裁垫圈用的,都在硬木上冲裁。凸、凹模刃的斜度对纸和皮革为 16°~20°,对硬橡胶为 8°~12°。图 8.16 是冲切单张或成叠的硬乙烯板用的冲切模模刃的形状和尺寸,冲切速度要慢。图 8.17 是冲切丙烯酸塑料的模刃,在 160 ℃的温

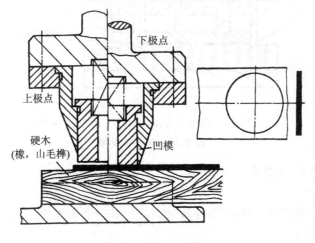

图 8.14　圆片冲切模

度下进行,塑料在炉内加热时间,每厚 1 mm 为 1 min,如板厚 20 mm 则为 20 min。图 8.18 所示为用斜刃模在聚胺脂上冲切厚 0.15 mm 左右的铝箔。

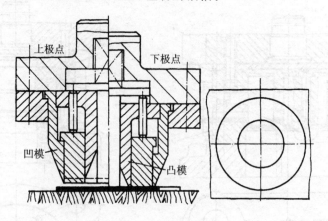

图 8.15 垫圈冲切模

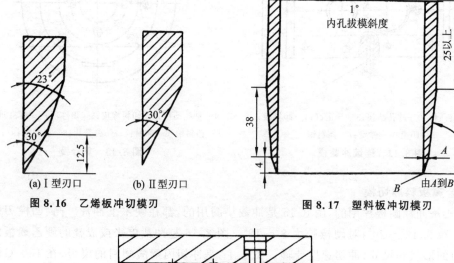

图 8.16 乙烯板冲切模刃　　　　图 8.17 塑料板冲切模刃

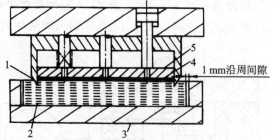

1—刃模;2—聚胺脂橡胶;3—容框;4—铝箔;5—卸料板
图 8.18 铝箔冲切模

5. 非平板件冲孔、冲槽模

(1) 型材冲孔模

图 8.19 所示为角铁冲孔模,先在左边(或右边)对一个角铁的一边冲孔后,再将其移至右边(或左边)冲第二个孔。

图 8.20 所示为槽钢或 U 形件侧边冲孔模,废料落在流料槽内(如图 8.20(a)所示),最后

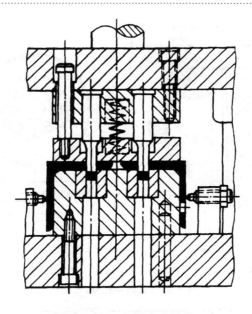

图 8.19　角铁冲孔模

落入废料箱内(如图 8.20(b)所示)。

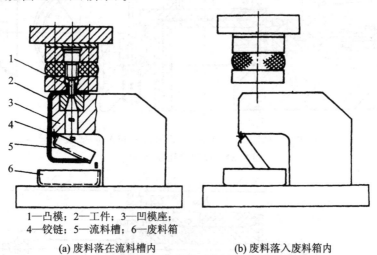

1—凸模；2—工件；3—凹模座；
4—铰链；5—流料槽；6—废料箱

(a) 废料落在流料槽内　　(b) 废料落入废料箱内

图 8.20　槽钢(U 形件)冲孔模

(2) 筒形件侧壁冲孔模

图 8.21 所示为筒形件上由内向外冲孔的模具。凹模 1 安装在压力机的滑块上，下模由凸模 2、模胎 3、压料块 4、支承板 5、顶杆 6 和底板 7 组成。冲孔时，首先将工件套在模胎 3 上并由压料块 4 压紧，凹模 1 向下压住工件和模胎 3 一起向下移动，固定的凸模 2 相对于凹模 1 进行冲孔。凹模 1 回程后，顶杆 6 将模胎 3 顶回原位。

图 8.22 所示为卧式筒侧冲孔模。固定于上模板上的楔是用于推动凸模 6 冲孔的，凹模 2 镶嵌在壳 A 内，3 为卸件器，4 为限制卸件器 3 的上限位置的限位块，5 为压紧筒形件用的压板。

图 8.23 所示为筒侧多孔冲孔模具，用手转动筒形件，用销子定位，销子同时插入筒壁上已冲好的孔和模座的定位孔内。

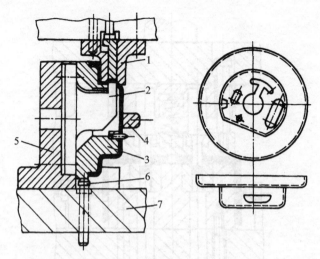

1—凹模；2—凸模；3—模胎；4—压料块；5—支承板；6—顶杆；7—底板

图 8.21 筒侧冲孔模(立式)

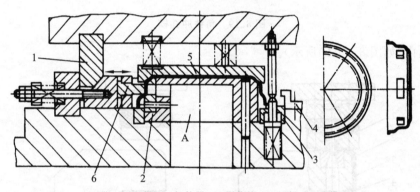

1—楔；2—凹模；3—卸件器；4—限位块；5—压板；6—凸模

图 8.22 筒侧冲孔模(卧式)

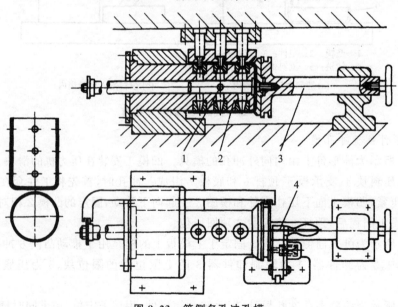

图 8.23 筒侧多孔冲孔模

8.2 局部成形和翻边

8.2.1 局部成形

局部成形是使板料在凸模和凹模作用下主要通过板料变薄伸长，压出某些形状如压肋、压包、压字、压花等，以达到零件的要求。如图 8.24 所示，当零件凸缘直径 $d_凸$ 加大，而拉延直径 d 不变，在比值 $d_凸/d$ 达到某一值时，由于凸缘部分变形阻力增加，使凸缘材料不能流入凹模而参与变形，在凸模作用下，仅局部位置材料受拉变薄而成形。

区分局部成形和宽凸缘拉延，在于看零件的成形主要是由材料变薄而获得，还是主要由凸缘材料流入凹模而获得。

比值 $d_凸/d$ 的大小，取决于材料加工硬化情况、模具几何参数和压边力的大小。一般以 $d_凸/d=4$ 左右为区分范围，大于此值为局部成形，小于此值的属于拉延成形。

当局部成形的变形量较大时，单靠局部鼓凸部分的材料变薄是不够的，需要借助于周围材料的流动来补充。很多实例往往都是先成形鼓凸部分，后成形周围部分，就是因为这个缘故。图 8.25 所示汽车手制动器底盘(简图)，就是先成形里面的鼓凸部分，然后进行外缘翻边。

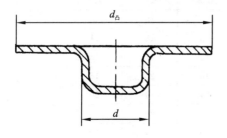

图 8.24　典型的局部成形

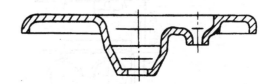

图 8.25　汽车手制动器底盘

当局部变形量不大时，可由材料局部变薄而成形，这样的零件有时也可采用里外同时成形或先成形外面后压里边的方法。

经过局部成形后的制件，特别是生产中广泛应用的压筋成形，不仅因形状变化而改变了惯性矩，从而提高了制件的刚度，并且由于产生加工硬化，也进一步提高了制件的强度和刚度。

局部成形时，特别明显的如压肋成形时，坯料在某一方向的拉伸变形较大，因此，在计算局部成形的极限变形程度中，可以考虑按单向拉延变形处理，使

$$\delta_极 = \frac{l_1 - l_0}{l_0} < (0.7 \sim 0.75)\delta_单$$

式中：$\delta_极$ 为局部成形时极限变形程度；$\delta_单$ 为单向拉伸时的伸长率；l_0、l_1 为变形前后长度。系数 $0.7 \sim 0.75$ 视局部成形的形状而定，球形肋取大值，梯形肋取小值。

为了使局部成形顺利，在表 8.7 和表 8.8 中给出了某些局部成形的参考尺寸。对于局部成形的肋与边框的距离，如果小于 $(3 \sim 3.5)t$ 时，由于在成形过程中，边缘材料要往内收缩，成形后需增加切边工序，因此，应预留有切边余量。

表 8.7 加强肋的形式和尺寸

名 称	图 例	R/mm	h/mm	D/mm 或 B/mm	r/mm	α/(°)
压单肋	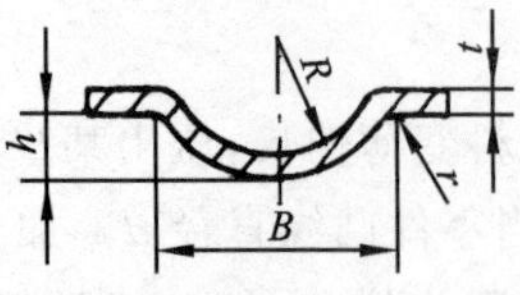	(3~4)t	(2~3)t	(7~10)t	(1~2)t	—
压单凸	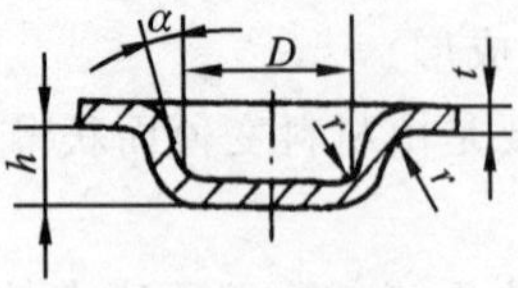	—	(1.5~2)t	≥3t	(0.5~1.5)t	15~30

表 8.8 局部成形间的尺寸关系

图 例	D/mm	L/mm	l/mm
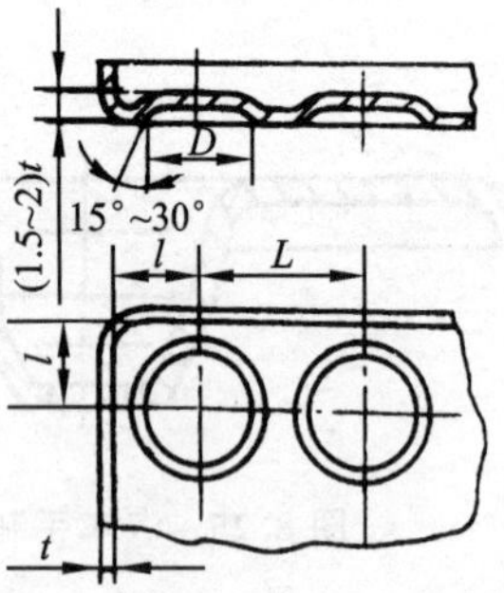	6.5	10	6
	8.5	13	7.5
	10.5	15	9
	13	18	11
	15	22	13
	18	26	16
	24	34	20
	31	44	26
	36	51	30
	43	60	35
	48	68	40
	55	78	45

8.2.2 翻 边

翻边是将零件的孔边缘或外边缘在模具的作用下,翻出竖立的边缘。

翻边是常用的钣金工序之一。根据零件边缘的性质和应力状态,翻边可分为孔翻边(包括圆孔和非圆孔)和外缘翻边(包括外凸的边缘和内凹的边缘)两种,如图 8.26 所示。

1. 内孔翻边

(1) 孔翻边的变形特点和翻边系数

孔翻边的变形,主要是材料沿切线方向产生拉伸变形,越接近口部变形越大。因此,其主要危险在于边缘被拉裂。破裂的条件取决于变形程度的大小。变形程度以翻边前孔径 d 与翻边后孔径 D 的比值 m 来表示(见图 8.26),公式如下:

$$m = \frac{d}{D}$$

式中,m 称为翻边系数。显然,m 越大,变形程度越小;m 值越小,变形程度越大。当翻边时孔边不破裂所能达到的最大变形程度,即最小的 m 值,称为极限翻边系数。它与许多因素有关,

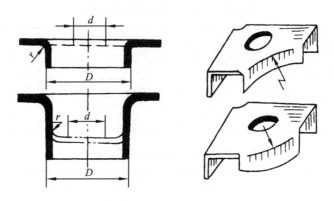

图 8.26　内翻边与外翻边

主要有：

① 材料的塑性。塑性越好，m 值可小些，近似关系为

$$\varepsilon = \frac{D}{d} - 1 = \frac{1}{m} - 1$$

即

$$m = \frac{1}{1+\varepsilon} \quad \text{或} \quad m = 1 - \phi$$

上式表明，当材料的塑性指标 ε 和 ϕ 越高时，m 可小些。

② 孔的边缘情况。孔边表面质量高，无撕裂、无毛刺时就有利于翻边，m 就可以小些。为了提高变形程度，有时采用先钻孔再翻边的工艺。

③ 预冲孔直径 d 与材料厚度的比值 d/t 越小，即材料越厚，在断裂前的绝对伸长越大。所以，板料越厚，翻边越不会破裂，m 可小些。

④ 凸模的形状 O 球形、抛物线形或锥形凸模较平底凸模对翻边有利，因为前者翻边时孔是圆滑地逐渐胀开，而后者是骤然胀大，显然，前者许可的 m 值可小些。

⑤ 翻边孔的形状。如图 8.27 所示的非圆形孔翻边，从变形性质来看，沿孔边只有 c 部属于翻边变形，而 b 部为弯曲变形，a 部为拉延变形。因为非翻边部分可以减轻翻边部分的变形程度，故非圆形孔的翻边系数 m'（一般指小圆弧 c 部的翻边系数）可小于圆孔翻边系数 m，大约为

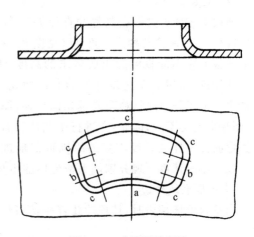

图 8.27　非圆形孔翻边

$$m' = (0.85 \sim 0.95)m$$

表 8.9 及表 8.10 所列为低碳钢的极限翻边系数，从表中数值可看出，翻边的凸模形式，孔的加工方法以及材料的相对厚度对极限翻边系数均有影响。对于非低碳钢材料按其塑性的好坏可适当减小或增大 m 值。

表 8.9 低碳钢圆孔极限翻边系数

凸模形式	孔的加工方法	比值 d/t										
		100	50	35	20	15	10	8	6.5	5	3	1
球形	钻孔去毛刺	0.70	0.50	0.52	0.45	0.40	0.36	0.33	0.31	0.30	0.25	0.20
	冲孔	0.75	0.65	0.57	0.78	0.48	0.45	0.44	0.43	0.42	0.42	—
圆柱形平底	钻孔去毛刺	0.80	0.70	0.60	0.50	0.45	0.42	0.40	0.37	0.35	0.30	0.25
	冲孔	0.85	0.75	0.65	0.60	0.55	0.52	0.50	0.50	0.48	0.47	—

表 8.10 低碳钢圆孔极限翻边系数

圆弧段的圆心角 α/(°)	比值 d/t						
	50	33	20	12.5~8.3	6.5	5	3.3
180~360	0.8	0.6	0.52	0.5	0.48	0.46	0.45
165	0.73	0.55	0.48	0.46	0.44	0.42	0.41
150	0.67	0.50	0.43	0.42	0.40	0.38	0.375
135	0.60	0.45	0.39	0.38	0.36	0.35	0.34
120	0.53	0.40	0.35	0.33	0.32	0.31	0.30
105	0.47	0.35	0.30	0.29	0.28	0.27	0.26
90	0.40	0.30	0.26	0.25	0.24	0.23	0.225
75	0.33	0.25	0.22	0.21	0.20	0.19	0.185
60	0.27	0.20	0.17	0.17	0.16	0.15	0.145
45	0.20	0.15	0.13	0.13	0.12	0.12	0.11
30	0.14	0.10	0.09	0.08	0.08	0.08	0.08
15	0.07	0.05	0.04	0.04	0.04	0.04	0.04

(2) 翻边的工艺计算

翻边工艺计算是根据制件的直径 D 计算出预冲孔直径 d，并换算其翻边高度 H（见图 8.28），当采用平板毛坯不能直接翻出所要求的高度 H 时，则应预先拉延，然后在此拉延件的底部冲孔，再进行翻边。由于翻边时材料主要是切向拉伸，厚度变薄，而径向变形不大，因此，在进行工艺计算时可以根据弯曲件中性层长度不变的原则近似地进行预冲孔径大小的计算。现分别就平板毛坯翻边和拉延后翻边两种情况进行讨论。

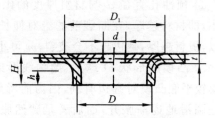

图 8.28 平板毛坯预冲孔翻边

1) 平板毛坯翻边

当平板毛坯翻边时，其预冲孔直径 d 可计算如下（见图 8.28）：

$$d = D_1 - \left[\pi\left(r + \frac{t}{2}\right) + 2h\right]$$

将 $D_1 = D + 2r = t$，$h = H - r - t$ 代入上式并简化，可得

$$H = \frac{D-d}{2} + 0.34r + 0.72t$$

或

$$H = \frac{D}{2}\left(1 - \frac{d}{D}\right) + 0.34r + 0.72t$$

由上式可知，当已知制件尺寸 D、r、t 时，只要翻边系数 $m\left(\dfrac{d}{D}\right)$ 选定后，翻边高度 H 也就

相应确定。如果制件高度大于计算出的翻边高度 H，就不能一次直接翻边成形，这可以先拉延，再在拉延件底部冲孔翻边。

2) 拉延后翻边

在拉延件底部冲孔翻边时，应先决定翻边所能达到的最大高度，然后根据翻边高度及制件高度来确定拉延高度。由图 8.29 可知，翻边高度为

$$h = \frac{D-d}{2} - \left(r + \frac{t}{2}\right) + \frac{\pi}{2}\left(r + \frac{t}{2}\right) \approx \frac{D}{2}\left(1 - \frac{d}{D}\right) + 0.57r$$

预冲孔直径为

$$d = mD$$

或

$$d = D + 1.1r - 2h$$

拉延高度为

$$h_1 = H - h + r + t$$

式中：H 为制件总高度；D 为翻边后直径。

翻边终了后，孔边缘将要变薄，其厚度为

$$t = t_0 \sqrt[4]{\frac{m^2}{1-(t_0/D)^2}}$$

当 t_0/D 很小时，可得

$$t = t_0 \sqrt{m}$$

3) 翻边力的计算

翻边力一般不大，可按下式计算：

$$P = 1.1\pi(D-d)t\sigma_s$$

式中：D 为翻边后直径，mm；d 为翻边预冲孔直径，mm；t 为材料厚度，mm；σ_s 为材料屈服点，MPa。

4) 翻边模设计

翻边模结构类似于拉延模，图 8.30 所示为内孔翻边模。

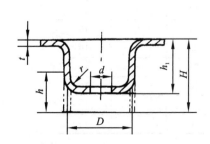

图 8.29　在拉延件底部冲孔翻边

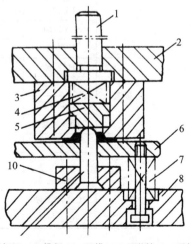

1—模柄；2—上模板；3—凹模；4、7—弹簧；5—顶件器；
6—退件板；8—下模板；9—凸模；10—凸模固定板

图 8.30　变薄翻边零件及凸模

模具设计时,应注意工作部分尺寸,取翻边凹模圆角半径 $r_凹$ 等于圆角半径 r。翻边凸模圆角半径 $r_凸$ 尽可能大一些,或者做成球形或抛物形,以利于材料翻边变形。对于平底凸模,一般以 $r_凸 \geqslant 4t$。凸、凹模间隙按表 8.11 选取。

表 8.11 翻边的凸、凹模间隙

材料厚度/mm	0.3	0.5	0.7	0.8	1.0	1.2	1.5	3.0
平板毛坯翻边/mm	0.25	0.45	0.6	0.7	0.85	1.0	1.3	1.7
拉延后翻边/mm	—	—	—	0.6	0.75	0.9	1.1	1.5

2. 变薄翻边

翻边时,若制件筒壁较高,往往需要先拉延再翻边。如果允许变薄,采用变薄翻边,既提高生产率,又能节约材料。

变薄翻边和翻边可以同时进行。翻边的变形程度可按表 8.12 选取。而变薄翻边的变形程度,一道工序可达到 $\frac{t_1}{t_0}=0.4\sim0.5$,甚至更高一些。这时,凸模宜用阶梯形,即第一个阶梯仅形成许可的翻边数值,后几个阶梯则逐渐变薄,阶梯和阶梯之间的距离应大于制件高度,以便前一阶梯变薄结束后再进行后一阶梯变薄。

表 8.12 外缘翻边允许的极限变形程度

材料名称及牌号		$\varepsilon_凸/\%$		$\varepsilon_凹/\%$	
		橡皮成形	模具成形	橡皮成形	模具成形
铝合金	L4M	25	30	6	40
	L4Y1	5	8	3	12
	LF21M	23	30	6	40
	LF2MY1	5	8	3	12
	LF2M	20	25	6	35
	LF3Y1	5	8	3	12
	LF12M	14	20	6	30
	LF12Y	6	8	0.5	9
	LY11M	14	20	4	30
	LY11Y	5	6	0	0
黄铜	H62 软	30	40	8	45
	H62 半硬	10	14	4	16
	H68 软	35	45	8	55
	H68 半硬	10	14	4	16
钢	10	—	38	—	10
	20	—	22	—	10
	1Cr18Ni9 软		15		10
	1Cr18Ni9 硬		40		10
	2Ci18Ni9		40		10

变薄翻边的高度,应按体积不变的原理进行计算。图 8.31 所示为变薄翻边的例子,左图为零件,右图为凸模。

变薄翻边经常用在平板毛坯或半成品的工件上冲制 M5 以下的小螺孔。这是因为要保证

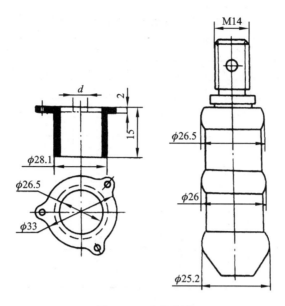

图 8.31 孔翻边模

使用强度,螺孔不能太浅。对于低碳钢或黄铜,螺孔深度不应小于直径的 1/2,对于铝板不应小于 2/3。从不增加板厚考虑,往往采用变薄翻边加工小螺孔。

图 8.32 所示为小螺孔翻边图,凸模端部做成尖锥形,凸、凹模间隙小于材料厚度。

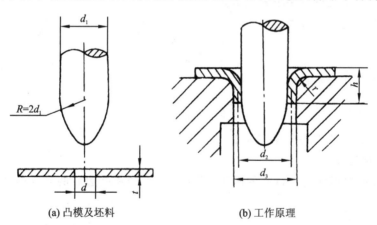

(a) 凸模及坯料　　　　(b) 工作原理

图 8.32 小螺孔翻边过程

模具的几何尺寸可按下式计算:

① 变薄后的孔壁厚度 $t_1 = \dfrac{d_3 - d_1}{2} = 0.65t$;

② 毛坯预冲孔直径 $d = 0.45 d_1$ 或 $m = \dfrac{d}{d_1} = 0.45$;

③ 翻边内径 d_1 由螺纹内径 d_2 决定,使 $d_2 \leqslant \dfrac{d_1 + d_3}{2}$;

④ 翻边外径 $d_3 = d_1 + 1.3t$;

⑤ 翻边的高度 h 取决于翻边部分材料的体积,一般取 $h = (2 \sim 2.5)t$。

对于低碳钢、黄铜、紫铜和铝的普通螺纹底孔翻边,可参考表 8.13 的尺寸。

表 8.13 在金属板上翻边米制螺纹螺纹

螺纹直径	t	d_1	h	d_3	r
M2	0.8	0.8	1.6	2.7	0.2
	1.0		1.8	3.0	0.4
M2.5	0.8	1	1.7	3.2	0.2
	1.0		1.9	3.5	0.4
M3	0.8	1.2	2.0	3.6	0.4
	1.0		2.1	3.8	0.4
	1.2		2.2	4.0	0.4
	1.5		2.4	4.5	0.4
M4	1.0	1.6	2.6	4.7	0.4
	1.2		2.8	5.0	0.4
	1.5		3.0	5.4	0.4
	2.0		3.2	6.0	0.6

3. 外缘翻边

外缘翻边如图 8.33 所示。图 8.33(a)为外凸的外缘翻边,其变形情况近似于浅拉延,变形区主要为切向受压,在变形过程中,材料容易起皱。图 8.33(b)为内凹的外缘翻边,其变形特点接近于内孔翻边,变形区主要为切向拉伸,因而变形时常常边缘拉裂。

外缘翻边的变形程度可用下式表示。

外凸的外缘翻边变形程度:

$$\varepsilon_{凸} = \frac{b}{R+b}$$

内凹的外缘翻边变形程度:

$$\varepsilon_{凹} = \frac{b}{R-b}$$

两种翻边的极限变形程度见表 8.12。

4. 一些特种翻边

图 8.34 所示为用旋辊进行孔的翻边,其预冲孔直径及翻边后的高度的计算方法与前述相同。

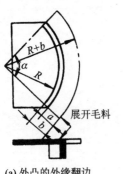

(a) 外凸的外缘翻边　(b) 内凹的外缘翻边

图 8.33　外缘翻边

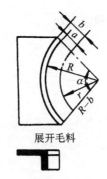

图 8.34　利用旋辊进行孔翻边

图 8.35 所示为聚胺脂橡胶代替压料板,下面再加一层聚胺脂垫,垫的内孔径与未翻边前的预冲孔径相等,凸模与凹模之间的间隙等于板料厚度加上橡皮垫厚度的 80%。亦可将凸模放在下面,凹模放在上面。用这种模具可以得到质量好的翻边。

图 8.36 所示复合翻边模,图的左半边为初始状态,右半边为工作终了状态。由图可知,利用该模具可以成形锥形件并进行内外翻边。

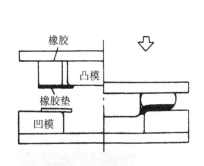

图 8.35 带橡皮垫的内孔翻边模

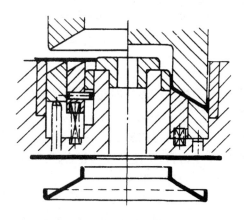

图 8.36 成形与内外翻边复合模

8.3 橡皮、液压和低熔点塑性物质成形

局部成形、翻边、缩口、缩颈、扩口和胀形均包含在成形工序内。本节所述成形主要指弯曲和拉延或胀形等,对变形性质比较复杂的钣金件成形,多用非常规模具进行。

成形工艺包括成形时的变形程度、毛坯计算和成形力的计算,可以参考胀形工艺的相应内容。

8.3.1 橡皮成形

1. 基本原理

橡皮成形的基本原理如图 8.37 所示。毛坯 3 用销钉 6 固定在压型模 5 上,压型模置于垫板 4 上,在容框 1 内装有橡皮 2。当容框下行时,橡皮同毛坯、压型模刚一接触,橡皮就紧紧压住毛坯,毛坯因有销钉定位而不会移动(见图 8.37(b))。随着容框继续下行,橡皮将毛坯的悬空部分沿压型模压弯,形成弯边(见图 8.37(c))。但这时弯边还没有完全贴合压型模,随着橡皮压力不断提高,毛坯弯边也就逐渐被压贴合(见图 8.37(d)),橡皮压力越大,弯边贴胎情况越好。

橡皮成形的特点:
① 生产效率高。
② 表面质量好。橡皮成形同压延成形比较,加工时零件表面没有机械损伤。
③ 橡皮代替了凹模的作用。零件成形只需制造简单的凸模(即压型模),从而简化了模具结构,缩短了生产周期,并且降低了制造成本。

2. 橡皮成形的应用

下面列举几个实例来说明其应用。

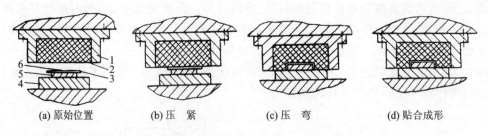

(a) 原始位置　　　(b) 压紧　　　(c) 压弯　　　(d) 贴合成形

1—容框;2—橡皮;3—毛坯;4—垫板;5—压型模;6—销钉

图 8.37　橡皮成形原理及成形过程

图 8.38 是橡皮成形与冲孔,上模是通用的橡皮容框,下模为低熔点合金模,基体为锌基合金 1,用于冲孔的刃口部分为钢环 2。

图 8.39 是落料弯曲复合模。

图 8.40 是落料、弯曲和冲孔复合模。

图 8.41 是管件胀形模。

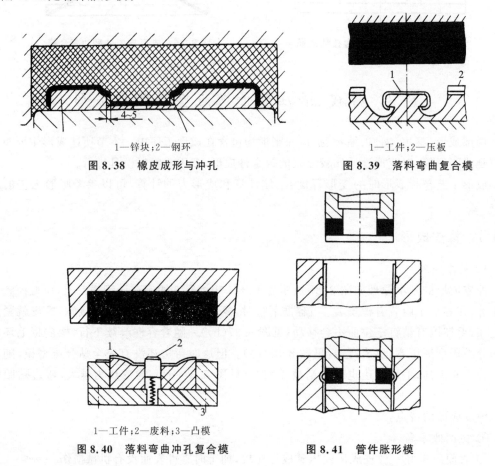

1—锌块;2—钢环

图 8.38　橡皮成形与冲孔

1—工件;2—压板

图 8.39　落料弯曲复合模

1—工件;2—废料;3—凸模

图 8.40　落料弯曲冲孔复合模

图 8.41　管件胀形模

8.3.2　液压成形

图 8.42 是液压成形装置,密封依靠凹模和下模之间的板料本身,成形的方式是胀形。液压成形时,软钢的延伸率为 12%,不锈钢的延伸率可达 35%。

图8.43是用液压成形球状头的模具。工件底部有变薄,如果要求成形后厚度均匀,半成品底部厚度应大于侧壁。3道工序可用一套模具,仅需更换凹模模芯。在各工序之间应退火,以防止因加工硬化而出现破裂。

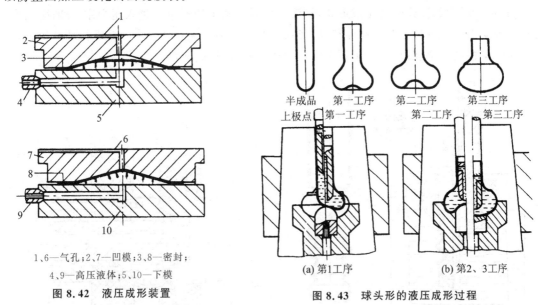

1、6—气孔;2、7—凹模;3、8—密封;
4、9—高压液体;5、10—下模

图8.42 液压成形装置

图8.43 球头形的液压成形过程

图8.44是装在单动冲床上的橡皮囊液压成形装置与成形过程,分别为初始状态、成形状态和成形结束。液压在成形中是在控制下变化的。

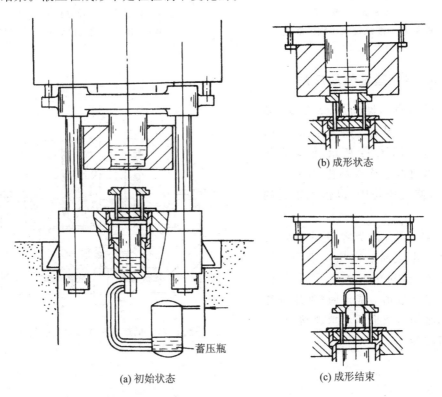

图8.44 安装在单动冲床上的液压成形装置

图 8.45 是对经初步缩口的半成品管件成形为波纹管的装置。液体压力由阀门控制,在手动螺旋压力机上进行。将管件伸入液腔内一段,压出一个波纹,再伸入一段,成形第二个波纹,直到全部成形。

图 8.46 所示的波纹管液压成形装置,液体由固定轴 1 的通道 2 进入压力室 7,加压胀形。滑套 3 带动内外夹持环 5 和 6 向左移动,形成波纹。然后外夹持环 6 和分瓣夹持环 8 松开,使管料 4 向左移动一个波纹节距,重新夹紧,进行下一个波纹的成形。

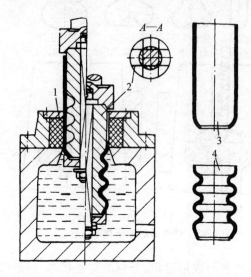
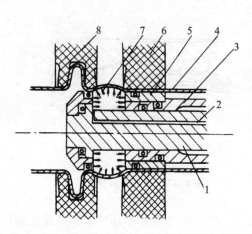

1—密封圈;2—凹模芯;
3—半成品;4—波纹管

图 8.45 波纹管液压成形装置

1—固定轴;2—通道;3—滑套;4—管件;5—内夹持环;
6—外夹持环;7—压力室;8—分瓣夹持环

图 8.46 卧式波纹管液压成形装置

8.3.3 低熔点塑性物质成形

使用低熔点塑性物质,如蜂蜡、硬脂、石蜡、铅和锌基合金等来成形零件,其成形原理如图 8.47 所示,低熔点物质在模腔内由电阻丝 A 熔化,压边部分用水冷却,使流质凝固,以达到密封的目的。

图 8.48 是门把类零件的成形装置。在杯形半成品 a 内加入铅等低熔点合金填料,经过中间成形 b 后,推到下面进行最终成形 c 成形时,加压杆和分瓣模同时加压成形后将填料熔化掉,便得到所需零件。

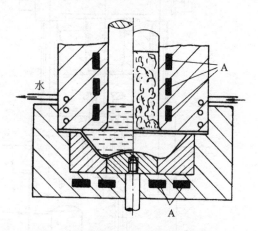

图 8.47 低熔点塑性物质成形原理

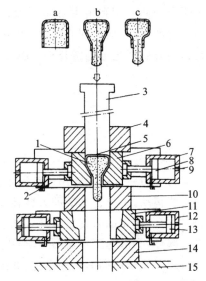

1—真料；2—滑动框；3—加压杆；4、10—导板；
5—半成品；6、11—分瓣模；7、12—油缸；
8、13—活塞；9—油口；14—台板；15—压床工作台

图 8.48　门把类零件成形装置

8.4　旋压成形

8.4.1　基本原理

旋压用以制造各种不同形状的旋转体零件，基本原理如图 8.49 所示。毛坯 1 用尾顶针 5 上的压块 4 紧紧地压在模胎 2 上，当主轴 3 旋转时，毛坯和模胎一起旋转。操作旋棒 7 对毛坯施加压力，同时旋棒又作纵向运动，开始旋棒与毛坯是一点接触，由于主轴旋转和旋棒向前运动，毛坯在旋棒的作用下，产生由点到线，由线到面的变形，逐渐地被赶向模胎，直到最后与模胎贴合为止。

材料在旋压过程中，产生切向收缩和径向延伸，这一点可以通过如图 8.50 所示的实验得

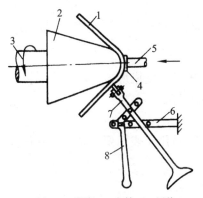

1—毛坯；2—模胎；3—主轴；4—压块；
5—尾顶针；6—支架；7—旋棒；8—助力臂

图 8.49　旋压原理图

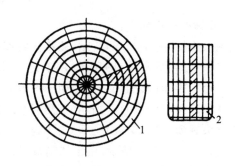

1—毛坯；2—零件

图 8.50　毛坯上网格的变形

到验证。将一圆形毛坯,画出等距离的同心圆和由中心向外辐射的半径线,经旋压后,在零件的直筒部分的半径线,变成互相平行的母线,而各同心圆,变成与零件底面相互平行的同心圆,圆与圆之间距离则有显著的增长,离开底面越远则增长程度越大。旋压前的扇形阴影区,经旋压变成一个长方形。

8.4.2 旋压工具及模具

1. 旋压工具及其用途

旋压用的工具主要是旋棒。旋棒可分为单臂式和双臂式,双臂式是由助力臂和主力臂组成,如图8.49所示,图中旋棒7即为主力臂。助力臂用销钉固定在旋压床的支架上,主力臂用销钉固定在助力臂上,助力臂绕支架转动,主力臂又绕助力臂转动。旋压时用手可同时操作两个旋棒运动。单臂式旋棒则仅有主力臂而无助力臂。双臂式比单臂式省力、灵活。

旋棒本身又可分为头、尾两个部分,头部为工作部分,尾部是锥形,锥形用于锒木质手柄。旋棒工作部分有各种不同的形式,用于旋压不同形状的零件,如图8.51所示。

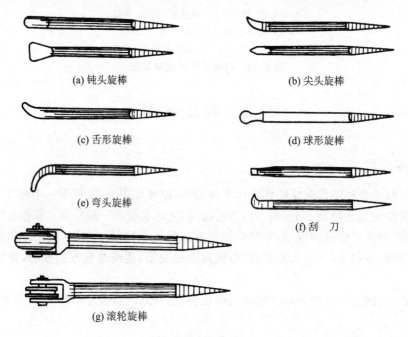

图 8.51 旋棒的形式

各种旋棒的用途如下:

① 钝头旋棒(图8.51(a)所示)旋压接触面积大,用于初旋成形;
② 尖头旋棒(图8.51(b)所示)用于旋压凹槽、辗平等;
③ 舌形旋棒(图8.51(c)所示)用于内表面成形;
④ 球形旋棒(图8.51(d)所示)旋压时接触面积小,适用于表面要求精细的零件成形;
⑤ 弯头旋棒(图8.51(e)所示)用于内表面成形;
⑥ 刮刀(图8.51(f)所示)用于切割余料;
⑦ 滚轮旋棒(图8.51(g)所示)凸形的用于旋光表面或初旋成形;凹形的用于卷边,滚轮旋棒的滚轮部分在旋压过程中,受模胎的带动而旋转,这样减少摩擦,操作时比较省力。滚轮圆角半径越大,滚轮与毛坯接触面积也越大,零件表面也就越光滑,材料变薄较小,但操作费力。

相反,滚轮圆角半径越小,滚轮与毛坯接触面积越小,赶料省力,但表面不光滑,易产生纹沟。目前,工厂一般采用的滚轮尺寸如表 8.14 所列。

表 8.14 滚轮直径及圆角半径

滚轮直径 D/mm	150	130	100	70	64	54
圆角半径 R/mm	30	18	18	15	5	4

旋棒的材料:
① 旋压铝件和铜件的旋棒,用工具钢制造,经淬火后表面抛光;
② 旋压钢件和不锈钢件时,旋棒头部用青铜或磷青铜制造;
③ 滚轮一般用夹布胶木或工具钢制造。

2. 旋压模具

旋压模具的结构和材料取决于零件的形状、尺寸大小、材料及生产数量。

(1) 旋压模具结构

旋压模的外形应符合零件内表面的形状。模具表面要求光滑、硬度高、质量均匀、重量轻。对于大型模具要注意动平衡,转动时模具不能偏摆,因此重量不能偏心,必须以中心对称。

小型模具本身带有尾柄,如图 8.52 所示,旋压时用尾柄直接在旋压床上的主轴卡盘上夹紧固定。

图 8.53 所示为用螺纹固定在主轴上的旋压模。螺纹旋紧方向和主轴旋转方向相反,工作中越旋越紧,工作安全可靠。

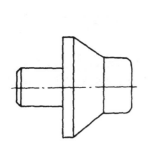

图 8.52 带尾柄的旋压模

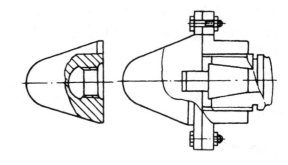

图 8.53 螺纹固定式旋压模

大型模具的结构及安装形式如图 8.54 所示,除了用主轴螺纹固定外,又从主轴箱穿入一个拉杆,拉杆一端用螺母固定在主轴尾部,另一端用螺母旋紧模胎,旋压时并用尾顶针顶住。大模胎不能做成实心,否则过重,转动后惯性太大,会引起机床振动,生产时不安全,所以必须做成空心构架式结构。

对于形状较复杂的收口型零件,模具可采用分瓣组合式模胎,如图 8.55 所示。模胎本体是分瓣组合而成的,中间有芯棒,用外套上的内螺纹固定。

(2) 旋压模具材料

① 木材。木质旋压模是经过人工干燥处理的枫木、白桦、白杨等,木质模价格便宜、制造方便、重量轻。在旋压过程中,木质受力变形和零件变薄程度较小,但旋压后零件精度低,同时木材吸湿性大,易变形,寿命短。在零件生产数量较少、产品要求不高时用木质制造旋压模。

② 夹布胶木。夹布胶木的主要特点,就是能够克服木材结构的缺点,但价格比木材贵。

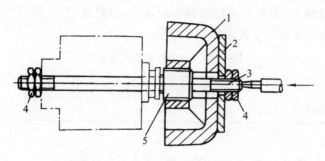

1—模胎；2—压板；3—拉杆；4—螺母；5—主轴
图 8.54 大型模具的结构及安装形式

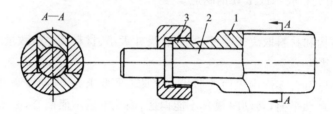

1—模胎；2—芯棒；3—外套
图 8.55 分瓣组合式模胎

③ 铸铁。零件尺寸较大，数量多时采用铸铁旋压模，其耐用，但笨重，表面易产生砂眼。

④ 铸钢。零件尺寸大，材料厚、强度较大、精度要求比较高时采用铸钢旋压模。铸钢模耐用，旋用件精度高，但笨重；加工方便，但表面易产生砂眼。

⑤ 铸铝。加工容易，重量轻，但寿命较短。在生产数量较少，用木质模胎保证不了质量要求时，采用铸铝模胎。

一般情况下，旋压模较小，直接用钢棒料车削而成，大模胎采用铸铝、铸铁、铸钢。为了克服大模具外形加工的困难，可以在铸件表面浇铸一层环氧树脂，但这种模胎只能作最后赶光用，加工时表层易脱落，且难以保管，容易碰坏。

8.4.3 旋压设备

旋压床是主要的旋压设备，一般由车床改制而成。利用车床主轴带动旋压模和毛坯一起旋转，操纵旋棒进行旋压成形。

图 8.56 所示为液压半自动旋压床。主轴 3 通过调速手柄 2 可以调到所需的转速，尾座 6 上的尾顶针在液压作动筒的带动下，可以左右移动，支架 5 上安装有旋压滚轮，它的纵横向运动是由纵横向液压作动筒来带动，横向作动筒在靠模控制下可以自动旋压。图 8.57 所示为靠模的工作原理，横向作动筒 2 的壳体和托板 3 及随动阀 4 三者连在一起，并在纵向作动筒 1 的壳体带动下作纵向移动。随动阀 4 的阀芯与靠模板 5 接触，并沿着靠模板表面滑动，阀芯的移动就可控制横向作动筒活塞两边的压力，使托板上的滚轮与模胎保持一定间隙，靠模板的外形与零件的外形一样，这样托板上的滚轮在纵向、横向液压作动筒和随动系统的作用下，保持和模胎一定间隙运动。因而完成自动旋压工作。

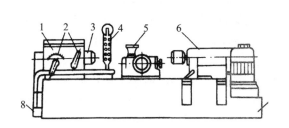
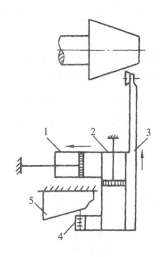

1—主轴箱；2—手柄；3—主轴；4—操纵盒；
5—支架；6—尾座；7—床身；8—液压泵

图 8.56 液压半自动旋压床

1—纵向进给作动筒；2—横向进给作动筒；
3—托板；4—随动阀；5—靠模板

图 8.57 靠模工作原理

8.4.4 旋压操作方法

① 毛坯的准备。旋压前除检查材料牌号、厚度、尺寸、表面质量外，主要是旋压零件展开图的形状和尺寸下料。旋压零件的展开毛坯可以按照拉延零件计算公式初步确定，即按面积相等的原则将零件展开为圆形，然后在直径方向加上切割余量，每道工序的切割余量为 10～15 mm。

② 模胎的安装。按零件选定模胎，先检查表面是否有碰伤，防止旋压时损伤零件。模胎安装在旋压床的主轴上，要检查模胎是否同心，旋转后是否产生偏摆。如果模胎安装不同心，有偏摆，在高速旋压下零件容易出废品。

③ 退火。零件在旋压过程中，材料变薄和冷作硬化程度比拉延时要大得多。因此，在旋压过程中，要根据零件硬化程度进行中间退火。退火时机的选择全靠操作者经验，材料硬化后，旋压费力，变形困难，这时就要退火。退火前如果零件有皱纹，要用木槌在规铁上敲平，这样对消除内应力有较好效果。

④ 润滑。旋压时旋棒与材料的剧烈摩擦，容易擦伤表面或摩擦生热而使零件变软，因此，旋压时必须润滑。常用的润滑剂为肥皂、黄油、蜂蜡、石蜡、机油等混合剂，在高温下用石墨或凡士林的混合油膏。

⑤ 旋压操作。旋压过程中，毛坯受旋棒的压力，一方面产生塑性变形，使局部毛坯贴合模胎；另一方面产生塑性变形，使毛坯弯曲。前者是旋压所必需的，因为只有使材料局部贴胎变形，沿旋转线由内向外地发展，以至遍及整个毛坯，才能完成毛坯的切向收缩、径向延伸，使平板料经过多次在锥形过渡形状而最后全部贴胎。后者因毛坯失去稳定性而起皱，这是旋压所要防止的。其次，在圆角部位，因毛坯离边缘较远，材料不易向里流动，零件成形全靠内缘材料的延伸，从而易使零件变薄，以至旋裂。

综上所述，旋压基本操作要领如图 8.58 所示。首先赶辗毛坯内缘，如图 8.58(a)0-0 中范围内，使这部分材料靠向模胎的底面圆角。为防止变薄或旋裂，要扩大赶辗区，由局部向圆角部位反复赶料至靠胎,如图中状态1所示。而后由内向外赶料,形成锥形,如图中状态2所示。这时毛坯成锥形,稳定性较好。再赶辗锥形2的内缘由外向内赶料,使这段材料贴胎,如图中状态3所示。再由内向外赶料,形成锥形4,这样反复下去,最后使毛坯全部贴胎。为了提高表面光滑程度,在贴胎后,沿全部表面赶光。

在旋压过程中,外缘不宜过多赶料,因为该处的稳定性差,用力过大,就会起皱。但在离开外缘较远处赶料,由于外缘刚性凸缘的牵制,仍比较稳定,可以旋加较大的压力加速材料流动。在赶料过程中,如果外缘不起皱,则内缘也不易起皱;如果开始不起皱,以后起皱的可能性也较小。旋压带凸缘的零件,在圆角处材料容易变薄,旋压时沿箭头方向赶料,如图8.58(b)所示。

图8.59所示是切边操作,图8.60所示是卷边操作,图8.61所示是缩口操作。

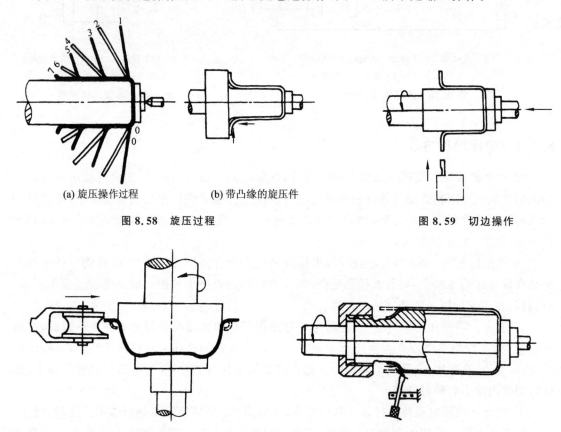

(a) 旋压操作过程　　(b) 带凸缘的旋压件

图 8.58　旋压过程　　　　　　　　　　图 8.59　切边操作

图 8.60　卷边操作　　　　　　　　　　图 8.61　缩口操作

8.4.5　实　例

图8.62所示是对杯形工件从内部向外旋压,形成鼓肚杯形半成品。

图8.63所示是将图8.62所得半成品再外旋成形的装置。

图8.64所示是在滚剪机上安装旋轮旋压的装置,可以在切边后再进行旋压。

图8.65所示为4个旋轮旋压翻边的装置。

图8.66所示是凹进旋压件芯模的分瓣方式。

图8.67所示为大直径浅盘边缘旋压成形的装置,在立式车床上进行,旋压模1和有中心

孔的毛坯用压板 2 通过螺栓固定在车床工作台上，带有旋轮 3 的轮架 4 装在刀架上，逐步加压，使边缘成形。旋轮直径 D_r 的大小与制件直径 D 成比例，可按 $D_r = \dfrac{D}{8}$ 计算。

图 8.68 所示为工件有不对称凸台时，分 3 道工序旋压成形的方法。

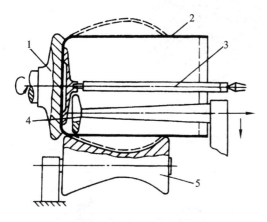

1—主轴；2—工件；3—压紧轴；
4—旋压头；5—模胎

图 8.62 杯形件内旋成形装置

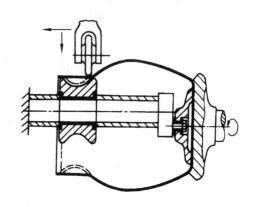

图 8.63 杯形件的外旋成形装置

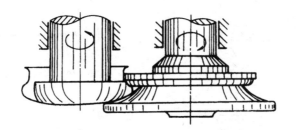

图 8.64 在滚剪机上安装旋轮旋压的装置

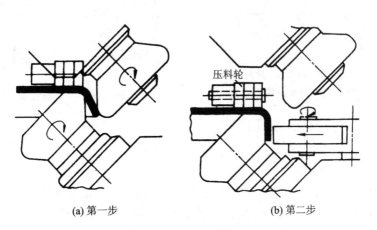

(a) 第一步　　　　　　(b) 第二步

图 8.65 旋压翻边装置

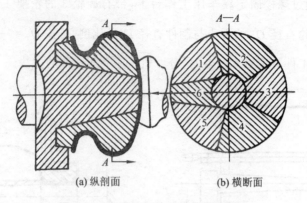

(a) 纵剖面　　　　　　　(b) 横断面

图 8.66　凹进旋压件芯模的分瓣方式

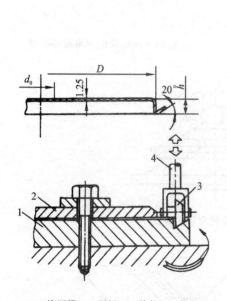

1—旋压模；2—压板；3—旋轮；4—轮架

图 8.67　大直径浅盘边缘旋压成形装置

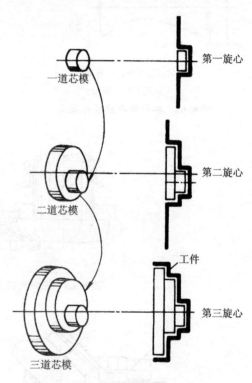

图 8.68　非对称件旋压过程

8.5　校　平

校平也是钣金加工中常用的一种工序。对于单件或数量少的情况下，常用手工校平，即用锤头将坯料或工件置于平台上敲平，这就全凭工人的经验和操作水平。

当坯料或工件数量较多时，需采用模具在压力机上校平。根据板料的厚薄和表面要求，校平可采用光面模，也可采用齿形模。

对于薄板且表面不允许有压痕的制件，一般采用光面模校平。为了使校平不受压力机滑块导向精度的影响，校平模最好采用浮动模柄，如图 8.69 所示。应用光面模进行校平时，由于回弹较大,特别是高强度的制件,校平效果较差。

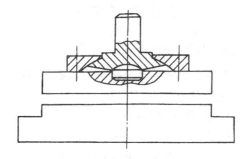

图 8.69　校平模浮动模柄结构

对于厚板制件,通常采用齿形校平模,齿形可做成细齿和粗齿两种,如图 8.70 所示。

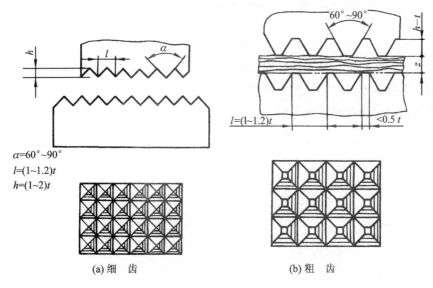

(a) 细 齿　　　　　　　　(b) 粗 齿

图 8.70　齿形校平模

细齿模适用于制件表面允许留有细齿痕的制件,粗齿模则适用于厚度较小的铝、青铜、黄铜等表面不允许留有压痕的制件。齿形模的上下齿形应互相交错,其形状和尺寸可参考图 8.70。

校平力可采用如下公式计算:

$$P = Fq$$

式中:F 为校平投影面积,mm^2;q 为单位校平力(单位校平力见表 8.15),MPa。

模具校平通常在摩擦压力机上进行,特别是厚板制件校平时。若采用冲床校平,在模具或冲床上须装有保险装置,以防止由于板料厚度的变化而损坏设备。

表 8.15　单位校平力

方　　法	q/MPa
面校平模校平	50～80
细齿校平模校平	80～120
粗齿校平模校平	100～150

习题与思考题

1. 什么是局部成形？如何与拉延成形区别？
2. 什么是翻边？它有哪两种？试述内孔极限翻边系数与哪些因素有关。
3. 翻边的工艺计算是如何进行的？
4. 简述橡皮成形的基本原理，其有哪些特点？
5. 低熔点塑性物质包括哪些？其成形原理如何？
6. 拉弯成形工艺的特点如何？与普通弯曲相比有什么不同？
7. 试述拉弯工艺过程。
8. 试述旋压的基本原理与旋压工具及其用途。
9. 旋压模具的常用材料有哪些？如何选用？
10. 试述旋压的操作方法。
11. 什么是冲裁？冲裁件的质量主要从哪三个方面来观测和分析？
12. 落料与冲孔模刃口尺寸计算原则有哪些？
13. 减小落料和冲孔力的措施有哪些？
14. 常用的落料与冲孔模有哪些？

参考文献

[1] 徐文胜. 冷作钣金工技能[M]. 北京:航空工业出版社,2008.
[2] 梁绍华,等. 铆工工艺学[M]. 北京:劳动人事出版社,1987.
[3] 夏巨谌,等. 实用钣金工[M]. 北京:机械工业出版社,2007.
[4] 杨玉杰. 钣金入门捷径[M]. 北京:机械工业出版社,2008.
[5] 周德俊,等. 钣金技术[M]. 北京:科学出版社,1974.
[6] 梅启钟,等. 冷作工艺学[M]. 北京:机械工业出版社,1988.
[7] 翟平. 飞机钣金成型原理与工艺[M]. 西安:西北工业大学出版社,1995.
[8] 李寿宣. 钣金成型原理与工艺[M]. 西安:西北工业大学出版社,1985.
[9] 中国航天科技集团公司人力资源部. 高技能人才绝技绝招100例[M]. 北京:中国宇航出版社,2008.
[10] 阮鸿雁. 冷作钣金工[M]. 北京:化学工业出版社,2005.
[11] 周玉辉. 钣金工简明实用手册[M]. 南京:江苏科技出版社,2008.
[12] 毛昕. 钣金展开技术与应用实例[M]. 北京:机械工业出版社,2007.
[13] 周玉辉. 钣金工36"技"——计算方法、计算实例[M]. 北京:电子工业出版社,2009.
[14] 王信义,等. 钣金工基本职业技能[M]. 北京:北京理工大学出版社,1990.
[15] 王祖唐. 金属塑性加工工步的力学分析. 北京:清华大学出版社,1987.
[16] 宋宪一. 复杂钣金件数控单点渐进成形技术的研究[D]. 南京:南京航空航天大学,2007.
[17] 梁炳文. 实用钣金冲压工艺图集:第3集[M]. 北京:机械工业出版社,2004.
[18] 汪大年. 金属塑性成形原理[M]. 修订本. 北京:机械工业出版社,1986.
[19] 王祖唐,等. 金属塑性成形理论[M]. 北京:冶金工业出版社,1989.
[20] 王仲仁. 特种塑性成形[M]. 北京:机械工业出版社,1995.
[21] 陈森灿,叶庆荣. 金属塑性加工原理[M]. 北京:清华大学出版社,1991.
[22] 万胜狄. 金属塑性成形原理[M]. 北京:机械工业出版社,1995.
[23] 胡世光,等. 板料冷压成形原理[M]. 修订版. 北京:国防工业出版社,1989.
[24] 王仲仁,等. 弹性与塑性力学基础[M]. 哈尔滨:哈尔滨工业大学出版社,1997.
[25] [美]汤姆生 E G,等. 金属塑性加工力学[M]. 陈适先,译. 北京:知识出版社,1989.
[26] 曹乃光. 金属塑性加工原理[M]. 北京:冶金工业出版社,1983.
[27] 徐秉业,等. 弹塑性力学及其应用[M]. 北京:机械工业出版社,1984.
[28] 王祖唐. 金属塑性加工工步的力学分析[M]. 北京:清华大学出版社,1987.